全国高职高专教育“十一五”规划教材

数控技术专业教改成果系列教材

机械零件的成型与优化

Jixie Lingjian de Chengxing yu Youhua

主　编　陆　兴

副主编　蒋兆宏

高等教育出版社·北京

HIGHER EDUCATION PRESS　BEIJING

内容简介

本书包括机械零件的成型和优化两方面的内容，打破了传统教材对铸、锻、焊及热处理知识的系统化讲解。本书在编写过程中，紧紧围绕高职教育培养目标，从职业岗位需求出发，以工作过程为导向，以企业设计与生产的真实零件为载体，提出学习任务，引出相关知识，然后进行任务实施。本书内容基本涵盖了职业岗位所需的知识点和技能点。

全书共分11个学习情境，即认识铁碳合金的组织和性能、端盖的铸造成型、轮毂的熔模铸造成型、车轮轴毛坯的自由锻造生产、齿轮毛坯的模锻生产、制动缸座的手弧焊焊接生产、柴油机缸体裂纹的补焊、液化气钢瓶的 CO_2 气体保护焊生产、滑动导轨板耐磨性能的优化、减速器高速齿轮轴综合性能的优化、车床主轴性能的优化。

本书可供高职高专院校机械类各专业使用，也可供有关工程技术人员参考。

图书在版编目(CIP)数据

机械零件的成型与优化/陆兴主编. --北京:高等教育出版社,2012.2

ISBN 978-7-04-034330-4

Ⅰ.①机… Ⅱ.①陆… Ⅲ.①机械元件-成型加工-高等职业教育-教材②机械元件-工艺优化-高等职业教育-教材 Ⅳ.①TH16

中国版本图书馆CIP数据核字(2012)第008241号

策划编辑 查成东　责任编辑 查成东　封面设计 于 涛　版式设计 王 莹
插图绘制 尹 莉　责任校对 杨雪莲　责任印制 韩 刚

出版发行 高等教育出版社
社　　址 北京市西城区德外大街4号
邮政编码 100120
印　　刷 三河市杨庄长鸣印刷装订厂
开　　本 787mm×1092mm 1/16
印　　张 13.25
字　　数 310千字
购书热线 010-58581118
咨询电话 400-810-0598
网　　址 http://www.hep.edu.cn
　　　　 http://www.hep.com.cn
网上订购 http://www.landraco.com
　　　　 http://www.landraco.com.cn
版　　次 2012年2月第1版
印　　次 2012年2月第1次印刷
定　　价 23.40元

物 料 号 34330-00

序

胡锦涛总书记在2010年全国教育工作会议上强调，要按照优先发展、育人为本、改革创新、促进公平、提高质量的工作方针，切实落实《国家中长期教育改革和发展规划纲要（2010—2020年）》，确保到2020年我国基本实现教育现代化，基本形成学习型社会，进入人力资源强国行列。这对高职教育进一步改革与发展提出了新的更高要求，高职教育必须全面提高人才培养质量。

课程建设是高职院校教学内涵建设的重点，是提高教学质量的核心。常州轻工职业技术学院通过校企合作、工学结合，以区域经济发展需要为依据，根据数控技术领域和职业岗位（群）的任职要求，与企业专家共同分析数控技术专业就业岗位（群）所需人才的素质、知识与能力，结合国家职业技能鉴定中心提出的分层化国家职业标准，确定以职业岗位为基础，将职业岗位的工作任务转化为任务引领的课程体系，建立工作过程系统化的、以职业资格标准为基础的"双证融通"专业课程体系。在新的专业课程体系中，核心能力（即关键能力）、行业通用能力和跨行业能力的培养充分体现了高职教育提高学生的综合职业素质及可持续发展能力的思路；职业特定能力的培养满足了高技能人才培养的特色和职业资格的标准要求。

数控技术专业课程体系

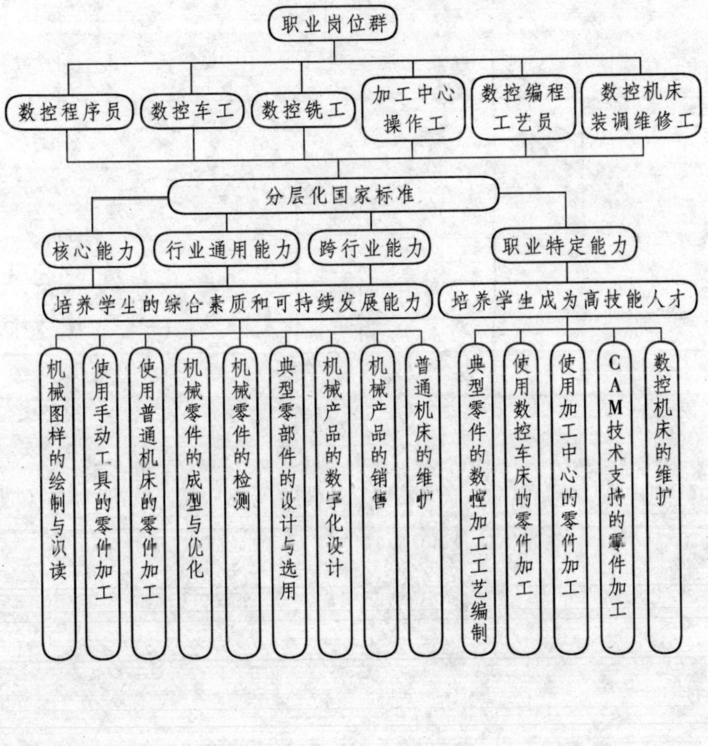

为充分体现高职教育提高学生的综合素质及可持续发展能力的思路，设置思想道德修养与法律基础、毛泽东思想和中国特色社会主义理论体系概论、形势与政策、高等数学、公共英语、计算机基础、体育、军事理论等课程，构建基础课程体系，培养学生的核心（关键）能力。

教材建设是高职院校教学基本建设任务之一，高质量的教材是培养高质量人才的基本保证。常州轻工职业技术学院按照新的课程体系和课程标准开展教材建设，与行业企业共同开发高职高专数控技术专业教改成果系列教材。在选取教学内容时，坚持以区域经济发展的需要为导向，以企业职业岗位的需要为依据，以学生能力培养的需要为目标，与企业专家合作共同选取来自行业企业真实和典型零件的加工为教学载体，有效地缩短教学与职业岗位的距离，使课程教学内容更好地满足职业岗位的要求，突出实践能力的培养，把能力培养贯穿于教学的全过程，使学生掌握从事专业领域实际工作的基本能力和基本技能。在教学内容序化时，以真实工作过程为依据，使学习情境既符合学生的认知规律，又符合学生职业能力培养的基本规律。

本系列教材配有丰富的多媒体教学资源，便于教师教学和学生自学。

编写组

2010 年 7 月

前　言

《机械零件的成型与优化》打破了传统教材对铸、锻、焊及热处理知识的系统化讲解。本书在编写过程中，紧紧围绕高职教育培养目标，从职业岗位需求出发，以工作过程为导向，以企业设计与生产的真实零件为载体，创设学习情境，按照企业的工艺设计的一般思路，提出学习任务，引出相关知识，然后进行任务实施。全书内容基本涵盖了职业岗位所需的知识点和技能点，不追求知识点的系统化，而力求能用、够用。

本书主要通过对铁碳合金的组织和性能、端盖的铸造成型、轮毂的熔模铸造成型、车轮轴毛坯的自由锻造生产、齿轮毛坯的模锻生产、制动缸座的手弧焊焊接生产、柴油机缸体裂纹的补焊、液化气钢瓶的 CO_2 气体保护焊生产、滑动导轨板耐磨性能的优化、减速器高速齿轮轴综合性能的优化、车床主轴性能的优化等相关知识、基本理论以及基本制造方法的介绍，力求使学生熟悉机械零件成型的特点、结构、标准以及成型与优化的工艺设计基本方法，初步具有机械零件成型与优化的工艺设计能力以及运用标准、规范、手册、图册和查阅有关技术资料的能力。

本书由常州轻工职业技术学院陆兴任主编，蒋兆宏任副主编，参加编写的有常州轻工职业技术学院潘安霞、眭小利、孙斐。其中，学习情境六、学习情境七、学习情境八、附录由陆兴编写；学习情境一、学习情境九、学习情境十、学习情境十一由蒋兆宏编写；学习情境四、学习情境五由眭小利编写；学习情境二由孙斐编写；学习情境三由潘安霞编写。常州轻工职业技术学院方长福副教授审阅了全书，并提出许多宝贵意见和建议。在本书编写过程中还得到了常州轻工职业技术学院的王荣兴老师，南车戚墅堰机车有限公司的史维石高级工程师，南车长江车辆有限公司常州分公司的徐阿兴、姜桂全等高级工程师，常州联翔机械装备有限公司蒋克、陈新明等高级工程师以及常柴股份有限公司铸造分厂庄晔的帮助和指正，编者在此一并致谢。本书在编写过程中参考了许多文献和教学科研成果，在此谨对原作者表示感谢。

由于编者水平有限，欠妥之处恳请读者批评指正。来函请寄：江苏省常州市武进区鸣新中路8号常州轻工职业技术学院机械工程系，邮政编码为213164，或发电子邮件至lu_x@sina.com。

编　者

2011年12月

目　录

学习情境一

认识铁碳合金的组织和性能

1.1 任务描述

在机械工业中，应用最广泛的材料是金属，根据不同的使用目的和工作条件，对金属材料在性能上提出了不同的要求。为了在机械制造中能够合理地选择金属材料，正确地制定各种加工工艺过程，充分发挥金属材料的性能潜力，达到既节约金属材料又保证产品质量的目的，就必须掌握金属材料的性能。

金属材料包括钢铁、有色金属及其合金。由于金属材料具有良好的力学性能、物理性能、化学性能以及工艺性能，能采用比较简便和经济的工艺方法做成零件，因此金属材料目前应用最为广泛。普通碳钢和铸铁又是金属材料中应用最广泛的。本情境中将对普通碳钢的组织和性能进行深入的研究。

【知识点】

◎ 金属的强度、塑性、硬度、冲击韧性和疲劳强度。
◎ 纯金属和合金、晶体、晶格、同素异晶转变。
◎ 铁素体、渗碳体、珠光体、奥氏体、莱氏体。
◎ $Fe-Fe_3C$ 相图、钢的组织对性能的影响。
◎ 常见金属材料。

【技能点】

◎ 掌握金属的力学性能及其性能指标。
◎ 掌握金属的结晶及同素异晶转变。
◎ 掌握铁碳合金的基本组织和性能。
◎ 了解铁碳合金的平衡结晶过程及其获得组织。
◎ 掌握 $Fe-Fe_3C$ 相图及其应用。

1.2 任务分析

在工程技术上，广泛使用的金属有铁、铝、铜、铅、锌、锡、镍、铬、锰及其合金。普通碳钢和铸铁是铁碳合金,合金钢和合金铸铁实际上是加入合金元素的铁碳合金。各种金属及其合金的性能均不相同,对于某种纯金属或合金,还可以用热处理方法来改变其性能以满足工程技术的需要。这种性能上的差异及能够改变的原因就在于它的结构。无论纯金属还是合金,它们的性能都取决于其结构与组织。

本情境的任务是深入地研究铁碳合金的内部组织和结构,并进一步了解常用普通碳钢的性能,为机械制造中合理地选择金属材料以及进一步提高金属材料的性能做准备。

1.3 相关知识

一、金属的性能

金属的性能,主要分为使用性能和工艺性能两方面。使用性能是指材料在使用时所表现出来的性质和适应能力,如物理性能、化学性能和力学性能等。工艺性能是指金属在加工时所表现出来的适应能力和难易程度。按加工的方法可分为铸造性能、压力加工性能、焊接性能、切削加工性能以及热处理性能等。

1. 金属的物理性能

金属的物理性能是指金属材料在固态下所表现出来的一系列物理现象,它们对金属材料的使用和加工有着一定的影响,例如密度、熔点、热膨胀性、导热性、导电性、磁性等。

2. 金属的化学性能

金属的化学性能是指金属抵抗外界化学介质侵蚀的能力,主要包括耐蚀性、抗氧化性等。

耐蚀性是指金属在常温下抵抗空气、水气、酸、碱等介质侵蚀的能力。抗氧化性则是指金属在高温下抵抗周围介质中的氧与其作用而不发生损坏的能力。

3. 金属的力学性能

任何机器零件工作时都会受到外力(载荷)的作用,例如行车吊运重物时,钢丝绳会受到重物拉力的作用。在外力作用下,材料所表现出来的一系列特性和抵抗破坏的能力称力学性能,也称材料的机械性能。

按外力的作用形式,常分为静载荷、冲击载荷和交变载荷等。材料的力学性能也分为强度、塑性、硬度、冲击韧性和疲劳强度等。

1) 强度

金属材料的强度是指金属在外力(载荷)作用下抵抗塑性变形和破坏的能力。材料的强度越高,所能承受的外力也越大。强度用应力(抗力)表示,其符号为 σ,单位为 MPa (1 MPa = 1 N/mm^2)。

金属的强度因外力作用的性质不同常分为拉伸强度、压缩强度、弯曲强度、剪切强度和扭转强度等。工程上常用来表示金属材料强度的指标有屈服点和抗拉强度。

不同的金属其抵抗外力作用的能力是不同的,因此它们的强度值差别很大。

金属材料的屈服点和抗拉强度是通过拉伸试验测定的。首先将被测金属材料做成标准试样(图 1-1),然后装夹在拉力试验机的两个夹头上,并缓慢地对试样施加载荷(外力),使其受轴向拉力。随着拉力的增加,试样逐渐变形伸长,直至拉断为止。在拉伸过程中,拉力试验机自动记录了每一瞬间的载荷 F 和变形量(伸长量)ΔL,并绘出它们之间的关系曲线(图 1-2),通常称为拉伸曲线。

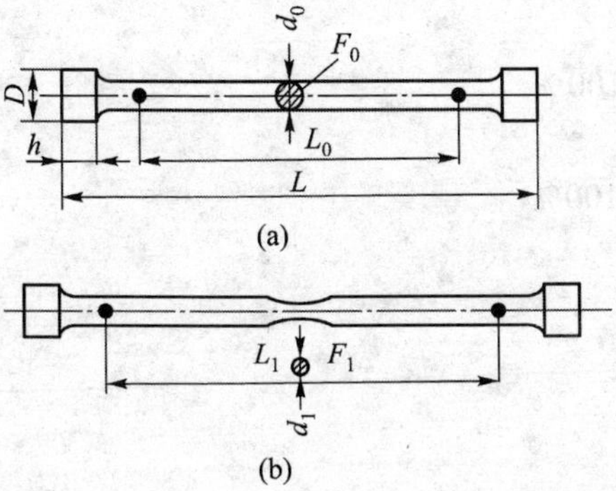

图 1-1 拉伸试样

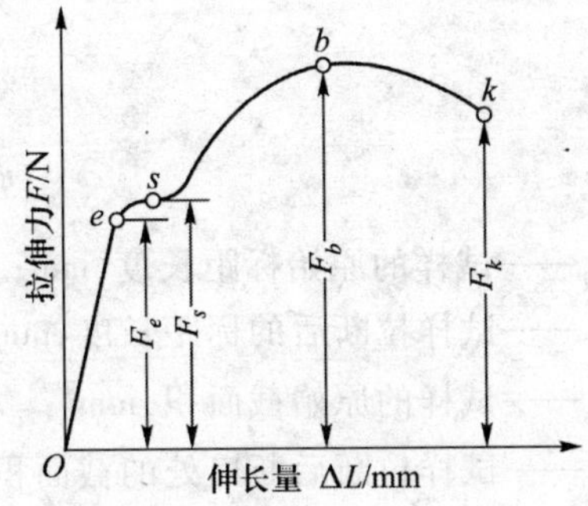

图 1-2 低碳钢的拉伸曲线

在图 1-2 中，Oe 是直线，即外力不超过 F_e 时，外力与变形成正比，这时试样只产生弹性变形，而外力去除后，试样将恢复到原来的长度。过 e 点后，即外力超过 F_e 时，试样除发生弹性变形外，还发生部分塑性变形（永久变形）。此时外力去除后，弹性变形部分消失，塑性变形部分保留，因此试样不能完全恢复到原有的长度。如继续增加拉力至 F_s 后，虽然外力不再增加，但试样继续伸长，这种现象称为“屈服”。屈服后，试样开始明显地塑性变形。外力继续增加到最大值 F_b 后，试样发生局部变细的“缩颈”现象，如图 1-1b 所示。此后变形集中在“缩颈”附近。由于截面缩小，继续变形所需的外力下降。外力达到 F_k 时，试样在“缩颈”处断裂。

金属材料受外力作用时，其内部也产生了抵抗力，单位横截面上的抵抗力就称为应力。以 σ 表示

$$\sigma=\frac{F}{S}$$

式中，σ——应力，MPa；

F——外力，N；

S——横截面积，mm^2

根据拉伸曲线可以求得材料的强度指标。常用的强度指标有弹性极限、屈服极限和抗拉强度。

在 e 点处，试样所承受的拉力与试样横截面积之比称为弹性极限或弹性强度，用 σ_e 表示。

在 s 点处，试样所承受的拉力与试样原始横截面积之比称为屈服极限或屈服强度，用 σ_s 表示，$\sigma_s=F_s/S_0$。机械零件在工作时如受力过大，则因过量的塑性变形而失效。当零件工作时所受的力低于材料的屈服极限时，则不会产生过量的塑性变形。材料的屈服极限越高，允许的工作应力也越高，则零件的截面尺寸及自身质量就可以减少。因此，材料的屈服极限或规定的残余伸长应力是机械设计的主要依据，也是评定材料优劣的重要指标。

在 b 点处，试样承受的拉力与试样原始横截面积之比称为强度极限或抗拉强度，用 σ_b 表示，是材料在拉断前所能承受的最大应力。抗拉强度表示材料在拉伸载荷作用下的最大均匀变形的抗力，也是机械零件设计和选材的主要指标之一。

2）塑性

金属材料在外力作用下产生塑性变形而不破坏的能力称为塑性。金属材料常用的塑性指标有延伸率δ和断面收缩率ψ

$$\delta=\frac{L_1-L_0}{L_0}\times 100\%$$

$$\psi=\frac{S_0-S_1}{S_0}\times 100\%$$

式中，L_0——试样的原始标距长度，mm；

L_1——试样拉断后的标距长度，mm；

S_0——试样的原始截面积，mm^2；

S_1——试样拉断后断口处的截面积，mm^2。

延伸率δ和断面收缩率ψ越大，表示材料的塑性越好。塑性好的材料可以发生大量塑性变形而不破坏，便于通过塑性变形加工成复杂形状的零件，即良好的塑性是顺利地进行压力加工的重要条件。一般机械零件都具有一定的塑性。

3）硬度

硬度也是金属材料在静载荷作用下的机械性能指标之一。通常是指金属材料抵抗其他更硬物体压入表面的能力，是金属抵抗表面局部变形和破坏的抗力，因此它是材料强度的又一种表现形式。硬度是通过硬度试验测得的。硬度试验方法简单、迅速，不需要专门的试样，不损坏工件，因此在生产和科研中得到广泛应用。通过测定材料的硬度，还能近似地估算材料的强度，从而了解材料的其他机械性能。测定硬度的方法很多，常用的有布氏硬度（Brinell hardness）、洛氏硬度（Rockwell hardness）和维氏硬度（Vickers hardness）试验方法。

（1）布氏硬度 布氏硬度的测定是在布氏硬度机上进行的，其测量原理如图1-3所示。用直径为D的淬火钢球或硬质合金球做压头，在试验力F的作用下压入被测金属表面，保持规定的时间后卸除试验力，则在金属表面留下一压坑（压痕），用读数显微镜测量压痕的直径d，求出压痕表面积，最后用试验力F除以压痕表面积S所得的商作为被测金属的布氏硬度值，用符号HB表示。

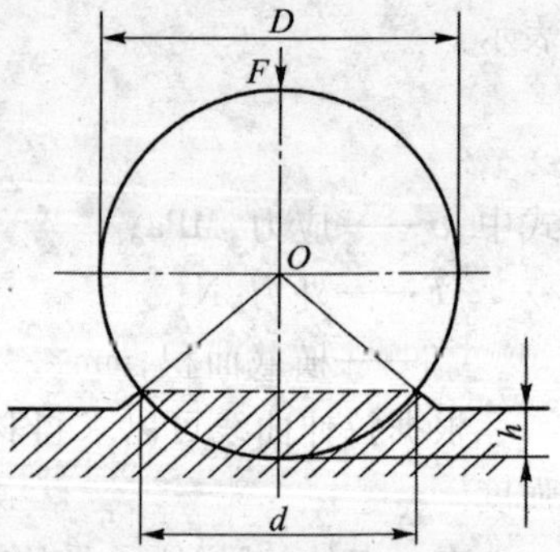

图1-3 布氏硬度测量原理

布氏硬度值一般不用通过计算获得，而是以专用的刻度放大镜量出压痕直径（d），并根据压痕直径的大小，从专门的硬度表中查出相应的布氏硬度值。

用淬火钢球作压头测得的硬度用符号HBS表示，适合于测量布氏硬度值小于450的材料；用硬质合金球作压头测得的硬度用符号HBW表示，适合测量布氏硬度值为450～650的材料。在硬度标注时，硬度值写在硬度符号的前面，例如120HBS，表示用淬火钢球作压头测得材料的布氏硬度值为120。在我国，目前布氏硬度机的压头主要是淬火钢球，故主要用来测定灰铸铁、有色金属以及经退火、正火和调质处理的钢材等的硬度。

$$\mathrm{HBS(HBW)}=0.102\frac{2F}{\pi D(D-\sqrt{D^2-d^2})}$$

布氏硬度压痕大,试验结果比较准确。但较大压痕有损试样表面,不宜用于成品件与薄件的硬度测试,而且布氏硬度试验过程较为麻烦。

(2) 洛氏硬度　洛氏硬度的测定在洛氏硬度机上进行。与布氏硬度试验一样,洛氏硬度也是一种压入硬度试验,但它不是测量压痕面积,而是测量压痕的深度,以深度大小表示材料的硬度值。

用顶角为120°的金刚石圆锥或直径为1.588 mm的淬火钢球作压头,先加初载荷,再加主载荷,将压头压入金属表面,保持一定时间后卸除主载荷,即可根据压痕的残余深度确定硬度值。硬度值用符号HR表示。

为了能在同一洛氏硬度机上测定从软到硬的材料的硬度,采用了由不同的压头和载荷组成的几种不同的洛氏硬度标尺,并用字母在HR后加以注明,常用的洛氏硬度是HRA、HRB和HRC三种,其中HRC应用最为广泛。三种洛氏硬度标尺的试验条件和适用范围见表1-1。

表1-1　三种洛氏硬度标尺的试验条件和适用范围

硬度标尺	压头类型	总试验力/N	硬度值有效范围	应用举例
HRC	120°金刚石圆锥体	1471.0	20~67 HRC	一般淬火钢件
HRB	ϕ1.588 mm钢球	980.7	25~100 HRB	软钢、退火钢、铜合金等
HRA	120°金刚石圆锥体	588.4	60~85 HRA	硬质合金、表面淬火钢等

表示洛氏硬度时,硬度值写在硬度符号的前面,例如,50 HRC表示用标尺C测得的洛氏硬度值为50。

洛氏硬度试验操作简便、迅速,可直接从硬度机表盘上读出硬度值。测量时压痕小,可直接测量成品或较薄工件的硬度。但由于压痕较小,测得的数据不够准确,通常应在试样不同部位测定三点取其算术平均值。

(3) 维氏硬度　维氏硬度试验原理基本上与布氏硬度相同,也是根据压痕单位表面积上的载荷大小来计算硬度值。所不同的是,它采用相对面夹角为136°的正四棱锥体金刚石作压头。

试验时,用选定的载荷F将压头压入试样表面,保持规定的时间后卸除载荷,在试样表面压出一个四方锥形压痕,测量压痕两对角线长度,求其算术平均值,用以计算出压痕的表面积,最后以压痕单位表面积上所承受的载荷大小表示维氏硬度值,用符号HV表示。

维氏硬度适用范围宽(5~1 000 HV),可以测从极软到极硬材料的硬度,尤其适用于极薄工件及表面薄硬层的硬度测量(如化学热处理的渗碳层、渗氮层等),其结果精确可靠。缺点是测量起来较麻烦,工作效率不如洛氏硬度测量高。

各种硬度间没有理论的换算关系,但可通过查常用硬度换算表进行近似换算。

4) 冲击韧性

前面讲到性能时,被测金属所受到的载荷都是从零开始逐渐增大的,这种载荷,称为静载荷。但许多零件或工具在实际使用时,除受到静载荷作用外,还会受到突然施加的外力,在这种外力的作用下,零件和工具容易遭到破坏。这种突然作用的外力称为冲击载荷。金属材料抵抗冲击载荷而不致被破坏的能力称为冲击韧性。

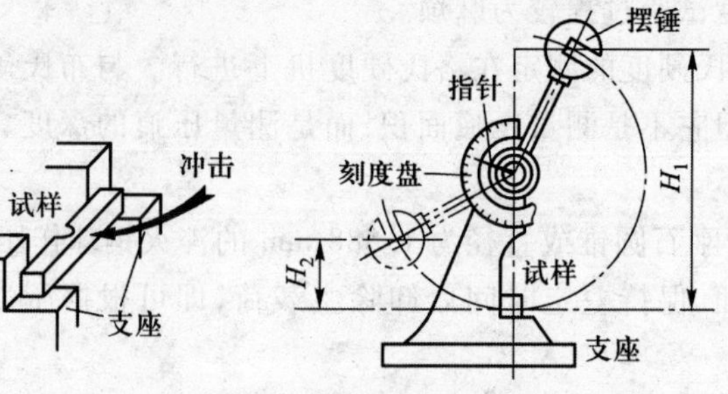

图 1-4 冲击试验示意图

冲击韧性指标是以材料受冲击断裂时单位面积上所消耗的能量来表示的。通常用一次性摆锤弯曲冲击试验来测定材料的冲击韧性,其原理如图 1-4 所示。将带有缺口的标准冲击试样安放在冲击试验机的支座上,冲击试样的横截面尺寸为 10 mm×10 mm,长度为 55 mm,试样中部开有 U 形或 V 形缺口,试样缺口背向摆锤冲击方向。把质量为 m 的摆锤从一定高度 H_1 落下,将试样冲断,冲断试样后,摆锤继续升到 H_2 的高度。摆锤冲断试样所消耗的能量称为冲击吸收功,用符号 $A_{ku}(A_{kv})$ 表示。

冲击吸收功 $A_{ku}(A_{kv})$ 可从冲击试验机刻度盘上直接读出。将冲击吸收功除以试样缺口底部横截面积,即得到冲击韧度值,用符号 $\alpha_{ku}(\alpha_{kv})$ 表示,单位为 J/cm^2。

$$\alpha_{ku}(\alpha_{kv}) = A_{ku}(A_{kv})/S_0$$

式中,$A_{ku}(A_{kv})$——消耗在试样上的冲击吸收功,J;

S_0——试样断口横截面积,cm^2。

冲击值的大小反映出金属材料韧性的好坏。α_k 越大,表示材料的韧性越好,抵抗冲击载荷而不被破坏的能力越大。所以,对于长期在冲击力作用下工作的零件,如汽锤的锤杆、冲床的曲轴、发电机的转子等,在制造时要进行冲击韧性试验。

5)疲劳强度

高速旋转的传动轴常会发生突然断裂,使用频繁的弹簧会脆断,内燃机气缸盖上的螺栓会断裂,汽车变速齿轮会产生崩齿现象。诸如此类的现象通常是由金属疲劳所引起的。虽然这些零件工作时受到的应力常小于材料的 σ_b,甚至小于 σ_s,但应力的大小和方向是变化的(称为交变应力)。在交变应力作用下,表面的缺陷处(如刀痕、沟槽)将产生极微小的裂纹,并随应力的不断作用而扩展,使有效截面减小,并在偶然发生的振动作用下脆断。这种因疲劳引起的脆断现象,称为金属的疲劳现象。

疲劳强度是指金属材料经多次重复的交变载荷作用仍不致引起疲劳断裂的最大交变应力,用符号 σ_{-1} 表示,单位为 MPa。

金属的疲劳强度是通过疲劳试验来测定的,常用的有弯曲疲劳试验。试验时规定钢铁材料应力交变的次数为 $10^6 \sim 10^7$,有色金属为 $10^7 \sim 10^8$。

4. 金属的工艺性能

金属的工艺性能指将金属制成具有一定形状和良好性能的零件或零件毛坯的可能性以及难

易程度。

由金属材料到制成零件成品，需要经过多道加工工序，其中又分为冷、热加工。具体有铸造、压力加工（锻造、轧制、冲压、拉拔等）、焊接、热处理、切削加工等。按金属适应各种加工工序的可能和难易程度，常分为铸造性能、压力加工性能、焊接性能和切削加工性能。

（1）铸造性能　是指能否将金属材料用铸造方法制成优良铸件的性能。它取决于铸造金属的流动性和收缩性。铸造是将熔化的金属注入铸型型腔内以获得相应铸件的工艺方法。

（2）压力加工性能　是指能否用压力加工方法将金属加工成优良工件的性能。金属压力加工性能的好坏主要取决于金属本身塑性的好坏和变形抗力的大小。

金属压力加工方法很多，有自由锻造、模型锻造、轧制、拉制、挤压、冲压等。采用压力加工方法可以生产金属的原材料（如各类型材），也可以生产零件或零件毛坯。在机械工业中，普遍使用的是锻造生产，包括自由锻造和模型锻造。

（3）焊接性能　是指能否将金属用一定的焊接方法焊成优良接头的性能。它可以通过焊接试验来评定，其主要标准是产生裂缝的可能性和裂纹的多少以及有无气孔产生。

焊接是将两部分金属加热或加压并借助原子间的结合力使它们牢固地连接成整体的工艺方法。焊接的种类可分为熔化焊、压力焊、钎焊三种，以熔化焊使用最广泛，其中又以电弧焊和气焊应用最为普遍。

（4）切削加工性能　是指能否将金属用刀具切削成具有一定精度和表面粗糙度的零件的性能。

金属切削性能的好坏主要与金属材料的硬度、韧性、化学成分和加工硬化程度等有关。一般比较理想的切削加工硬度为 180～260 HBS。材料硬度太低、韧性太强，切削时容易“粘刀”；硬度太高，切削时容易磨损刀具；表面抗力大，则切削量太小。但是，不同的切削方法有不同的具体要求，例如磨削时要求金属的硬度要高些；铣齿时要求材料的硬度不能太高、韧性不能太好。

二、金属的构造

1. 纯金属的构造

1）晶体与非晶体

一切固态物质按其内部微粒（原子或分子）的构成可分为晶体与非晶体两类。晶体的特点是，构成晶体的基本微粒在空间是有规则排列的。反之，非晶体的微粒在空间是无规则排列和紊乱的。所有的纯金属在固态下都是晶体。

2）晶格及常见晶格类型

为了便于理解和描述晶体中原子排列的情况（图 1-5a），常用一些假想的几何线条将晶体中各

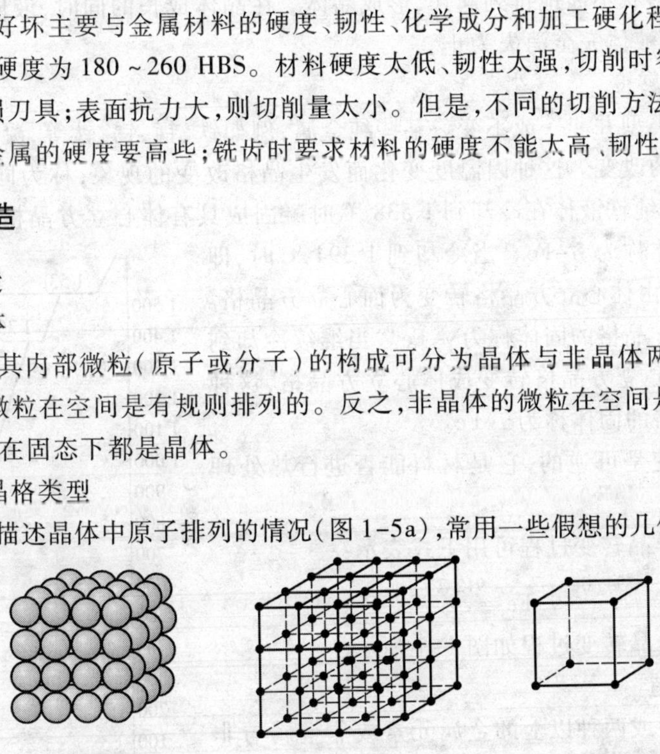

(a) 晶体中原子排列模型　(b) 晶格　(c) 晶胞

图 1-5　晶体、晶格和晶胞的示意图

原子的振动中心连接起来，构成的空间格子称为晶格，如图 1-5b 所示。每种晶格都反映出一定的排列规律。为便于研究，通常取晶格的一个基本单元——晶胞(图 1-5c)来描述晶体的结晶构造。

常见金属的晶格种类很多，最主要的有体心立方晶格和面心立方晶格两种，如图 1-6 所示。

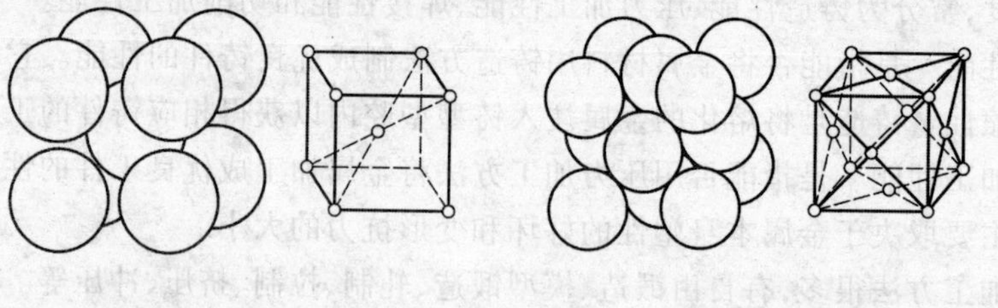

(a) 体心立方晶格　　(b) 面心立方晶格

图 1-6 体心立方晶格、面心立方晶格示意图

3) 纯金属的结晶

纯金属从液体状态转变成晶体状态(固态)的过程称为结晶。从原子排列的情况来看，结晶就是原子从不规则状态(液态)过渡到规则状态(固态)的过程。实验证明，结晶过程分为两个阶段，即晶核(结晶核心)的形成和晶核的成长。当晶核开始出现后，液态金属的原子就以它为中心按一定的几何形状不断地排列起来，形成晶体。在晶体成长的同时，液体中又产生新的晶核，并逐渐长大，直到液体完全消失为止。

4) 同素异晶转变

金属的晶格类型并非一成不变。某些纯金属，例如铁、锰、锡、钛等，凝固后随温度的变化还会发生晶格类型的改变。这种因温度变化而发生晶格改变的现象，称为同素异晶转变(或同素异构转变)。例如纯铁液体在冷却到 1 538 ℃时凝固成具有体心立方晶格的固体。这种具有体心立方晶格的固体称为 δ-Fe。当冷却到 1 394 ℃时，即发生晶格的转变，由体心立方晶格转变为面心立方晶格。这种具有面心立方晶格的固体称为γ-Fe。当继续冷却到 912 ℃时，又由面心立方晶格转变成体心立方晶格，这种具有体心立方晶格的固体称为α-Fe。

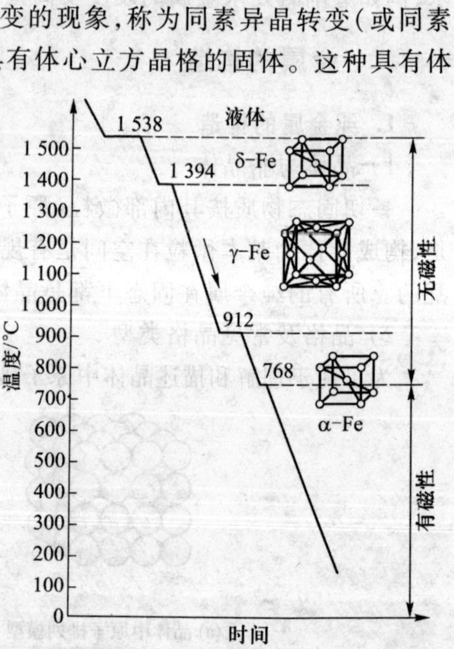

图 1-7 纯铁的冷却曲线

同素异晶转变是可逆的，它是材料能否进行热处理的重要依据之一。

纯铁的同素异晶转变过程可用下式表示：

$$\delta\text{-Fe} \overset{1\,394\ ℃}{\rightleftharpoons} \gamma\text{-Fe} \overset{912\ ℃}{\rightleftharpoons} \alpha\text{-Fe}$$

纯铁的同素异晶转变过程如图 1-7 所示。

2. 合金的构造

合金是由两种或两种以上的金属元素或非金属与非金属元素构成的具有金属特性的物质，例如钢和生铁就是铁和碳的合金，黄铜就是铜和锌的合金。

合金的结构比纯金属复杂得多。由于构成合金的元素相互作用的不同,合金的构造常可分为固溶体、金属化合物和机械混合物三种。

(1) 固溶体　固溶体是以一种金属元素的晶格为溶剂,其他元素的原子为溶质,溶质原子溶入溶剂晶格而形成的均匀固体,例如钢中的铁素体就是碳原子溶入铁的晶格而形成的固溶体。固溶体保持了溶剂的晶格。

(2) 金属化合物　金属化合物是构成合金的元素相互化合而生成的新物质。它的晶格类型和性能完全不同于其组分中的任一元素,而是具有一定的化学成分及新的晶格,例如钢中的渗碳体就是铁和碳的金属化合物。金属化合物一般具有硬而脆的性能。

(3) 机械混合物　机械混合物是两种或两种以上的金属晶体相互混合而成的组织。它可以由纯金属、固溶体、金属化合物等晶体任意混合而成,例如钢中的珠光体就是由固溶体和金属化合物组成的机械混合物。机械混合物的性能取决于构成物本身的性能以及它们的相对数量和分布状态。

3. 铁碳合金的基本组织和性能

1) 钢的基本组织和性能

钢是铁和碳的合金。铁碳合金的基本组织有铁素体、奥氏体、渗碳体、珠光体和莱氏体五种。其中当钢液以极其缓慢的速度冷却时,在室温下生成的组织称为平衡状态组织。钢在平衡状态下的基本组织有铁素体、渗碳体和珠光体三种。

(1) 铁素体　铁素体是碳溶解于 α-Fe 中的固溶体,用符号"F"(或"α")表示,呈体心立方晶格。碳在 α-Fe 中的溶解度极小,室温时仅为 0.008%,在 727 ℃时达到最大溶解度,即 0.0218%,所以碳的强化作用极小,其机械性能接近纯铁的性能,即强度、硬度低(σ_b = 180 ~ 280 MPa,50 ~ 80 HBS),塑性、韧性好(δ=30% ~50%,A_{ku}=128 ~ 160 J)。

(2) 渗碳体　渗碳体是铁和碳组成的具有复杂晶格的金属化合物,常用化学分子式 Fe_3C 表示。其含碳量为 6.69%,熔点为 1 227 ℃,力学性能特点是强度、硬度高(>800 HBW),塑性、韧性差,近似为零。

渗碳体是钢中的强化相。根据生成条件不同,渗碳体有条状、网状、片状、粒状等形态。它们的大小、数量、分布状况对铁碳合金的性能有很大影响。

(3) 珠光体　珠光体是铁素体和渗碳体的机械混合物。常用符号"P"表示。其含碳量为平均含碳量,近似为 0.77%。珠光体组织的形态一般为层片状,由铁素体和渗碳体互相交替排列组成。

珠光体的机械性能主要取决于渗碳体的数量、形态和分布的情况。珠光体具有比铁素体高的强度和硬度,但塑性和韧性比铁素体差。力学性能介于铁素体和渗碳体之间,即强度较高、硬度适中、塑性和韧性较好。

(4) 奥氏体　碳在 γ-Fe 中形成的间隙固溶体称为奥氏体。以符号"A"(或"γ")表示。由于 γ-Fe 是面心立方晶格结构,它的有效晶格间隙比 α-Fe 大,故溶碳能力较大,在 1 148 ℃时溶碳能力最大,可达 2.11%。随着温度的下降,溶碳能力逐渐减小,在 727 ℃时溶碳量为 0.77%。

奥氏体的力学性能与其溶碳量及晶粒大小有关。一般来说,奥氏体的硬度为 170 ~ 220 HBS,延伸率 δ 为 40% ~50%。因此奥氏体的硬度较低而塑性较高,易于塑性成型。

奥氏体存在于 727 ℃以上的高温范围内。

(5) 莱氏体　莱氏体有高温莱氏体和低温莱氏体。存在于 727 ~1 148°C 之间的奥氏体和渗碳体组成的混合物叫做高温莱氏体，符号为“L_d”。存在于727°C以下的由珠光体和渗碳体组成的混合物称为低温莱氏体，符号为“L_d'”。莱氏体的力学性能和渗碳体相似，即硬度很高、塑性较差。

2）钢的组织对性能的影响

随着含碳量的变化钢内部的组织是变化的，其中铁素体、珠光体和渗碳体的相对数量也是变化的。组织相对的变化会影响钢的性能。例如，含碳量小于0.77%的碳钢，随着含碳量的增加，将由原来全部是铁素体的组织转变为铁素体加珠光体的组织，并随着含碳量的不断增加，珠光体的数量增多，铁素体的数量减少，钢的强度、硬度不断升高，而塑性、韧性不断降低。当含碳量达到0.77%时，钢全部由珠光体组成，其强度、硬度较高，而塑性、韧性较差。当含碳量大于0.77%时，在珠光体晶粒的晶界上就会出现硬而脆的渗碳体。随钢中含碳量的增加，渗碳体的数量将增多，而珠光体的数量将减少，并且随着含碳量的增加，渗碳体将形成网络，称为网状渗碳体。钢中存在网状渗碳体时，就会削弱晶粒间的结合力，使钢的硬度有所提高，而塑性、韧性明显降低。

由上述可知，随含碳量的增加碳钢内部组织将发生变化，而变化的结果会引起钢的机械性能的改变。所以，钢的含碳量不同，就具有不同的机械性能，也就有不同的用途。

对于强度要求不高的普通零件，如螺钉、螺栓、螺母和普通小轴、销子等，常可用低碳钢来制造，因为低碳钢含碳量低，强度、硬度低，容易切削加工。对于要求具备一定综合机械性能的零件，如机床主轴、传动轴、齿轮、柴油机曲轴、凸轮轴等，则可选用中碳钢来制造，因为中碳钢含碳量适中，具有一定的强度和硬度，又有较好的塑性和韧性，加工性能也较好。对于各种刃具、量具、模具等工具，如锉刀、钻头、板牙、样板等，就需要用高碳钢来制造，以便获得高的硬度和耐磨性。

1.4 任务实施

一、$Fe-Fe_3C$ 相图

通过对铁碳合金系中不同成分的合金进行实验，可观察在极其缓慢加热和冷却过程中其内部组织的变化，并绘制成相应的图形。这种表示平衡条件下合金成分、温度、组织状态之间关系的图形称为铁碳合金相图。它是研究钢和铸铁的组织和性能的基础，是选择钢铁材料的依据，对制定铸、锻、焊、热处理等热加工工艺有重要的指导意义。

1. $Fe-Fe_3C$ 相图分析

由于含碳量大于6.69%的铁碳合金脆性极大，没有实用价值，因此，研究的铁碳合金相图实际上是 $Fe-Fe_3C$ 相图，如图1-8所示。需要指出的是，图中对A、P两处已经作了简化，因此图1-8是简化的铁碳合金相图。

简化后的 $Fe-Fe_3C$ 相图可看成由两个简单相元组成的典型二元相图。图中纵坐标表示温度。左端原点 $w_C=0\%$，即纯铁；右端点 $w_C=6.69\%$，即 Fe_3C。纵坐标上任何一个固定的成分均代表一种铁碳合金，例如 S 点，表示 $w_C=0.77\%$（$w_{Fe}=99.23\%$）铁碳合金。

1）$Fe-Fe_3C$ 相图中的特征点

$Fe-Fe_3C$ 相图中的特征点如表1-2所示。

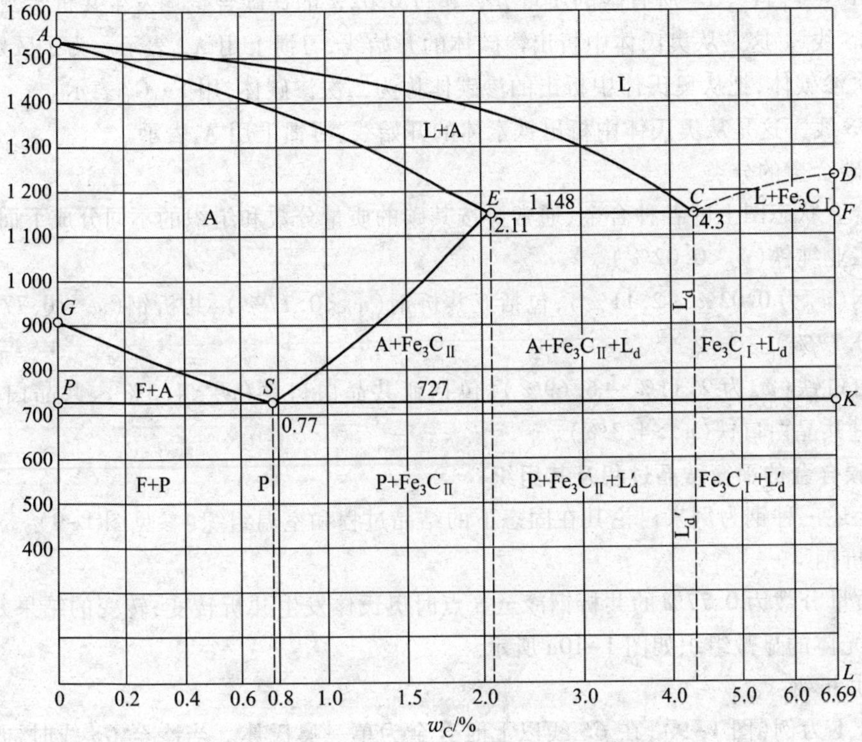

图 1-8 $Fe-Fe_3C$ 相图

表 1-2 $Fe-Fe_3C$ 相图的特征点

特性点	温度/℃	w_C/%	含义
A	1 538	0	纯铁熔点
C	1 148	4.30	共晶点
D	1 227	6.69	渗碳体熔点
E	1 148	2.11	碳在 γ-Fe 中的最大溶解度点
G	912	0	α-Fe ⇌γ-Fe 同素异构转变点
P	727	0.02	碳在 α-Fe 中最大溶解度点
S	727	0.77	共析点

2）铁碳合金相图中一些线的含义

（1）*ACD* 线　这是液相线，液态合金冷却到此线时开始结晶。在此线以上的区域是液相区。

（2）*AECF* 线　这是固相线，合金冷却到该线时结晶完毕。在此线以下的区域是固相区。

（3）*ECF* 线　这是共晶线，合金在该线上发生共晶转变，形成莱氏体，其反应式为 $L_C \rightleftharpoons A_E + Fe_3C$。碳的质量分数为 2.11% ~6.69% 的铁碳合金均发生共晶转变。

（4）*PSK* 线　这是共析线，习惯上用 A_1 表示，合金在该线上发生共析转变，形成珠光体，其

反应式为 $A_S \rightleftharpoons F_P+Fe_3C$。所有碳的质量分数超过 0.02% 的铁碳合金均发生共析转变。

(5) *ES* 线　这是从奥氏体中析出渗碳体的开始线,习惯上用 A_{cm} 表示。为了区别从液体中析出的一次渗碳体,把从奥氏体中析出的渗碳体称为二次渗碳体,用 Fe_3C_{II} 表示。

(6) *GS* 线　这是从奥氏体中析出铁素体的开始线,习惯上用 A_3 表示。

3) 铁碳合金的分类

铁碳合金状态图上的各种合金,通常可按其碳的质量分数和组织的不同分成下面三类:

(1) 工业纯铁(w_C<0.02%)。

(2) 钢(w_C为 0.02% ~2.11%),包括亚共析钢(w_C<0.77%)、共析钢(w_C=0.77%)和过共析钢(w_C>0.77%)。

(3) 白口铁(w_C为 2.11% ~6.69%),包括亚共晶白口铁(w_C<4.3%)、共晶白口铁(w_C=4.3%)和过共晶白口铁(w_C>4.3%)。

2. 铁碳合金的平衡结晶过程及其组织

现以上述三种钢为例来讨论其在固态下的结晶过程和室温组织(参见图 1-9)。

1) 共析钢

碳的质量分数为 0.77% 的共析钢冷至 *S* 点时奥氏体发生共析转变,转变的结果是全部变成珠光体,珠光体的显微组织如图 1-10a 所示。

2) 亚共析钢

以合金Ⅰ为例(图 1-9),在 *GS* 线以上时合金为单一奥氏体。当冷至 *GS* 线时,开始从奥氏体中析出铁素体。而铁素体的碳的质量分数是很小的,因此铁素体的析出,使得剩余奥氏体的碳的质量分数沿 *GS* 线向 *S* 点方向不断增加。当温度降至 *PSK* 线时,奥氏体的碳的质量分数增至共析成分 0.77%,这部分奥氏体发生共析转变形成珠光体。因此亚共析钢的室温组织由铁素体和珠光体组成,其显微组织如图 1-10b 所示。

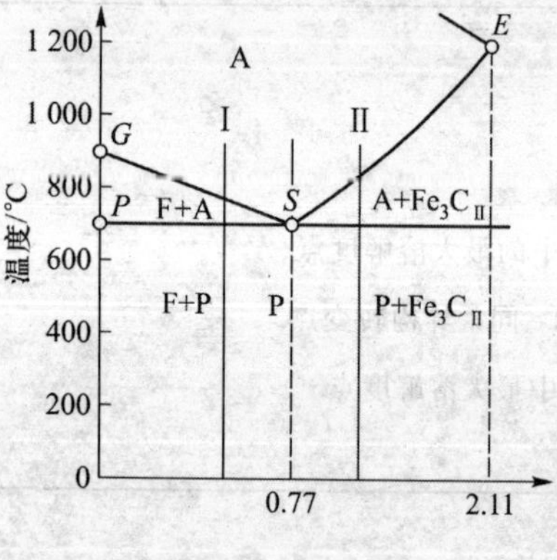

图 1-9　铁碳合金状态图中钢的部分

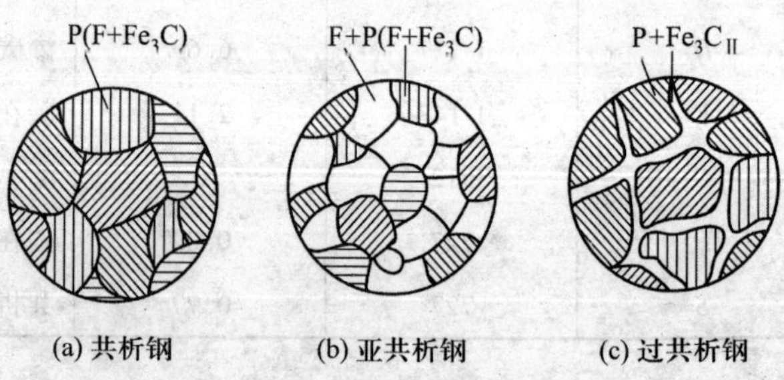

图 1-10　钢的显微组织

3) 过共析钢

以合金Ⅱ为例(图 1-9),在 *ES* 线以上时合金为单一奥氏体。当温度降至 *ES* 线时,从奥氏体中开始析出二次渗碳体。由于渗碳体的碳的质量分数较高,因此随着二次渗碳体的析出,剩余奥氏体的碳的质量分数沿 *ES* 线向 *S* 点方向逐渐减少。当温度达到 *PSK* 线时，奥氏体的碳的质量分数降至共析成分 0.77%，这部分奥氏体便发生共析转变，形成珠光体。因此过共析钢的室温组织由珠光体和二次渗碳体组成，其显微组织如图 1-10c 所示。

用同样的方法可以分析三种白口铁的结晶过程，其室温组织如下：

共晶白口铁由莱氏体组成。亚共晶白口铁由珠光体、二次渗碳体和莱氏体组成。过共晶白口铁由一次渗碳体和莱氏体组成。

二、$Fe-Fe_3C$ 相图的应用

1. 选择材料

根据铁碳合金成分、组织、性能之间的变化规律，可以根据零件的使用情况来选择材料。

如果要求机件有良好的焊接性能和冲压性能，应选用组织中铁素体较多、塑性好的低碳钢（w_C<0.25%）来制造，例如冲压件、桥梁、船舶和各种建筑结构；对于一些具有综合力学性能（强度、硬度以及塑性、韧性都较高）要求的机械零件，例如齿轮、传动轴等应选用中碳钢（w_C = 0.25% ~0.6%）来制造；高碳钢（w_C>0.6%）主要用来制造弹性零件及要求高硬度、高耐磨性的工具、磨具等；对于形状复杂的箱体、机座等可选用铸造性能好的铸铁来制造。

2. 制定热加工工艺

在铸造生产方面，根据 $Fe-Fe_3C$ 相图可以确定铸钢和铸铁的浇注温度。浇注温度一般在液相以上150 ℃左右。另外，从相图中还可看出接近共晶成分的铁碳合金的熔点低、结晶温度间隔小，因此它们的流动性好，分散缩孔少，可得到组织致密的铸件。所以，铸造生产中，接近共晶成分的铸铁得到了较广泛的应用。

在锻造生产方面，钢处于单相奥氏体时塑性好、变形抗力小，便于锻造成型。因此，钢材的热轧、锻造时要将其加热到单相奥氏体区。一般碳钢的始锻温度为 1 250 ~1 150 ℃，而终锻温度在 800 ℃左右。

在焊接方面，可根据 $Fe-Fe_3C$ 相图分析低碳钢焊接接头的组织变化情况。

各种热处理方法的加热温度的选择也需参考 $Fe-Fe_3C$ 相图，这将在后续情境中详细讨论。

必须指出，铁碳合金相图不能说明快速加热和冷却时铁碳合金组织的变化规律。相图中各相的相变温度都是在平衡（即非常缓慢地加热和冷却）条件下得到的。另外，通常使用的铁碳合金中，除含铁、碳两元素外，尚有其他多种杂质或合金元素，这些元素对相图会有影响，应予以考虑。

1.5 知识链接

下面介绍几种常见的金属材料。

1. 碳素钢

碳素钢简称碳钢，其碳的质量分数低于 2.11%，是一种含有少量硅、锰、硫、磷等杂质元素的铁碳合金。碳钢价格低廉，工艺性能良好，是工业上应用最广泛的金属材料。

钢的组织随含碳量增加而发生变化：含碳量低于 0.77% 时为亚共析钢，其组织为铁素体和珠光体，钢中的碳几乎以渗碳体的形式出现在珠光体中。随着含碳量的增加，钢中的渗碳体量增

加，致使珠光体增加，铁素体减少；当含碳量为 0.77% 时，全部为珠光体；含碳量在 0.77% ~ 2.0% 时，除了珠光体外，还会有二次渗碳体出现，且随含碳量的增加，二次渗碳体也逐渐增加。

钢中碳的质量分数对钢的力学性能有显著的影响，如图 1-11 所示。随含碳量的增加，钢的硬度、强度逐渐增加，塑性和韧性则逐渐降低。含碳量为 0.77% 的共析钢的抗拉强度最高；若含碳量再增加，则抗拉强度反而降低，这是因为含碳量大于 0.77% 以后，在晶界处出现了硬脆的二次渗碳体，削弱了晶粒和晶粒之间的结合力。

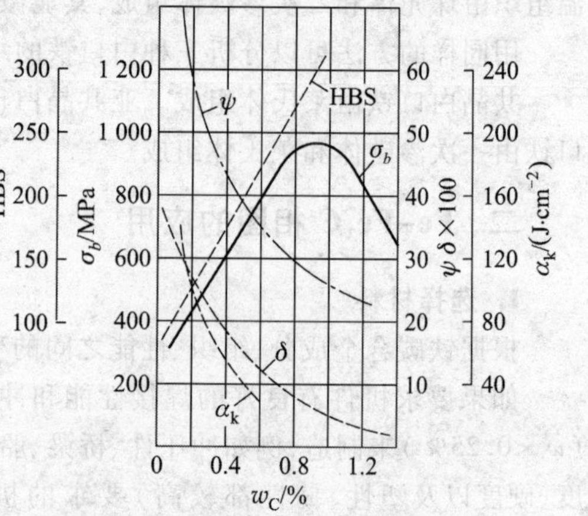

图 1-11 钢中碳的质量分数对力学性能的影响

1）碳钢的分类

（1）按钢中碳的质量分数可分为三类：

低碳钢：$w_C<0.25\%$。

中碳钢：$w_C=0.25\%\sim0.6\%$。

高碳钢：$w_C>0.6\%$。

（2）按质量，即按钢中所含有害杂质 S、P 的质量分数的多少来分，可分为三类：

普通碳素钢：$w_S\leqslant0.050\%$，$w_P\leqslant0.045\%$。

优质碳素钢：$w_S\leqslant0.035\%$，$w_P\leqslant0.035\%$。

高级优质碳素钢：$w_S\leqslant0.020\%$，$w_P\leqslant0.035\%$。

（3）按用途可分为两类：

碳素结构钢：这类钢属于低碳钢和中碳钢，可分为普通碳素结构钢和优质碳素结构钢两类。这类钢用途很多、用量很大，主要用于制造各种工程构件，如用于铁道、桥梁、各类建筑工程；制造承受静载荷的各种金属构件以及不重要、不需要热处理的机械零件和一般焊接件，如齿轮、轴、螺栓、弹簧等。

碳素工具钢：主要用于制造各种刀具、模具、量具等。这类钢属于高碳钢。

2）碳钢的编号方法

碳钢的编号方法如表 1-3 所示。

表 1-3 碳钢的编号方法

分类	编号方法	
	举例	说明
碳素结构钢	Q235-A·F	“Q”为“屈”字的汉语拼音首字母，后面的数字为屈服点（MPa）；A、B、C、D 表示质量等级，从左至右，质量依次提高；F、b、Z、TZ 依次表示沸腾钢、半镇静钢、镇静钢、特殊镇静钢。Q235-A·F 表示屈服点数值为 235 MPa、质量为 A 级的沸腾钢
优质碳素结构钢	45	两位数字表示钢的平均含碳量的万分之几。如 45 钢，表示平均含碳量为 0.45% 的优质碳素结构钢

续表

分类	编号方法	
	举例	说明
碳素工具钢	T8 T8A	“T”为碳字的汉语拼音首字母,后面的数字表示钢的平均含碳量的千分之几。如 T8 表示平均含碳量为 0.8% 的碳素工具钢,“A”表示高级优质
一般工程用铸造碳钢	ZG200-400	“ZG”代表铸钢。其后面第一组数字为屈服强度(MPa);第二组数字为抗拉强度(MPa)。如 ZG200-400 表示屈服强度为 200 MPa、抗拉强度为 400 MPa 的碳素铸钢

3）碳素结构钢的牌号和用途举例

碳素结构钢的牌号和用途举例如表 1-4 所示。

表 1-4　碳素结构钢的用途举例

牌号	用途举例
Q195、Q215A、Q215B	薄板、焊接钢管、铁丝、钉、屋面板、烟囱等
Q235A、Q235B、Q235C、Q235D	薄板、中板、钢筋、条钢、钢管、焊接件、铆钉、小轴、螺栓、连杆、拉杆、外壳、法兰等
Q255A、Q255B、Q275	拉杆、连杆、键、轴、销钉、强度要求较高的某些零件

4）优质碳素结构钢的特性和用途举例

优质碳素结构钢的特性和用途举例如表 1-5 所示。

表 1-5　优质碳素结构钢的特性和用途举例

牌号	特性和用途举例
08 10	强度不高、塑性、韧性很好,焊接性优良,用于制造受力不大的冲压件、焊接件、拉杆、销钉、垫片等
20	强度较低,塑性、韧性、焊接性都很好,切削性能不好,用于中小型渗碳件、锻压件,如小轴、齿轮、吊环、吊钩等
35	强度、硬度均较高,且有较好的塑性,切削性能好,用于螺栓、螺母、转轴等
40 45	为高强度中碳钢,其特点是强度较高,塑性及韧性尚好,切削性优良,经调质处理后能获得较好的综合力学性能,焊接性不好。这两种钢中以 45 钢应用最广。用于较重要的零件,如曲轴、连杆、齿轮、传动轴等
60 65	强度、硬度和弹性都相当高,但冷变形时塑性低,切削性较差,焊接性也差。用于制造弹簧、弹簧垫圈等

5）碳素工具钢的牌号和用途举例

碳素工具钢的牌号和用途举例如表 1-6 所示。

表 1-6 碳素工具钢的牌号和用途举例

牌号	用途
T7	用作受冲击工具，如凿子、锤、螺丝刀、镰刀等
T8	用作低速刀具，如锉刀、锯条、剪刀、木工刀具等
T8Mn	
T9	
T10	用作冷冲模、丝锥、板牙、铰刀及形状简单的量具，也适宜用作凿石工具
T11	
T12	用作不受冲击的工具，如刮刀、剃刀、锉刀、量规等
T13	

碳素工具钢是用于制作刃具、模具和量具的碳素钢。其加工性能良好、价格低廉、使用范围广泛，在工具生产中用量较大。碳素工具钢分为碳素刃具钢、碳素模具钢和碳素量具钢。碳素刃具钢是指用于制作切削工具的碳素工具钢；碳素模具钢是指用于制作冷、热加工模具的碳素工具钢；碳素量具钢是指用于制作测量工具的碳素工具钢。

6）一般工程用铸造碳钢的性能和应用举例

一般工程用铸造碳钢的性能和用途举例如表 1-7 所示。

表 1-7 一般工程用铸造碳钢的性能和用途举例

牌号	特性和用途
ZG200-400	有良好的塑性、韧性和焊接性能。用于受力不大、要求韧性的各种机械零件，如机座、变速器壳等
ZG230-450	有一定的强度和较好的塑性、韧性，焊接性能良好，可切削性尚可。用于受力不大、要求韧性的各种机械零件，如砧座、外壳、轴承盖、底板、阀体、犁柱等
ZG270-500	有较高的强度和较好的塑性，铸造性能良好，焊接性尚好，可切削性佳。用途广泛，用作轧钢机机架、轴承座、连杆、箱体、曲拐、缸体等
ZG310-570	有高的强度、硬度和耐磨性，可切削性中等，焊接性较差，流动性好，裂纹敏感性较大。用作齿轮、棘轮等
ZG340-640	有高的强度、硬度和耐磨性，可切削性中等，焊接性较差，流动性好，裂纹敏感性较大。用作齿轮、棘轮等

铸钢是用以浇注铸件的钢，是铸造合金的一种。铸钢分为铸造碳钢、铸造低合金钢和铸造特种钢三类。铸钢具有适当的强度、塑性和韧性，而且较少受到尺寸、形状和重量的限制。

铸造碳钢是以碳为主要合金元素并含有少量其他元素的铸钢。含碳小于 0.2% 的为铸造低碳钢，含碳 0.2% ~0.5% 的为铸造中碳钢，含碳大于 0.5% 的为铸造高碳钢。随着含碳量的增加,铸造碳钢的强度增大、硬度提高。铸造碳钢具有较高的强度、塑性和韧性,成本较低,在重型机械中用于制造承受大负荷的零件,如轧钢机机架、水压机底座等;在铁路车辆中用于制造受力大又承受冲击的零件,如摇枕、侧架、车轮和车钩等。

2. 合金钢

合金钢是指在碳钢的基础上加入一种或几种合金元素所得到的钢种。

常用的合金元素有 Si、Mn、Cr、Ni、Mo、W、V、Ti 等,将它们加入到钢中,可提高钢的力学性能,改善钢的工艺性能或者使钢具备耐腐蚀、耐热、耐磨、高磁性等特殊的性能。

1) 合金钢的分类和编号方法

(1) 分类　按合金元素含量的多少,可将合金钢分为低合金钢(合金元素总量≤5%)、中合金钢(合金元素总量为5% ~10%)和高合金钢(合金元素总量≥10%)。

按用途可分为合金结构钢、合金工具钢、特殊性能钢。

合金结构钢包括低合金结构钢、渗碳钢、调质钢、弹簧钢、滚动轴承钢等。

合金工具钢包括刃具钢、模具钢和量具钢。

特殊性能钢包括不锈钢、耐热钢和耐磨钢等。

(2) 编号方法　合金钢的编号方法如表 1-8 所示。

表 1-8　合金钢的编号方法

分类	编号方法	举例
低合金高强度结构钢	钢号由代表屈服点的汉语拼音字母(Q)、屈服点数值、质量等级符号(A、B、C、D、E)三个部分按顺序排列	Q390A 屈服点 390 MPa
合金结构钢	前面的数字表示钢的平均含碳量的万分之几,后面的数字表示合金元素平均含量的百分之几,含量少于 1.5% 时,一般不标明含量。若为高级优质钢,则在钢号的最后加"A"。滚动轴承钢号前面加"G",铬含量用千分之几表示	60Si2Mn 平均含锰量≤1.5% 平均含硅量 2% 平均含碳量 0.6% GCr15 平均含铬量 1.5%
合金工具钢	平均含碳量≥1.0% 时不标出,<1.0% 时以千分之几表示。高速钢例外,其平均含碳量<1.0% 时也不标出。合金元素含量的表示法同合金结构钢	5CrMnMo 平均含碳量 0.5% Cr12 平均含铬量 12% 平均含碳量≥1.0%
特殊性能钢	平均含碳量以千分之几表示。当平均含碳量≤0.03% 时,钢号前以"00"表示,当平均含碳量≤0.08% 时,钢号前以"0"表示。合金元素含量表示方法与合金结构钢相同	2Cr13 平均含碳量 0.2%

2) 合金结构钢

(1) 低合金高强度结构钢　这类钢属低碳、低合金钢,Mn 是强化的基本元素。它的强度显著高于相同含碳量的碳钢,同时具有良好的塑性和韧性以及良好的焊接性、冷成型性和耐蚀性。

这类钢主要用于制造桥梁、车辆、船舶、锅炉等。常用的钢号有 Q235、Q390 等。

（2）渗碳钢 含碳量为 0.10%～0.25%，常加入的合金元素有 Cr、Ni、Mn、B 等。这类钢经表面渗碳、淬火和低温回火后，可获得表硬内韧的优良性能，主要用于制造表面要求硬而耐磨同时能承受一定冲击的重要零件，例如汽车和拖拉机的齿轮、凸轮轴、活塞等。

（3）调质钢 这类钢为中碳钢，常加入 Cr、Ni、Mn、Si、B、Mo 等合金元素。调质钢经淬火+高温回火，即调质处理后，具有良好的综合力学性能，即强度高，塑性、韧性好，故广泛用于制造各种重要的机器零件，例如机床主轴、齿轮、连杆等。常用的钢号有 40Cr、35CrMo 等

（4）弹簧钢 这类钢含碳量为 0.45%～0.70%，常加入 Si、Mn 、Cr、V 等合金元素。弹簧钢经淬火和中温回火后，具有高的抗拉强度、高的屈强比、高的疲劳强度以及一定的塑性和韧性，主要用于制造各种弹簧和弹性零件。

（5）滚动轴承钢 这类钢为高碳铬钢，Cr 是强化的基本元素，目的是使钢具有高硬度和耐磨性、高的接触疲劳强度以及足够的韧性，主要用于制造滚动轴承元件，例如内套圈、外套圈、滚珠、滚柱等。常用的钢号有 GCr15、GCr15SiMn 等。

3）合金工具钢

（1）刃具钢 主要有以下两种：

低合金刃具钢 加入的合金元素主要有 Si、Cr、Mn 等，由于含量比较少，热硬性（高温下保持高硬度≥60 HRC 的能力）比较低，刀具刃部受热温度不能超过 300 ℃。主要用来制造低速切削的薄刃刀具，例如丝锥、板牙、铰刀等。常用的钢号有 9SiCr、CrWMn 等。

高速钢 这类钢是高碳高合金钢，因含有大量的碳化物形成元素，如 W、Mo、Cr、V 等，热硬性高，受热温度可达 600 ℃，主要用于制造高速切削及形状复杂的刀具，例如铣刀、车刀、钻头、滚齿刀等。常用的钢号有 W18Cr4V、W6Mo5Cr4V2 等。

（2）模具钢 按工作条件不同分为以下两种：

冷作模具钢 主要用来制造冷冲模、冷挤压模、拉丝模等。这类钢是高碳铬钢，如 Cr12、Cr12MoV 等。

热作模具钢 主要用来制造热锻模、压锻模等。常用的钢号有 5CrMnMo、3Cr2W8V 等。

（3）量具钢 量具钢用来制造各种测量工具，如千分尺、塞规、块规等。量具钢并没有专用钢。低合金刃具钢 CrMn、CrWMn，滚动轴承钢 GCr15 等都可以用于制造量具。

4）特殊性能钢

（1）不锈钢 按组织可分为铁素体不锈钢、马氏体不锈钢和奥氏体不锈钢三类。

典型的铁素体不锈钢是 1Cr17，为单相铁素体组织，耐磨蚀性能好、塑性好、强度低。主要用于制造化工设备，如容器、管道等。

典型马氏体不锈钢包括 1Cr13、2Cr13、3Cr13 等，主要用来制造汽轮机叶片、阀体、手术刀等。

典型的奥氏体不锈钢是 1Cr18Ni9 等，室温下具有单相奥氏体组织，故强度、硬度低，塑性、韧性好，具有良好的冷变形性能，广泛用于耐酸、碱、盐腐蚀的零件。

（2）耐热钢 耐热钢既具有高温抗氧化性，又具有较高的高温强度。常用的耐热钢有珠光体耐热钢，典型钢号有 15CrMo、12CrMoV 等，用作锅炉材料，如锅炉管等；马氏体耐热钢，典型钢号有 1Cr12MoV、4Cr9Si2 等，多用来制造汽轮机叶片、发动机排气阀等；奥氏体耐热钢，典型钢号有 0Cr18Ni9，工作温度可高于 650 ℃，可用于锅炉和汽轮机过热管道、内燃机重负荷排气阀等。

综上所述,我国常用钢号的表示方法说明及举例如表1-9所示。

表1-9 我国常用钢号表示方法说明及举例

种类	钢号举例	钢号表示方法说明
普通质量非合金钢	Q195、Q235C、Q235A·F	“Q”代表钢材屈服强度,后面的数字表示屈服强度值(MPa)。如Q235A·F表示质量等级为A级、沸腾钢(脱氧方法为F),其屈服强度为235MPa
低合金结构钢	Q345A、09Mn、16Mn、16Mng	低合金高强度结构钢新标准的钢号基本同上,如Q345A。一般低合金结构钢钢号基本上与合金结构钢的钢号表示方法相同。对于专业用低合金钢,应在钢号最后标明,如16Mn钢,用于锅炉的专用钢为“16Mng”
优质非合金钢(机械结构用钢等)	08F、15、30、45、20Mn、50Mn、20g	钢号的头两位数字表示平均碳含量的万分之几,如平均碳含量为0.45%的钢,钢号为“45”。含Mn者,应将Mn元素标出,如50Mn。专门用途的优质非合金钢应在钢号中特别标出,如20g(锅炉用钢)
非合金易切削钢	Y12、Y15Pb、Y40Mn	钢号冠以“Y”,以区别于其他结构钢,“Y”后面的数字表示碳含量,以平均碳含量的万分之几表示,如Y12。Mn含量较高或含Pb的钢,在钢号后标出“Mn”或“Pb”,如“Y15Pb”、“Y40Mn”
合金结构钢	20CrMnTi、18Cr2Ni4W、38CrMoAl、45MnB	钢号的头两位数字表示平均碳含量的万分之几。除个别微合金元素外,钢中主要合金元素一般以百分之几表示。当平均质量分数<1.5%时,钢号中一般只标出元素符号,而不标明质量分数,但在特殊情况下易混淆者,在元素符号后亦可标以数字“1”;当平均质量分数≥1.5%,≥2.5%时,在元素符号后应标明相应含量2,3等,如18Cr2Ni4W中,含Cr<2.5%,含Ni<4.5%,含W<1.5%
弹簧钢	65、60Si2Mn、50CrVA	非合金弹簧钢的钢号表示法基本上同优质非合金钢。合金弹簧钢的钢号表示法基本上同合金结构钢
滚动轴承钢	GCr15、Cr15SiMn、G10CrNi3Mo	钢号冠以“G”,表示轴承钢类。高碳铬轴承钢钢号的碳含量不标出,Cr含量以千分之几表示,如GCr15表示含Cr 1.5%的滚动轴承钢。渗碳轴承钢的钢号表示法基本上同合金结构钢
非合金工具钢	T8、T8Mn、T10A、T12A	钢号冠以“T”,“T”后面的数字表示含碳量,以平均碳含量的千分之几表示,例如T8,表示含碳量为0.8%。Mn含量较高者,在钢号后标出“Mn”,例如T8Mn。钢中S、P含量低于一般非合金工具钢者,在其钢号末尾加注字母“A”,以示区别,例如T12A
合金工具钢	9SiCr、Cr12MoV、3Cr2W8V	当碳含量≥1.0%时,不标出;当碳含量<1.0%时,以千分之几表示,如9SiCr。钢中合金元素含量表示方法基本上与合金结构钢相同
高速工具钢	W18Cr4V、W6Mo5Cr4V2	一般不标出碳含量,只标出各合金元素平均含量的百分之几,如W18Cr4V

续表

种类	钢号举例	钢号表示方法说明
不锈钢和耐热钢	0Cr13、1Cr13、00Cr18Ni10N、12Cr1MoV	钢号中碳含量以千分之几表示，如 1Cr13 钢的碳含量为 0.1%；碳含量≤0.03%或≤0.08%者，钢号前分别冠以“00”或“0”表示，如 00Cr18Ni10N、0Cr13 等。对钢中主要合金元素以百分之几表示。在珠光体耐热钢中，碳含量表示方法与合金结构钢相同，如 12Cr1MoV
高温合金	GH1130、GH4033	变形高温合金的新牌号，采用“GH”加 4 位数字组成。第 1 位数字表示分类号，其中 1 为固溶强化型铁基合金；2 为时效硬化型铁基合金；3 为固溶强化型镍基合金；4 为时效硬化型镍基合金。第 2、3、4 位数字表示合金的编号，与旧牌号（GH 加 2 或 3 位数字）的编号一致
高温合金	K213、K417	铸造高温合金的新牌号采用“K”加 3 位数字组成。第 1 位数字表示分类号，含义同上。第 2、3 位数字表示合金的编号，与旧牌号（K 加 2 位数字）的编号一致

3. 铸铁

工业上广泛应用的铸铁中碳不是以化合状态的 Fe_3C 形式存在的，而是以游离状的石墨形式存在的。由于铸铁中石墨的强度、塑性、韧性极低，接近于零，相当于许多微裂纹分布在金属的基体上，因此铸铁的强度、塑性和韧性比钢低，不能进行锻造。但铸铁的铸造性能好，且生产方法简便，价格低廉，因而，目前铸铁仍是最重要的机器结构材料之一。

根据石墨形态的不同，铸铁可分为灰铸铁、可锻铸铁和球墨铸铁（图 1–12）。

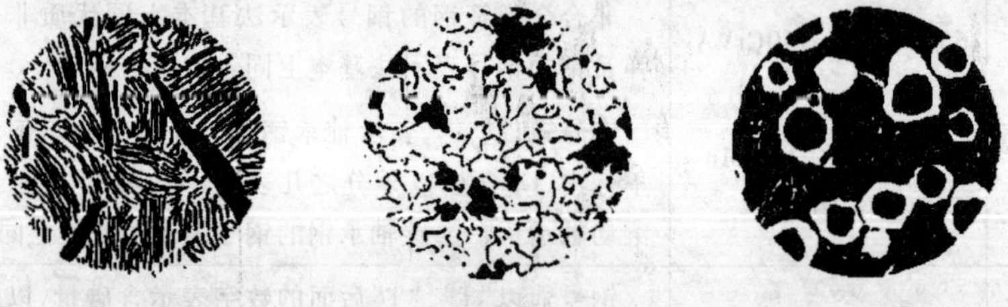

(a) 珠光体灰铸铁(×500)　(b) 铁素体可锻铸铁(×100)　(c) 铁素体+珠光体球墨铸铁(×200)

图 1–12　铸铁的金相组织

1）灰铸铁

灰铸铁是碳主要以片状石墨形式存在的铸铁（图 1–12a）。灰铸铁的熔点低，流动性好，凝固时收缩率小。灰铸铁中石墨片的存在使切屑易于脆断，便于切削加工，同时也有利于润滑，耐磨性好。另外，石墨片组织松软，能吸收振动，因而又具有良好的消振性。由于石墨片尖端处产生应力集中，因而严重地削弱了铸铁的抗拉强度，但对抗压强度影响不大。灰铸铁广泛用于制造各种承受压力和要求消振性好的床身、箱体和经受摩擦的导轨、缸体等。

灰铸铁的牌号、性能和用途见表 1-10。牌号“HT”为“灰铁”汉语拼音的首字母，其后数字代表最低抗拉强度值。

表 1-10 灰铸铁的牌号、性能和用途

牌号	抗拉强度 σ_b/MPa	抗弯强度 σ_{bb}/MPa	抗压强度 σ_{bc}/MPa	硬度 HBS	用途
	不小于				
HT100	100	260	500	143～229	低压力零件，如轴承盖、手轮、支架等
HT150	150	330	650	163～229	汽轮机冷凝器端盖、汽轮泵体、锅炉省煤器、发电机轴承座、进出水支座等
HT200	200	400	750	170～240	阀壳、低压气缸、机座联轴器、齿轮箱等受较大应力的零件，低速轴瓦等
HT250	250	470	1000	170～241	
HT300	300	540	1100	187～255	气缸、隔板、飞轮、齿轮等重要零件
HT350	350	610	1200	197～259	

2）可锻铸铁

可锻铸铁是碳主要以团絮状石墨形式存在的铸铁（图 1-12b）。可锻铸铁是白口铸铁经高温石墨化退火处理后得到的。由于团絮状石墨比片状石墨大大减轻了对金属基体的割裂作用，故可锻铸铁比灰铸铁具有较高的抗拉强度，较好的塑性和韧性。但可锻铸铁实际上并不可锻，常用于制造形状复杂且承受振动的薄壁小型铸件。

常用可锻铸铁的牌号、性能和用途见表 1-11。牌号“KT”为“可铁”汉语拼音的首字母，“H”表示黑心，“Z”表示珠光体，后续的第一组数字表示最低抗拉强度值，后续的第二组数字表示最低延伸率值。

表 1-11 常用可锻铸铁的牌号、性能与用途

分类	牌号	基体组织	抗拉强度 σ_b/MPa	屈服强度 $\sigma_{0.2}$/MPa	延伸率 δ_5/%	硬度 HBS	用途
				不小于			
黑心可锻铸铁	KTH300-06	F	300	—	6	不大于 150	管道的弯头、接头、三通，中压阀门
	KTH330-08		330	—	8		各种扳手，犁刀，犁柱，粗纺机和印花机盘头等
	KTH350-10		350	200	10		汽车、拖拉机的前后轮壳，差速器壳，制动器支架，农机的犁刀、犁柱，瓷瓶铁帽，铁道扣板，船用电动机壳
	KTH370-12		370	—	12		

续表

分类	牌号	基体组织	抗拉强度 σ_b/MPa	屈服强度 $\sigma_{0.2}$/MPa	延伸率 δ_5/%	硬度 HBS	用途
			不小于				
珠光体可锻铸铁	KTZ450-06	P	450	270	6	150 ~ 200	曲轴、凸轮轴、连杆、齿轮、摇臂、活塞环、轴套、犁刀、耙片、万向接头、棘轮、扳手、传动链条、矿车轮等
	KTZ550-04		550	340	4	180 ~ 230	
	KTZ650-02		650	430	2	210 ~ 260	
	KTZ700-02		700	530	2	240 ~ 290	

3）球墨铸铁

球墨铸铁是碳主要以球状石墨形式存在的铸铁(图 1-12c)。球墨铸铁是通过向铁水中加入球化剂(如稀土镁等)进行球化处理后得到的。由于石墨呈球状,对基体金属的割裂作用减到最小,所以球墨铸铁的强度、塑性和韧性不仅高于灰铸铁,甚至优于可锻铸铁,某些性能,如疲劳强度,与中碳钢相近。球墨铸铁还可以与钢一样通过各种热处理进一步提高其力学性能。因此球墨铸铁在生产上获得广泛的应用,常用于制造汽车和拖拉机的曲轴、凸轮轴、齿轮等重要零件。

球墨铸铁的牌号、性能和用途见表 1-12。牌号中“QT”为“球铁”汉语拼音的首字母,后续的第一组数字表示最低抗拉强度值(MPa),后续的第二组数字表示最低延伸率值。

表 1-12 球墨铸铁的牌号、性能和用途

牌号	抗拉强度 σ_b/MPa	屈服强度 $\sigma_{0.2}$/MPa	延伸率 δ_5/%	硬度 HBS	用途
	不小于				
QT400-18	400	250	18	130 ~ 180	泵体、阀体、受压容器、受冲击零件
QT400-15	400	250	15	130 ~ 180	
QT450-10	450	310	10	160 ~ 210	壳体、箱体零件,要求韧性的零件
QT500-7	500	320	7	170-230	机器底座、齿轮、支架等
QT600-3	600	370	3	190 ~ 270	连杆、曲轴、液压缸体等
QT700-2	700	420	2	225 ~ 305	曲轴、凸轮、齿轮等高强度零件
QT800-2	800	480	2	245 ~ 335	
QT900-2	900	600	2	280 ~ 360	高速、重负荷零件

思考与练习

1. 了解金属材料性能的目的是什么？什么是使用性能及工艺性能？它们各包括哪些内容？
2. 试比较布氏、洛氏、维氏硬度的特点,指出其各自最适用的范围。

3. 在零件图样上，为什么只用硬度来表示对机件的力学性能要求？

4. 什么叫做晶体？常见的金属晶格类型有哪些？简述其晶格特征与性能特点。

5. 简述金属的结晶过程。

6. 何谓铁的同素异构转变特性？有何重要意义？

7. 铁素体、奥氏体、渗碳体、珠光体、莱氏体的结构、性能各有何特点？

8. 绘出简化的铁碳相图，标出各区域的组织（符号），并指出图中 *S*、*C*、*E* 点及 *ECF*、*PSK* 线的含义。

9. 简述含碳量为0.45%钢由高温单相奥氏体状态缓慢冷却至室温的过程中，其组织发生哪些变化。

10. 简单说明铁碳相图有哪些应用以及注意的问题。

11. 什么是共析钢、亚共析钢、过共析钢？它们在室温下的组织有什么不同？

12. 根据 $Fe-Fe_3C$ 相图并通过必要的计算回答下面的问题。

（1）65 钢在室温时相组成物和组织组成物各是什么？

（2）T8（按共析钢对待）在室温时相组成物和组织组成物各是什么？

（3）T12 钢的相组成物和组织组成物各是什么？

13. 填写下列材料在该加热温度下的组织。

材料	温度/℃	组织	温度/℃	组织	温度/℃	组织
45	820		950		680	
T10	680		780		830	

注：已知 45 钢 A_{c3} = 780 ℃，T10 的 A_{cm} = 810 ℃。

14. 简述碳元素在碳素钢中的作用。

15. 普通碳素钢、优质碳素钢、碳素工具钢在化学成分上有何特点？主要应用在哪些方面？

16. 从钢的分类、化学成分、性能、用途等方面区别以下钢号：Q235-A·F、45、ZG200-400、Q235、20CrMnTi、40Cr、65Mn、GCr15、9SiCr、W18Cr4V、Cr12、5CrMnMo、2Cr13、1Cr18Ni9。

学习情境二

端盖的铸造成型

2.1 任务描述

将熔融金属浇注或压射到铸型型腔中，待其凝固后而得到一定形状和性能铸件的方法称为铸造。铸造所得到的金属工件或毛坯称为铸件，它广泛地应用于机械零件的毛坯制造，占金属切削机床质量的70%~80%，重型机械设备甚至高达90%。本学习情境是通过对端盖的铸造了解砂型铸造的全过程，并了解铸造的工艺特点及应用。

【知识点】

◎ 砂型铸造的工艺过程。
◎ 铸件的外观和缺陷分析。
◎ 常见的造型方法。

【技能点】

◎ 掌握一般零件的砂型铸造方法。

2.2 任务分析

铸造如图2-1所示的端盖，材质为灰铸铁，生产类型为单件小批量生产。试说明铸造的工艺过程和铸造方法，并分析铸造过程中可能产生的缺陷。

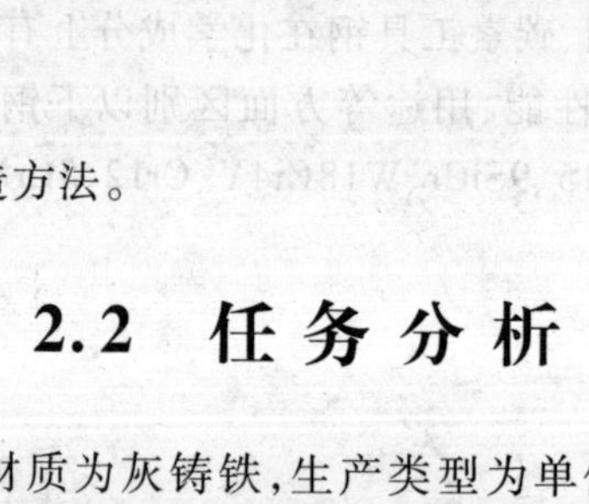

图2-1　端盖

2.3 相关知识

一、铸造的工艺特点

铸造具有以下优点：

(1) 铸造成型(成型也称为成形)方便且适应性强。用铸造方法可以制成形状复杂的毛坯，特别是具有复杂内腔的毛坯，如箱体、床身、机架、气缸体等；铸件的尺寸可大可小，小至几毫米、几克，大至十几米、几百吨的铸件均可铸造；铸件的材料可以是铸铁、铸钢、铸造铝合金、铸造铜合金等金属材料，也可以是高分子材料和陶瓷材料。

(2) 铸造所用的原材料来源广泛、价格低廉，还可以利用报废零件以及废金属材料，且生产设备较简单，投资少。因而，铸造的成本较低。

(3) 铸件的形状、尺寸与零件很接近，因而减小了切削加工的工作量，可节省大量的金属材料。

但铸造还存在以下缺点：

(1) 砂型铸造生产的工序较多，有些工艺过程难以控制，因此铸件易产生缺陷。

(2) 铸件的力学性能不如同类材料的锻件高。因此，受力不大或承受静载荷的零件常采用铸造毛坯。

(3) 工人的劳动强度大，劳动条件较差。

铸造的缺点使其应用受到一定的限制。

二、铸造的分类

根据生产方法的不同，铸造可分为砂型铸造和特种铸造两大类。

1. 砂型铸造

砂型铸造是以型砂为主要造型材料制备铸型的铸造工艺方法。由于砂型铸造适应性广，生产准备简单，成本低廉，因而在目前的铸造生产中仍占主导地位，用砂型铸造生产的铸件，约占铸件总质量的90%。砂型铸造可分为湿砂型(不经烘干直接进行浇注的砂型)铸造和干砂型(经烘干的砂型)铸造两种。

砂型铸造的造型方法可分为手工造型和机器造型两大类。

(1) 手工造型　全部用手工或手动工具完成的造型工序称为手工造型。手工造型方法比较灵活，工艺装备简单，适应性强，因此在单件或小批量生产，特别是大型铸件和复杂铸件生产中应用广泛。但手工造型生产率低，劳动强度大，铸件质量不稳定。手工造型的方法很多，按起模特点分为整模造型、挖砂造型、分模造型、活块造型、三箱造型等，如图2-2所示。

几种常用的手工造型方法的特点和适用范围见表2-1。

表2-1　几种常用的手工造型方法

名称	特点	适用范围
整模造型	模样为整体，分型面为平面，型腔全部在一个砂箱内，不会产生错型缺陷	最大截面在端部且为平面的铸件

续表

名称	特点	适用范围
挖砂造型	整体模，分型面为曲面，造下型后，将妨碍起模的型砂挖去，然后造上型	单件、小批量生产，分型面不平的铸件
分模造型	将模样沿最大截面分开，型腔位于上、下铸型内	最大截面在中部的铸件
活块造型	铸件上有妨碍起模的小凸台，制作模样时，将这部分做成活动的，拔出模样主体部分后，取出活块	单件、小批量生产，带有凸台，难以起模的铸件
三箱造型	用上、中、下三个砂箱，有两个分型面，将模样沿最小截面分开，中箱高度要与铸件两分型面的间距相适应	单件、小批量生产，中间截面小，两端截面大的铸件

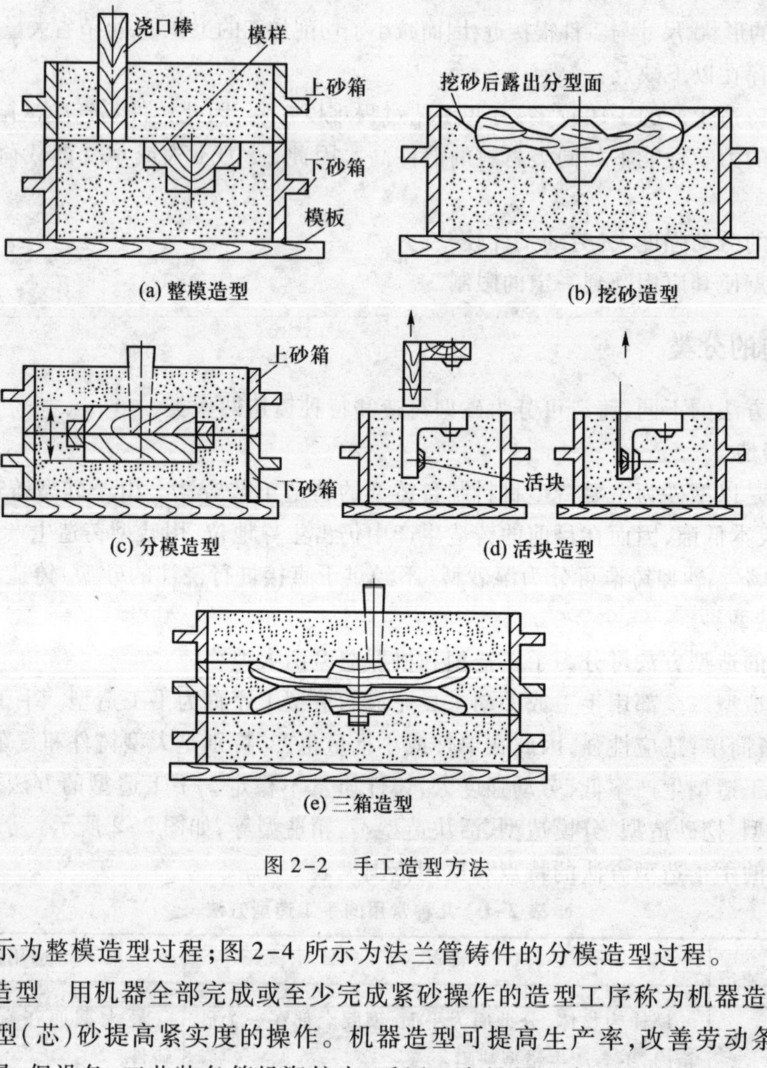

图 2-2　手工造型方法

图 2-3 所示为整模造型过程；图 2-4 所示为法兰管铸件的分模造型过程。

（2）机器造型　用机器全部完成或至少完成紧砂操作的造型工序称为机器造型。紧砂是使砂箱（芯盒）内型（芯）砂提高紧实度的操作。机器造型可提高生产率，改善劳动条件，提高铸件精度和表面质量，但设备、工艺装备等投资较大，适用于大批量生产和流水线生产。

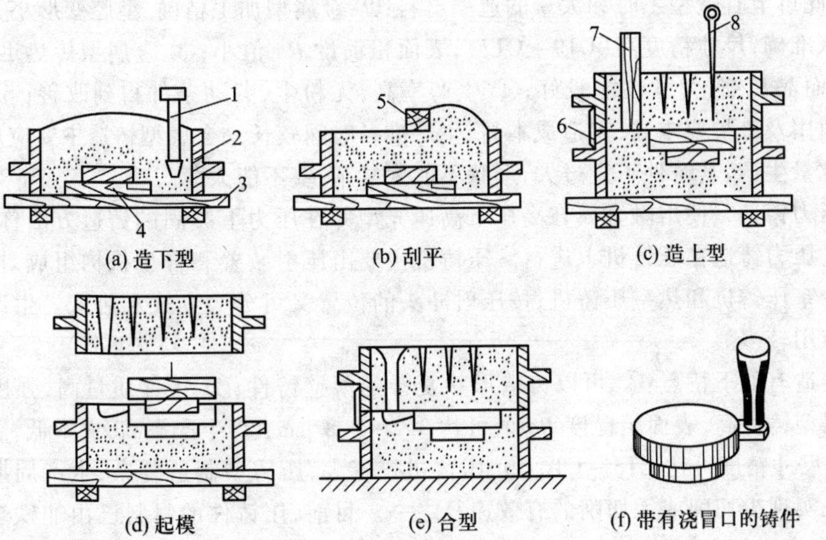

图 2-3 整模造型过程

1—捣砂杵;2—砂箱;3—模底板;4—模样;5—刮板;6—记号;7—浇口棒;8—气孔针

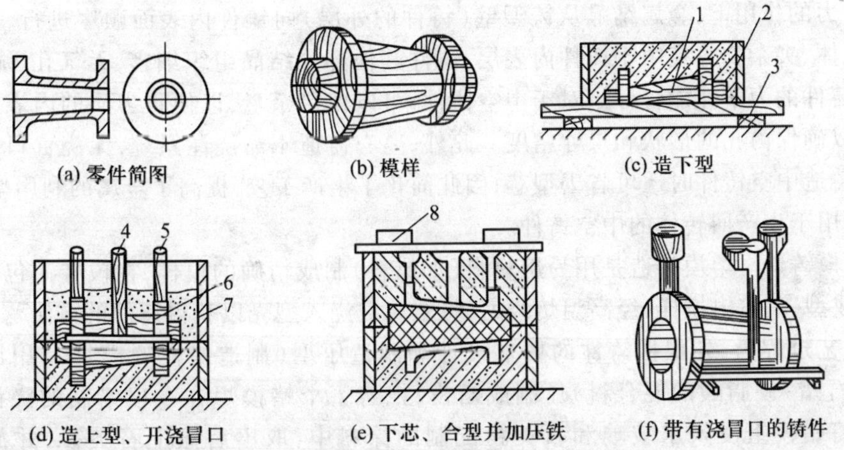

图 2-4 法兰管铸件的分模造型过程

1—下半模样;2—下砂箱;3—模底板;4—浇口棒;5—冒口棒;6—上半模样;7—上砂箱;8—压铁

2. 特种铸造

一般称砂型铸造以外的其他铸造方法为特种铸造。常用的特种铸造有:金属型铸造、压力铸造、离心铸造、熔模铸造等。

(1) 金属型铸造　通过重力作用进行浇注,将熔融金属浇入金属铸型获得铸件的方法称为金属型铸造。用金属材料制成的铸型称为金属型,金属型常用灰铸铁或铸钢制成。型芯可用砂芯或金属芯:砂芯常用于高熔点合金铸件,金属芯常用于有色金属铸件。

与砂型铸造比较,金属型铸造有如下特点:① 金属型可以多次使用,浇注次数可达数万次而不损坏,因此可节省造型工时和大量的造型材料;② 金属型加工精确,型腔变形小,型壁光洁,因此铸件形状准确,尺寸精度高(CT9 ~ CT7),表面粗糙度 *Ra* 值小;③ 金属型传热迅速,铸件冷却速度快,因而晶粒细,力学性能较好;④ 生产率高,无粉尘,劳动条件得到改善;⑤ 金属型的设计、制造、使用及维护要求高,制造成本高,生产准备时间较长。金属型铸造主要应用于有色金属铸件的大批量生产,其铸件不宜过大,形状不能太复杂,壁不能太薄。

(2) 压力铸造　使熔融金属在高压下高速充型并在压力下凝固的铸造方法称为压力铸造,简称压铸。压力铸造在压铸机上进行。压铸机主要由压射装置和合型机构组成,按压铸型是否预热分为冷室压铸机和热室压铸机;按压射冲头的位置又可分为立式和卧式。生产上以卧式冷室压铸机应用较多。

压力铸造有如下特点:① 可以铸造形状复杂的薄壁铸件;② 铸件质量高,强度和硬度都较砂型或金属型铸件高,表面粗糙度 *Ra* 值可达 3.2 ~ 0.8 μm;③ 生产率高,成本低,容易实现自动化生产;④ 尺寸精度可达 CT8 ~ CT6;⑤ 压铸机投资大,压铸型制造复杂,生产周期长、费用高。压力铸造是实现少切削或无切削的有效途径之一。目前,压铸件的材料已由非铁合金扩大到铸铁、碳素钢和合金钢。

(3) 离心铸造　使熔融金属浇入绕水平轴、倾斜轴或立轴旋转的铸型中,在离心力作用下凝固成型的铸件轴线与旋转铸型轴线重合,这种铸造方法称为离心铸造。离心铸造在离心铸造机上进行,铸型可以用金属型,也可以用砂型。

在离心力的作用下,金属结晶从铸型壁(铸件的外层)向铸件内表面顺序进行,呈方向性结晶,熔渣、气体、夹杂物等集中于铸件内表层,铸件其他部分结晶组织细密,无气孔、缩孔、夹渣等缺陷,因此铸件的力学性能较好。对于中空铸件,可以留足余量,以便将劣质的内表层用切削的方法去除,以确保内孔的形状和尺寸精度。此外,离心铸造不需浇注系统,无浇冒口等处熔融金属的消耗,铸造中空铸件时还可省去型芯,因此简化了生产工艺,提高了金属的利用率。目前,离心铸造主要用于生产回转体的中空铸件。

(4) 熔模铸造　熔模铸造是用易熔材料(如蜡料)制成精确的模样,在模样上包覆若干层耐火材料,制成型壳,熔出模样,经高温焙烧后,将金属液浇入型壳以获得铸件的方法。

主要工艺过程为:先根据铸件的要求设计和制造压型(制造蜡模的模具);用压型将易熔材料(常用石蜡+硬脂酸的混合料)压制成蜡模;把若干个蜡模焊在一根蜡制的浇注系统上组成蜡模组;将蜡模组浸入水玻璃和石英粉配制的涂料中,取出后撒上石英砂,并放入硬化剂(如氯化氨溶液等)中进行硬化,如此重复数次,直到蜡模表面形成一定厚度的硬化壳;然后将带有硬壳的蜡模组放入 85 ~ 95 ℃的热水中加热,使蜡模熔化后从浇口中流出,就得到一个中空的型壳;烘干并焙烧(加热到 850 ~ 950 ℃)后,在型壳四周填砂,即可浇注;清理型壳后即可得到铸件。

熔模铸造有以下特点:① 铸件精度高,尺寸公差等级可达 CT7 ~ CT4,表面质量好,表面粗糙度 *Ra* 值可达 12.5 ~ 1.6 μm;② 可制造形状复杂的铸件;③ 适用于各种合金铸件;④ 生产批量不受限制;⑤ 但熔模铸造工序繁多,生产周期长,生产费用高,并且蜡模尺寸太大或太长易出现变形。因此,熔模铸造主要用于生产形状复杂、精度要求高、熔点高和难切削加工的小型(质量在 25 kg 以下)零件,例如汽轮机叶片、风动工具等。

2.4 任务实施

一、端盖的铸造工艺过程

端盖(材料为灰铸铁)的砂型铸造工艺过程如图 2-5 所示。主要包括以下几个工序:① 型砂与芯砂配制、模样与芯盒准备;② 造型、造芯;③ 合型;④ 熔炼、浇注;⑤ 落砂、清理;⑥ 检验入库。

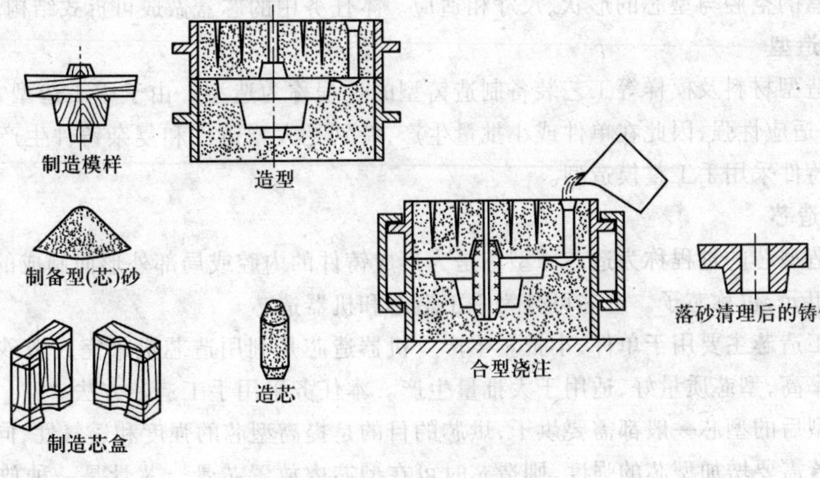

图 2-5 端盖铸造工艺过程

1. 模样和芯盒的制造

1) 模样的制造

用来形成铸型型腔的工艺装备称为模样。模样是由木材、金属或其他材料制成的。制造砂型时,使用模样可以获得与铸件外部轮廓相似的型腔。模样是按照绘制的铸造工艺图制造的。制造模样时要考虑以下问题:

(1) 加工余量 加工余量是指为保证铸件加工面尺寸和零件精度,在铸件工艺设计时预先增加而在机械加工时切去的金属层厚度。加工余量的大小根据铸件尺寸公差等级和加工余量等级来确定。

一般说来,较大的孔、槽应当铸出,以减少切削加工工时,节约金属材料,同时还可避免铸件的局部过厚所造成的热节(热节处易产生缩孔)。较小的孔、槽则不必铸出,留待机械加工反而更加经济。

本任务中端盖的四个小孔就不必铸出。

(2) 收缩率 为补偿铸件在冷却过程中产生的收缩,使冷却后的铸件符合图样的要求,需要加大模样的尺寸。为了补偿铸件收缩,模样比铸件图样尺寸增大的数值称为收缩余量。收缩余量取决于铸件的尺寸和该合金的线收缩率。通常灰铸铁的线收缩率为 0.7% ~1.0%,铸钢为 1.6% ~2.0%,有色金属为 1.0% ~1.5%。

(3) 起模斜度 起模斜度是指为使模样容易地从铸型中取出或型芯自芯盒中脱出,平行于起模方向在模样或芯盒壁上的斜度。起模斜度可用倾斜角 α 表示或用起模斜度使铸件增加或

减少的尺寸 a 表示。一般木模的起模斜度为 $\alpha=0.3^\circ\sim3^\circ$，$a=0.6\sim3.0$ mm。

（4）铸造圆角　制造模样时，凡相邻两表面的交角，都应做成圆角。铸造圆角的作用是：① 造型方便；② 浇注时防止铸型夹角被冲坏而引起铸件粘砂；③ 防止铸件因夹角处应力集中而产生裂纹。

（5）芯头　芯头是指砂芯的外伸部分。芯头不形成铸件的轮廓，只是落入芯座内用来定位和支承砂芯。芯座是指铸型中专为放置型芯芯头的空腔。

2）芯盒的制造

芯盒的空腔与型芯的形状、尺寸相适应。本任务中的芯盒做成可拆式结构。

2. 造型

用造型材料及模样等工艺装备制造铸型的过程称为造型。由于手工造型方法简便，工艺装备简单，适应性强，因此在单件或小批量生产，特别是大型铸件和复杂铸件生产中应用广泛。本任务的铸件采用手工整模造型。

3. 造芯

制造型芯的过程称为造芯。型芯是为形成铸件的内腔或局部外形而制成的安放在型腔内部的铸型组元，也称芯子。造芯可分为手工造芯和机器造芯。

手工造芯主要用于单件、小批量生产。机器造芯是利用造芯机来完成填砂、紧砂和取芯的，生产效率高，型芯质量好，适用于大批量生产。本任务采用手工造芯方法。

成型后的型芯一般都需要烘干，烘芯的目的是提高型芯的强度和透气性，同时减少型芯的发气量。若需要增加型芯的强度，则造芯时可在型芯内放置芯骨。芯骨是一种放入型芯中用以加强或支持型芯并有一定形状的金属构架。若需要增加芯子的透气性，除对芯子扎通气孔以外，还可在型芯中埋放通气蜡线（蜡质线绳），型芯烘干时焚化，成为排气通道。型芯表面一般都要刷上涂料，用以提高型芯表层的耐火度、保温性、化学稳定性，使型芯表面光滑，并提高其抵抗高温熔融金属侵蚀的能力。

4. 设置浇注系统和冒口

（1）设置浇注系统（又称浇口）　浇注系统是为填充型腔和冒口而开设于铸型中的一系列通道。通常由浇口杯、直浇道、横浇道和内浇道组成（图 2-6）。

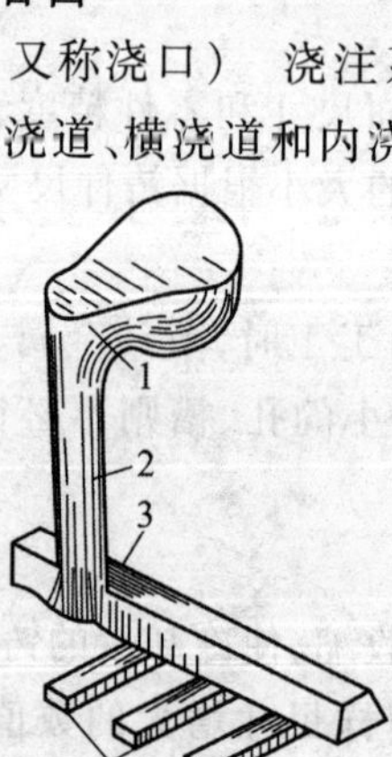

(a) 典型的浇注系统

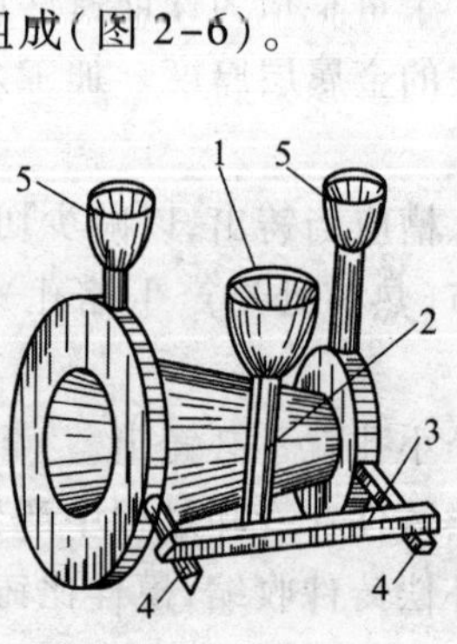

(b) 带有浇冒口的铸件

图 2-6　浇注系统

1—浇口杯；2—直浇道；3—横浇道；4—内浇道；5—冒口

浇注系统简称浇口，其作用是：保证熔融金属平稳、均匀、连续地充满型腔；阻止熔渣、气体和砂粒随熔融金属进入型腔；控制铸件的凝固顺序；供给铸件冷凝收缩时所需补充的金属熔液（补缩）。

一般情形下，浇注系统的直浇道截面应大于横浇道截面，横浇道截面应大于内浇道截面，以保证熔融金属充满浇道，并使熔渣浮集在横浇道上部，起到挡渣作用。

（2）冒口　如图2-6中5所示。冒口是指铸型内储存供补缩铸件用的熔融金属的空腔。除补缩外，冒口还可以起到排气和集渣的作用。冒口一般设置在铸件的最高处或最厚处。

5. 合型

将铸型的各个组元如上型、下型、型芯等组合成一个完整铸型的操作过程称为合型（又称合箱）。合型前应对砂型和型芯的质量进行检查，若有损坏，需要进行修理；为检查型腔顶面与芯子顶面之间的距离需要进行试合型（称为验型）。合型时要保证铸型型腔几何形状和尺寸的准确及型芯的稳固。合型后，上、下型应夹紧或在铸型上放置压铁，以防浇注时上型被熔融金属顶起，造成抬箱、射箱（熔融金属流出箱外）或跑火（着火的气体溢出箱外）等事故。

6. 浇注

将熔融金属从浇包注入铸型的操作称为浇注。浇包是容纳、输送和浇注熔融金属用的容器，外壳以钢板制成，内衬耐火材料。

为了获得优质铸件，除正确的造型、熔炼合格的合金熔液外，浇注温度的高低及浇注速度的快慢也是影响铸件质量的重要因素。

金属液浇入铸型时所测量到的温度称为浇注温度。浇注温度是铸造过程须控制的质量指标之一。通常，灰铸铁的浇注温度为1 200～1 380 ℃。

浇注速度以单位时间内浇入铸型中的金属液质量表示，即kg/s。浇注速度应根据铸件的具体情况而定，可通过操纵浇包和布置浇注系统进行控制。浇注前，应把熔融金属表面的熔渣除尽，以免浇入铸型而影响质量。浇注时，须使浇口杯保持充满，不允许浇注中断，并注意防止飞溅和满溢砂型。

7. 落砂和清理

（1）落砂　用手工或机械使铸件和型砂、砂箱分开的操作称为落砂。落砂方法分为手工落砂和机械落砂。手工落砂用于单件、小批量生产；机械落砂一般由落砂机进行，用于大批量生产。

需注意的是铸型浇注后，铸件在砂型内应有足够的冷却时间。冷却时间可根据铸件的形状、大小和壁厚确定。过早进行落砂，会因铸件冷却太快而使其内应力增加，甚至变形开裂。

（2）清理　清理是落砂后从铸件上清除表面粘砂、型砂、多余金属（包括浇冒口、飞翅和氧化皮）等过程的总称。本任务中清除铸件上的浇冒口时，可采用锤击的方法（对于韧性材料的铸件可用锯割或气割等方法）。清除浇冒口时要避免损伤铸件。铸件表面的粘砂、细小飞翅、氧化皮等可采用滚筒清理、抛丸清理、打磨清理等方法。

二、铸件的外观检查及缺陷分析

1. 铸件的检验

经落砂、清理后的铸件应进行质量检验。铸件质量包括外观质量、内在质量和使用质量。铸件均须进行外观质量检查，重要的铸件则须进行内在质量和使用质量的检查。

检查铸件的表面质量时，一般通过直接观察或使用有关量具、仪器等进行。

2. 铸件可能产生的缺陷分析

由于铸造工艺较为复杂，铸件质量受型砂质量、造型、熔炼、浇注等诸多因素的影响，因此容易产生缺陷。常见的缺陷有气孔、缩孔、砂眼、粘砂和裂纹等（图 2-7）。

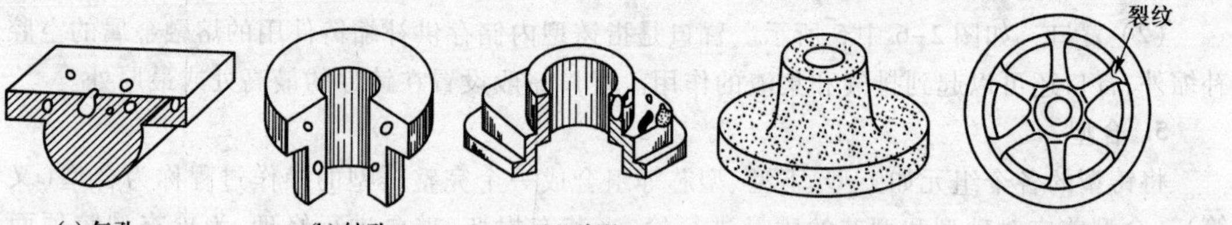

图 2-7 常见的铸件缺陷

1）气孔 气孔是表面比较光滑，呈梨形、圆形、椭圆形的孔洞。一般不在铸件表面露出，大孔常孤立存在，小孔则成群出现。产生气孔的原因是造型材料中水分过多或含有大量的发气物质，砂型和型芯的透气性差，以及浇注速度过快，使型腔中的气体来不及排出等。

2）缩孔 缩孔是形状不规则、孔壁粗糙并带有枝状晶的孔洞，常出现在铸件最后凝固的部位。产生缩孔的原因是铸件在凝固过程中收缩时得不到足够的熔融金属的补充，即由于补缩不良所造成的。铸件断面上出现的分散而微小的缩孔称为缩松，铸件上有缩松缺陷的部位在气密性试验时可能出现渗漏。

3）砂眼 铸件内部或表面带有砂粒的孔洞称为砂眼。产生砂眼的原因有型砂强度不够或型砂紧实度不足，以及浇注速度太快等。

4）粘砂 铸件的部分或整个表面上黏附着一层砂粒和金属的机械混合物或由金属氧化物、砂子和黏土相互作用而生成的低熔点化合物称为粘砂，前者称为机械粘砂，后者称为化学粘砂。粘砂使铸件表面粗糙，不易加工。造成粘砂的原因是型砂的耐火性差或浇注温度过高。

5）裂纹 分为冷裂和热裂两种。冷裂裂纹容易发现，呈长条形，而且宽度均匀，裂口常穿过晶粒延伸到整个断面。热裂裂纹断面严重氧化，无金属光泽，裂口沿晶粒边界产生和发展，外形曲折而不规则。产生裂纹的原因是铸件壁厚相差大，浇注系统开设不当，砂型与型芯的退让性差等。这些缺陷使铸件在收缩时产生较大的应力，从而导致开裂。

思考与练习

1. 什么是铸造？铸造有哪些优点？
2. 什么是砂型铸造？什么是特种铸造？常用的特种铸造有哪些？
3. 常见的手工造型方法有哪几种？
4. 什么是浇注系统？浇注系统由哪几部分组成？各组成部分的主要作用是什么？
5. 什么是冒口？冒口起什么作用？冒口一般设置在铸件的什么部位？
6. 浇注时影响铸件质量的主要因素是什么？
7. 铸件常见的缺陷有哪些？简述其产生的原因。

学习情境三

轮毂的熔模铸造成型

3.1 任务描述

熔模铸造通常是在可熔模样的表面涂覆多层耐火材料，待其硬化干燥后，加热将其中模样熔去，从而获得具有与模样形状相应的空腔型壳，经过焙烧后，在型壳温度很高的情况下进行浇注，最终获得铸件。本学习情境是通过对轮毂零件的铸造了解熔模铸造的全过程。

【知识点】

◎ 熔模铸造的工艺过程。
◎ 熔模铸造的特点。

【技能点】

◎ 学会用熔模铸造的成型方法生产零件。

3.2 任务分析

铸造如图 3-1 所示的轮毂铸钢件，生产类型为大批量生产。

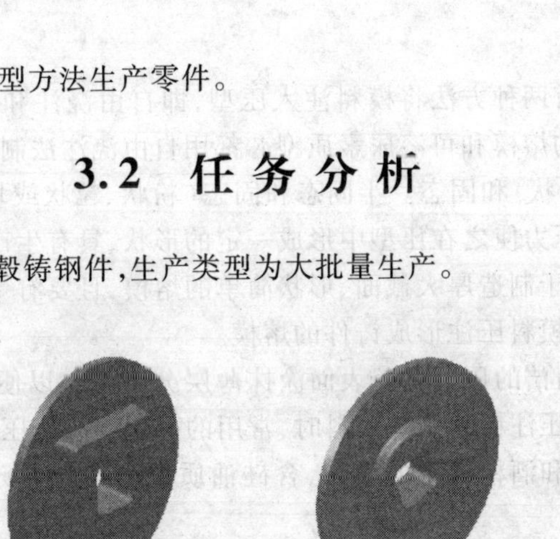

图 3-1　轮毂

3.3 相关知识

一、熔模铸造工艺过程

主要的工艺过程如图 3-2 所示。

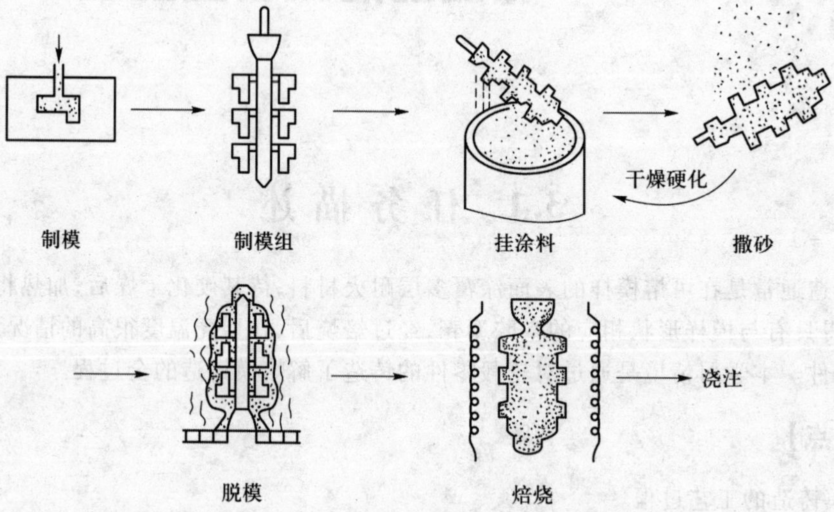

图 3-2 熔模铸造的主要工艺过程示意图

1. 熔模的制造

制造型壳时,主要有两种方法将模料注入压型,即自由浇注和加压注入(压注)。自由浇注时使用液态模料,浇道的熔模和可溶尿素质型芯都用自由浇注法制造。压注时模料可为液态、半液态(糊状)、半固态(膏状)和固态。半固态和固态(粉状、粒状或块状)挤压成形是利用低温时模料的可塑性,用高的压力使之在压型中形成一定的形状,具有生产效率高、收缩小、熔模尺寸精度高的优点。但只适用于制造厚大截面、形状简单的熔模,且要有专门的压力机。目前生产中主要采用糊状模料和液态模料压注形成铸件的熔模。

压注熔模前,需在清洁的压型型腔表面涂抹薄层分型剂。以便自压型中取出熔模以及细化熔模的表面粗糙度。在压注糊状蜡基模料时,常用的分型剂有变压器油和松节油;在压注糊状松香基模料时可用蓖麻油和酒精各半的溶液,含硅油质量浓度为2%的溶液可用于松香基模料的液态和糊状压注。

气压法压注熔模如图 3-3 所示。模料置于密闭的保温罐中,向罐内通入压力为 0.2 ~ 0.3 MPa 的压缩空气,将模料经保温导管压向注料头。制熔模时,只需将注料头的嘴压在压型的注料口上,注料头内通道打开,模料自动进入压型。此法只适用于压注蜡基模料,因其装备简单、操作容易、效率高,故得到广泛的应用。

制型壳的主要工序是模组的除油和脱脂,在模组上涂挂涂料和撒砂,将型壳干燥和硬化,在型壳中熔失熔模(脱模),焙烧型壳等。这些工序过程对型壳的综合性能有很大的影响。

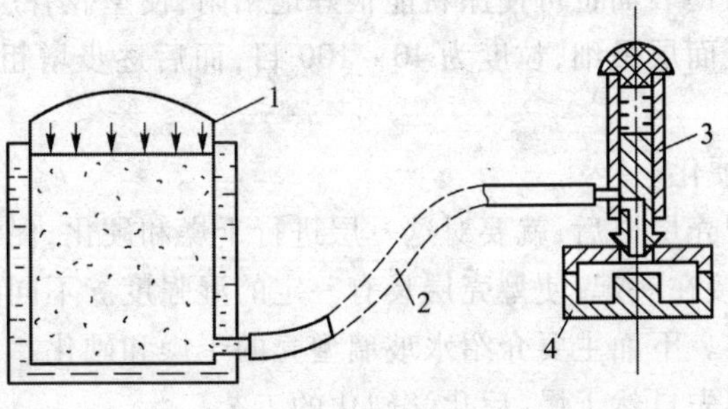

图 3-3 气压法压注熔模

1—密闭保温模料罐;2—导管;3—注料头;4—压型

2. 熔模的组装

熔模的组装是把形成铸件和浇冒口系统的熔模组合成整体模组,目前广泛采用的方法是焊接法,即采用电压电热刀片在熔模焊接处局部加热后,把焊接对象黏合冷接在一起。

3. 型壳的制造

制型壳的主要工序是模组的除油和脱脂,在模组上涂挂涂料和撒砂,将型壳干燥和硬化,自型壳中熔失熔模(脱模),焙烧型壳等。

1)模组的除油和脱脂

采用蜡基模料制作熔模时,为了提高涂料润湿模组表面的能力,需要将模组表面的油脂除去。可把模组先浸泡在含表面活性剂的水溶液中,例如洗衣粉溶液,其中洗衣粉的质量分数约为 0.5%。同时还可利用熔模表面的表面活性剂吸附涂料,进一步改善涂料对熔模的润湿性。质量分数为 1% 的聚乙烯醇或渗透剂的水溶液也可有效地在熔模表面形成亲水膜,改善涂料对熔模的涂挂性。一般,自表面活性剂液中取出的模组可立即涂挂涂料,也有先让熔模表面干燥后再涂挂涂料的工艺。

用松香基模料制的熔模制备硅酸乙酯水解液涂料时,由于制模时压型表面常用硅油作分型剂,硅油本身就是一种有效的改善涂料涂挂性的材料,而硅酸乙酯水解液涂料对模组又有较好的润湿性,因此在该场合下模组就不需要除油了。

2)涂挂涂料和撒砂

在给模组涂挂涂料之前,应先把涂料搅拌均匀。如果采用 L 形涂料搅拌机盛涂料,则应先将机器开动,取样测量涂料的流杯黏度和密度,如不符合工艺要求,需作相应的调整。一般黏度过高时,可在涂料中加入黏结剂液进行稀释;如涂料太稀,可加入稠的涂料来提高其黏度。

涂挂涂料一般采用浸渍法,即把模组或带有型壳层的模组浸入涂料,适当摇晃、转动,使涂料充分润湿被涂物表面,去除可能夹入的气泡,然后自涂料中提出。涂挂表面层涂料时,应仔细检查涂料层分布是否均匀,涂料有无堆积,涂料层中是否有气泡,有时需作必要的处理。例如用 L 形涂料搅拌机盛涂料,因涂料相对于被涂物总是处于流动状态,也就不需要浸涂时的摇晃、转动操作了。

撒砂是指在所挂涂料层的外面粘上一层耐火砂粒,其目的是迅速增厚型壳,使砂粒层成为型壳的骨架,分散型壳在随后工序中可能产生的应力,例如型壳干燥、焙烧时的收缩、膨胀不均匀而引起的应力。砂粒层的粗糙表面也可使涂料能很好地粘附,使型壳各层间有良好的连接。

撒砂的砂粒粒度在表面层最细,粒度为40~100目,而后逐步增粗,加固层的撒砂砂粒的粒度为6~40目。

3）型壳层的干燥和硬化

每涂挂和撒好一层型壳层以后,就要对这一层进行干燥和硬化,促使其中的黏结剂转变成凝胶,把耐火材料牢固地连接在一起,使型壳层具有一定的湿强度。不同的黏结剂涂料,其干燥、硬化的机理和方法也不一样。下面主要介绍水玻璃型壳的干燥和硬化。

水玻璃型壳一般采用先自然干燥、后化学硬化的工艺。

在干燥时,型壳脱水,黏结剂胶凝,过程较慢,但涂料中脱水速度均匀,胶凝收缩缓慢,在涂料层中均匀进行,故硅酸钠薄膜与耐火材料结合强度很好。干燥过程中在硅酸钠凝胶中形成的微裂纹有助于随后硬化过程中硬化剂在涂料层中的扩散,可促进硬化反应。干燥过程中的胶凝收缩还可减少硬化胶凝中的黏结剂收缩,提高型壳层的致密度和型壳强度。但因自然干燥胶凝需要的时间太长,一般只在型壳面层涂挂、撒砂后采用。面层自然干燥时希望环境温度为15~25 ℃,相对湿度为40%~60%,干燥时间可为2~24 h。为缩短干燥时间也可采用热风干燥或其他加热干燥方法。

型壳加固层一般不采用干燥涂挂涂料和撒砂后立即硬化的工艺。有时会采用干燥很短时间(5~30 min),再进行硬化的工艺。

4）脱模

型壳完全硬化后,需从型壳中熔去模组,常用加热的方法实现。这里介绍热水法脱模。

将带有模组的型壳放在吊笼中,浸入用蒸汽加热的温度高于95 ℃但不沸腾的热水中,使熔模熔化,模料自型壳的浇口处向外冒出。此法普遍用于蜡基模料熔模的熔失。在水玻璃型壳脱模时,可在水中加少许的 NH_4Cl 或 HCl,使型壳进一步硬化,型壳内的部分 NaCl 和 Na_2O 也可溶于水中。模料的回收率达80%~90%。但砂粒易掉入型壳内,引起铸件夹砂的缺陷,为此有时对脱完模的型壳还专门用清水清洗其内腔。

此外,热水脱模的装备虽简单,但热水加热时型壳内先熔化的是壁厚较薄的铸件熔模,厚度最大的粗断面的浇口熔模却熔化得较迟,而它正处于熔化模料流出的通道上,因此被堵在型壳内的体积变大了的模料液便可能挤压型壳,使型壳开裂。一些硬化不够的型壳也会因黏结剂吸水的回溶而被“煮烂”。在热水中的模料也易皂化。

5）型壳的造型和焙烧

在不少场合,当型壳强度足够时,可直接将型壳放入焙烧炉中进行高温焙烧。但在生产一些精密度要求较高的铸件时,先要把型壳埋入装有充填物的箱中,再进行焙烧,以提高型壳在高温浇注时抵抗金属液破坏的能力。把型壳装箱埋入充填物中的工序称为造型。

造型用填料有干填料和湿填料两种,前者可为黏土熟料砂、硅砂或其他耐火材料的砂粒。所用的箱子是用不锈钢或耐热钢制成的有底的上开口箱。先在箱底铺厚度不小于25 mm的砂层,然后放入型壳,在型壳四周放入干填料,然后在振动台上振实。

湿填料用质量分数为12%的400号矾土水泥加88%的硅砂再加30%~45%的水的混合浆料。砂箱无底,箱壁上衬有电缆纸,在振动台上造型,待浆料硬化后送入焙烧炉焙烧。

在真空浇注的型壳外面,有时用10~15mm厚的硅酸铝纤维板包裹,并用钢丝捆紧,以增强型壳。

型壳在焙烧时可以烧去里面残留的模料，水玻璃型壳上的 NaCl 也可部分地被烧去，型壳材料中的吸附水和结晶水全部逸出；所有涂料中的凝聚硅胶全都成为 SiO_2，型壳强度增加，并为熔模铸造时的热型浇注做好了准备。

水玻璃型壳的焙烧温度较低，最好不超过 900 ℃，硅酸乙酯水解液型壳和硅溶液胶型壳的焙烧温度较高，可达 1 050 ℃。单壳的焙烧保温时间一般为 1～2 h，而造型后型壳的高温保温时间则需 2～4 h。

硅酸乙酯水解液型壳用湿填料造型后，其脱模过程是在焙烧炉中进行的，先经过 12～16 h 慢速加热，温度至 300 ℃时进行脱模，然后快速升温至 900～1 050 ℃，保温 2 h 后对铸型进行焙烧。

二、熔模铸件的浇注和清理

1. 熔模铸件的浇注

熔模铸件浇注的突出特点是热型烧注，即从焙烧炉中取出温度很高的型壳或放在型中的型壳，直接用浇包浇注，或把铸型固定在可翻转的感应炉炉口上，翻转感应炉体，让金属液流入型腔（图 3-4）。前一种方法用得很普遍，效率高；后一种方法可减少金属液在出炉和浇注过程中的氧化，但效率低，在高温合金浇注时应用。不同合金浇注时所取的铸型温度不一样，表 3-1 给出了一些合金浇注时的铸型温度。

表 3-1　不同合金浇铸时的铸型温度

合金种类	铝合金	铜合金	钢	高温合金
铸型温度/℃	100～300	100～500	300～950	800～1 075

浇注时采用高温铸型可使金属液正确地复制型腔的形状，提高铸件的精密度，获得薄壁、细孔的铸件。但金属在热型中冷却较慢，易使晶粒粗大，降低铸件材质的力学性能。碳钢铸件表面层易出现脱碳薄层（<1 mm），降低了铸件表面的性能，可用降低铸型温度、提前打箱等措施减小脱碳层的厚度，也可在浇注后用罩子盖住铸型，并向罩内滴煤油，使铸件在还原性气体中冷却。

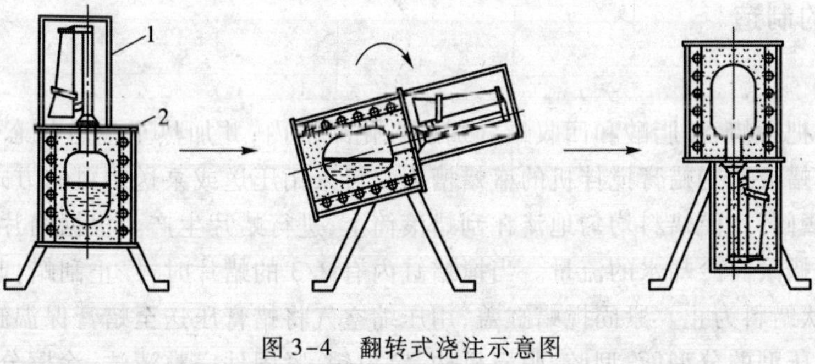

图 3-4　翻转式浇注示意图

1—铸型；2—感应炉；箭头表示翻转浇注次序

造型焙烧浇注时，可在造型填料中加一些碳质物质，例如石墨、无烟煤、沥青等，也可加碳酸盐，例如 $BaCO_3 \cdot Na_2CO_3$ 等；制造铸件凝固时，保持还原性气氛，防止脱碳层出现。

浇注后对型壳吹冷风或喷水也可减少铸件脱碳。

2. 熔模铸件的清理

熔模铸件清理的内容主要有:① 从铸件上清除型壳;② 自浇口系统上取下铸件,去除铸件上的冒口;③ 去除铸件上粘附的残留耐火材料和铸件中的陶瓷型芯;④ 铸件热处理后的清理,例如去除氧化皮、飞边、浇冒口残余,形状校正等。

1) 从铸件和金属浇冒口系统上清除型壳

小量生产时,可用锤子或风锤敲打浇冒系统,使铸件组振动,脆件型壳便从铸件上碎落下来。产量较大时,可使用振击式脱壳机(图 3-5)。将带有型壳的铸件组 5 直浇道的一端放在脱壳机的机座上,开动气缸 1 将风锤压下,顶住直浇道的上端,启动风锤,振击铸件组,使型壳脱落。如果在内浇道上做凹槽,振击时铸件本身的振动会使凹槽处应力集中,出现疲劳断裂,使铸件从直浇道上掉落。

振击式脱壳机效率高,但工作时有噪声,灰尘大,最好用铁壳把机器封闭起来,脱壳前用水浸泡铸件组,以改善工作环境。此法适用于小件生产。

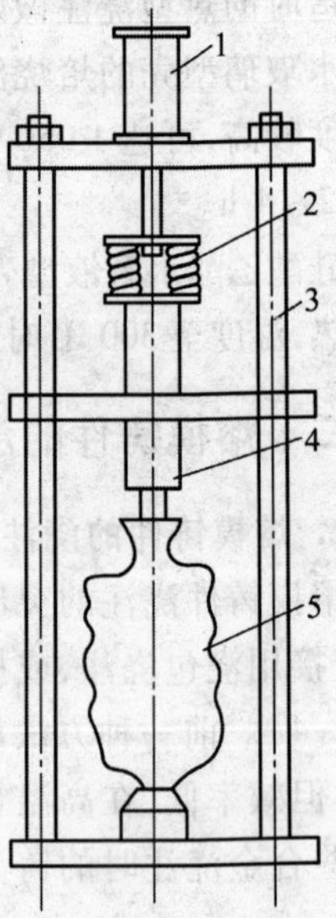

图 3-5　振击式脱壳机

1—气缸;2—弹簧;3—导柱;4—风锤;5—铸件组

2) 切割浇冒口

一般使用气割、砂轮片切割以及锯割等方法将铸件与浇冒口分离。

3) 铸件上残留耐火材料和陶瓷型芯的清除

常用化学清理法清除铸件上的残留耐火材料和陶瓷型芯。

3.4 任务实施

一、熔模的制造

1. 制模

按蜡料配方把石蜡、硬脂酸和回收蜡分别加入化蜡槽内,并加热至全熔状态,其温度不得超过 90 ℃,然后将蜡液送到蜡膏搅拌机的盛蜡槽内。可采用压送或泵送蜡料的方式。启动蜡膏制备机,打开盛蜡槽阀门,使蜡料均匀地流在刮蜡滚筒上,进行蜡片生产。根据蜡片质量,及时地调整蜡料温度和刮蜡滚筒冷却水的流量。当搅蜡缸内有 2/3 的蜡片时,停止刮蜡,起动搅拌机进行搅蜡,直至呈糊状蜡料为止。紧固搅蜡缸盖,用压缩空气将蜡膏压送至蜡膏保温缸内。

检查并保证压型的分型面、型腔、脱模机构、定位销、紧固件完整清洁,涂擦分型剂,装配并紧固压型。将蜡枪嘴对准压型的注蜡孔(图 3-6),旋开阀门使蜡膏注入型腔并保压 3 ~ 10 s,然后关闭阀门,移走蜡枪。

把注满蜡膏的压型浸入水中或放在工作台上冷却,冷却时间视蜡模形状与质量要求而定,一般应冷却 20 ~ 100 s。拆开冷却后的压型,取出蜡模(图 3-7)并及时放入水中继续冷却,有特殊要求的蜡模应放在专用的夹辅具上冷却。

图 3-6 注蜡

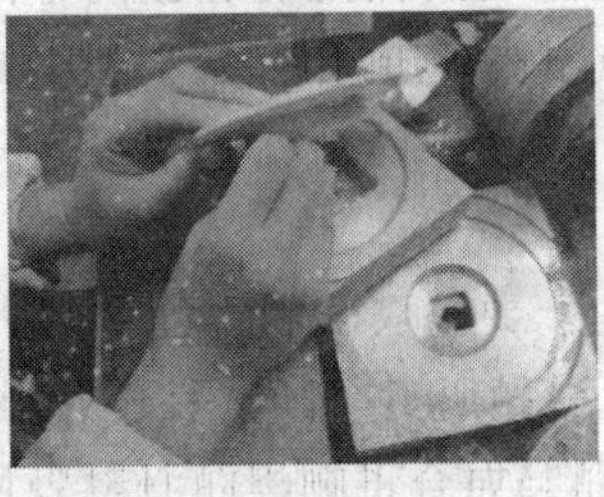

图 3-7 取蜡模

用压缩空气吹除型腔、型芯上的水和蜡渣,并视取模状况涂擦分型剂。

2. 熔模组焊接

将电烙铁加热到工作温度,把蜡件牢固地焊接在浇道上,不得有缝隙,蜡液不得流到蜡模上。模头盖板有缝隙时要焊接严实。用压缩空气吹掉模组上的蜡屑,将模组全部挂在硬化槽上方的吊架上,如图 3-8 所示,做好制壳前的准备工作。

3. 涂料—撒砂—硬化—风干,完成制壳

从吊架上取出模组,手工进行涂料—撒砂—硬化—风干等操作,并按有关规定完成制壳。其中上涂料过程如图 3-9 所示。

图 3-8 蜡模组

图 3-9 上涂料

4. 脱蜡

按品种分批装筐脱蜡,装筐时严禁堆码和损坏模组。模组下水前,必须将浇口杯上部的浮砂、壳皮用热水或压缩空气冲吹干净。将脱蜡筐浸入脱蜡液中,开始记录脱蜡时间,8 ~10 min 后将筐吊起,拔出芯棒,再将筐下降继续脱蜡。蜡脱尽后用双手拿出型壳将水倒尽。脱尽蜡的型壳,按品种摆放在专用小车上或其他器具上,并按指定的位置存放。图 3-10 所示为脱蜡后的型壳。

图 3-10 型壳

5. 型壳焙烧

开启炉门,开动铸工输送器,将装好的型壳台车送进焙烧炉内。启动引风机,把抽风管的挡风板开至最大。当燃烧正常后,及时调节挡风板,防止大量的热量排出。当焙烧温度和保温时间达到工艺要求，且型壳的焙烧质量符合规定时，打开护门，起动铸工输送器，将烧好的型壳台车准确地运到浇注台。

二、浇注和清理

1. 浇注

当钢液成分、温度均已达到要求、脱氧也已完成时，将钢液倒入浇包，调压保温，静置 3～5 min，然后扒渣，清扫或吹除炉面灰砂，开始浇注，将钢液沿着浇口注入型壳，直至浇满为止，如图 3-11 所示。

将铸件组垂直放在地上，冷却后用大锤沿着浇冒口方向用力锤击，使型壳受振后破碎脱落，获得如图 3-12 所示的铸件。

2. 清理

使用切割机将浇冒口切除，并且采用喷砂、抛丸等措施获得如图 3-13 所示的轮毂铸件。

图 3-11　浇注示意图

图 3-12　带有浇冒口的铸件

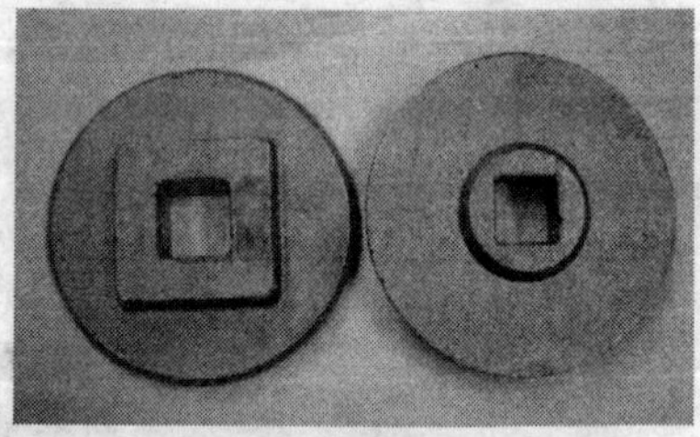

图 3-13　轮毂铸件

思考与练习

1. 什么是熔模铸造？熔模铸造有哪些优点？
2. 熔模铸造的工作过程有哪些？
3. 熔模铸造时，脱蜡后的型壳焙烧作用是什么？
4. 为了使浇冒口容易清理，一般将内浇道设置成什么形状？

学习情境四 车轮轴毛坯的自由锻造生产

4.1 任务描述

某型号车轮轴，材料为45钢，质量为553 kg，如图4-1所示（未标注形位公差、未画两端的中心孔及螺栓孔）。生产数量为2件，确定车轮轴毛坯锻造方法，编制相关锻造工艺。

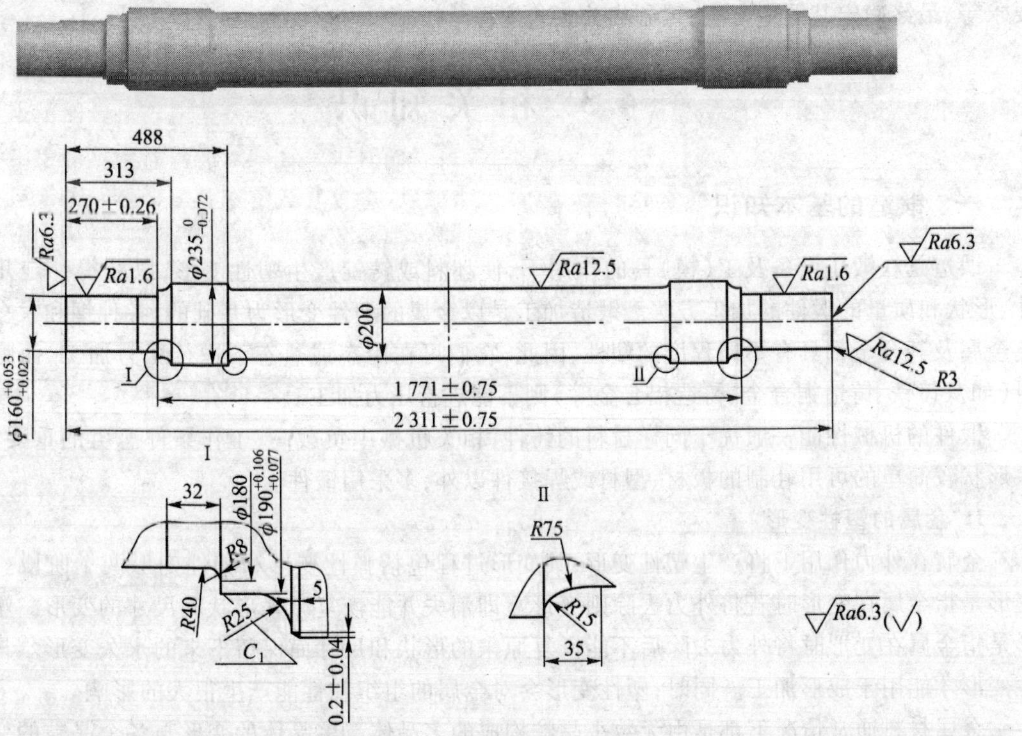

技术要求：

热处理后力学性能：σ>588 MPa，$\delta_5 \geqslant 21\%$，试样平均值$\alpha_k \geqslant 39\ J/cm^2$；

金相检查时，其晶粒度应细于或等于5级；

磁粉探伤和超声波探伤符合相关规定。

图4-1 车轮轴

【知识点】

◎ 金属在锻造时的变形规律和锻造加热知识。

◎ 自由锻造的基本工序特点及锻造方法。

◎ 自由锻造工艺规程的内容和编制步骤。

【技能点】

◎ 了解金属在锻造时的变形规律和锻造加热知识,能够确定适当的始锻、终锻温度。

◎ 掌握自由锻造工艺规程的内容和编制步骤,能制定合理的锻造工艺,达到正确指导生产的目的。

4.2 任务分析

本情境中,通过对车轮轴毛坯的锻造分析,了解锻造时金属的变形规律和锻造加热知识,掌握自由锻造方法及自由锻造工艺规程的内容和编制步骤,根据零件的结构、材质、尺寸、技术条件要求等,最终确定其锻造方法,编制相关工艺规程。

4.3 相关知识

一、锻造的基本知识

锻造是在锻压设备及工(模)具的作用下,使坯料或铸锭产生塑性变形,以获得一定几何尺寸、形状和质量的锻件的加工方法。锻造加工是以金属的塑性变形为基础的,各种钢和大多数有色金属及其合金都具有不同程度的塑性,因此,它们可在冷态或热态下进行压力加工,而脆性材料(如灰铸铁、铸造铜合金、铸造铝合金等)则不能进行压力加工。

锻件的机械件能一般优于同样材料的铸件,相关机械中负载高、工作条件恶劣的重要零件,除形状较简单的可用轧制的板材、型材或焊接件以外,多采用锻件。

1. 金属的塑性变形

金属在外力作用下将产生塑性变形,其变形过程包括弹性变形和塑性变形两个阶段。弹性变形是指金属在变形时若将外力去除则变形立即消失并能恢复原来形状和尺寸的变形。塑性变形是指金属在变形时将外力去除后不能恢复原来的形状和尺寸而保留下来的永久变形。只有塑性变形才能用于成形加工。同时,塑性变形会对金属的组织和性能产生很大的影响。

金属材料通常情况下都是由无数小晶粒构成的多晶体。多晶体的变形与各个晶粒的变形行为有着很大的关系。实验证明,晶体只有受到切应力时才会产生塑性变形,单晶体的塑性变形主要是由切应力引起的晶体内部的位错运动(即滑移变形)产生的,如图 4-2 所示。

多晶体是由许多微小的单个晶粒杂乱组合而成的。其塑性变形过程可以看成是许多单个晶粒塑性变形的总和。另外,多晶体塑性变形还存在着晶粒与晶粒之间的滑移和转动,即晶间变形。但多晶体的塑性变形以晶内变形为主,晶间变形很小。由于晶界处原子排列紊乱,各个晶粒

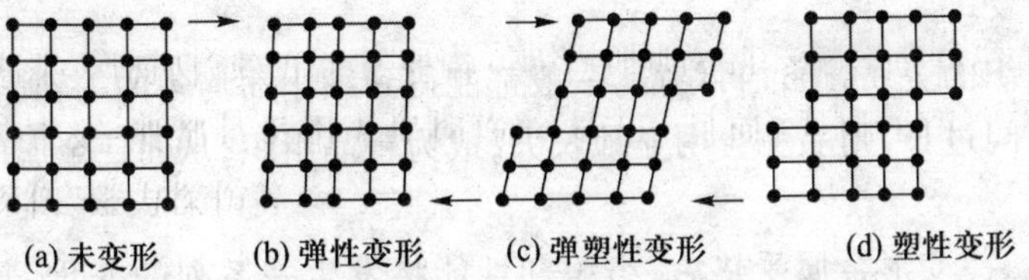

图 4-2 单晶体的变形过程

的位向不同，使晶界处的位错运动较难，所以，晶粒越细，晶界面积越大，变形抗力就越大，金属的强度也越高。另外，晶粒越细，金属塑性变形分散在更多的晶粒内进行，应力集中较小，金属的塑性变形能力也越好，因此，生产中要尽量获得细晶粒组织。

金属的塑性变形过程实质上是位错沿着滑移面的运动过程。在滑移过程中，一部分旧的位错消失，又产生大量新的位错，总的位错数量是增加的，大量位错运动的宏观表现就是金属的塑性变形。

2. 金属的冷变形强化

金属材料在高温下强度下降，塑性提高，易于进行变形加工，故生产中有冷、热加工之分。金属在再结晶温度以下进行的塑性变形称为冷变形加工，冷变形加工时将产生加工硬化。金属在再结晶温度以上进行的塑性变形称为热变形加工，热变形加工时产生的加工硬化将随时被再结晶所消除。从金属学的观点划分冷、热加工的界限是再结晶温度。在再结晶温度以上的塑性变形属于热加工；而在再结晶温度以下的塑性变形称为冷加工。显然，冷加工与热加工并不是以具体的加工温度的高低来区分的。例如，钨的最低再结晶温度约为1 200 ℃，所以，钨即使在稍低于1 200 ℃的高温下塑性变形仍属于冷加工；而锡的最低再结晶温度约为-7 ℃，所以，锡即使在室温下塑性变形仍属于热加工。

随着金属冷变形程度的增加，金属材料的强度指标和硬度都有所提高，但塑性有所下降，这种现象称为冷变形强化。

变形后，金属的晶格结构严重畸变。形变金属的晶粒被压扁或拉长，形成纤维组织，甚至破碎成许多小晶块。冷变形强化使金属的可锻性能恶化。

3. 回复与再结晶

对冷变形强化组织进行加热，变形金属将相继发生回复、再结晶和晶粒长大三个阶段的变化。

1）回复

将冷变形后的金属加热至一定温度后，使原子回复到平衡位置，晶粒内残余应力大大减少，这一现象称为回复。实际生产中将这种回复处理称为低温退火（或去应力退火）。它能降低或消除冷变形金属的残余应力，同时又保持了加工硬化性能。

2）再结晶

当加热温度较高时，塑性变形后的金属被拉长了的晶粒重新生核、结晶，变为等轴晶粒，这一过程称为再结晶，再结晶恢复了变形金属的可锻性。实际生产中将这种再结晶处理称为再结晶退火。它常作为冷变形加工过程中的中间退火，恢复金属材料的塑性以便于继续加工。

再结晶是在一定的温度范围内进行的，开始产生再结晶现象的最低温度称为再结晶温度。

3）晶粒长大

产生纤维化组织的金属，通过再结晶，一般都能得到细小而均匀的等轴晶粒。但是如果加热温度过高或加热时间过长，则晶粒会明显地长大，成为粗晶组织，从而使金属的力学性能下降，可锻性恶化。

如图4-3所示，冷变形金属受热后，组织和性能将发生一系列的变化，通常会经历回复、再结晶和晶粒长大三个阶段。

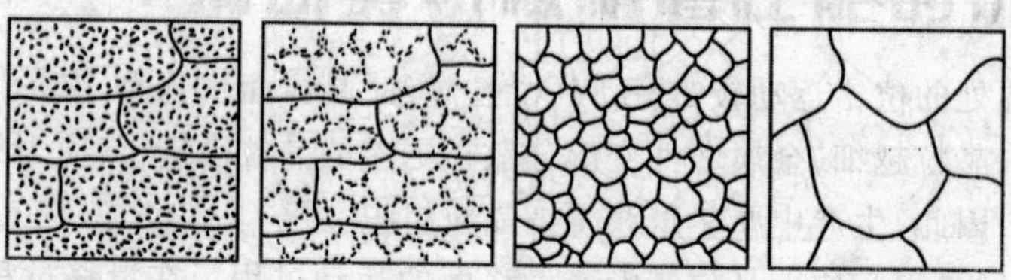

(a) 冷变形态　(b) 回复　(c) 再结晶　(d) 晶粒长大

图4-3　组织的变化

4. 金属塑性变形的基本定律

1）体积不变定理

在金属固态成型加工中，金属变形后的体积等于变形前的体积（又叫做质量恒定定理）。实际上，金属在塑性变形过程中体积总有些微小变化，例如锻造钢锭时，由于气孔、缩松的存在锻后密度会略有提高，加热过程中会有氧化皮耗损等。然而这些变化对整个金属坯件来说是相当微小的，故一般可忽略不计。因此在每一道工序中，坯料一个方向的尺寸减小，必然使其他方向的尺寸有所增加，在确定各工序间的尺寸变化时，就可运用该定理。

2）最小阻力定律

金属在塑性变形过程中，其质点都将沿着阻力最小的方向移动，因此，金属有可能向各个方向变形，但最大的变形将沿着大多数质点遇到的最小阻力的方向。根据最小阻力定律，可在锻造生产中许多复杂的情况下确定变形金属各质点的流动方向，从而控制金属坯料变形时的流动途径，以利于金属坯料的锻造成型，达到降低能耗、提高生产的目的。

3）切应力定律

金属在外力的作用下，只有当最大切应力达到临界值时，才有可能产生塑性变形。临界切应力的大小取决于金属的化学成分、组织结构以及变形条件。

4）弹性变形定律

金属在塑性变形中同时伴有弹性变形。而且，金属在弹性极限以外的塑性变形仍有弹性变形的存在。为了能够发生塑性变形，切应力必须达到一定的数值。

金属在外力作用下，变形的尺寸与取消外力时的尺寸是不相等的，所以锻件的尺寸与模具模膛的尺寸是不完全一致的。但是，金属在热变形时由于塑性好、弹性变形小，回弹现象可忽略不计。

5. 锻造流线与锻造比

1）锻造流线

在锻造时，金属的脆性杂质被打碎，顺着金属主要伸长方向呈带状分布；塑性杂质随着金属的变形沿主要伸长方向呈带状分布，且在再结晶过程中不会消除。这样，热锻后的金属组织具有一定的方向性，通常将其称为锻造流线。锻造流线使金属的性能呈各向异性。

在设计和制造机械零件时，必须考虑锻造流线的合理分布。使零件工作时的正应力与流线方向一致，切应力与流线方向垂直，这样才能充分发挥材料的潜力。使锻造流线与零件的轮廓相符合而不被切断，是锻件成型工艺设计的一条原则，如图 4-4 所示。

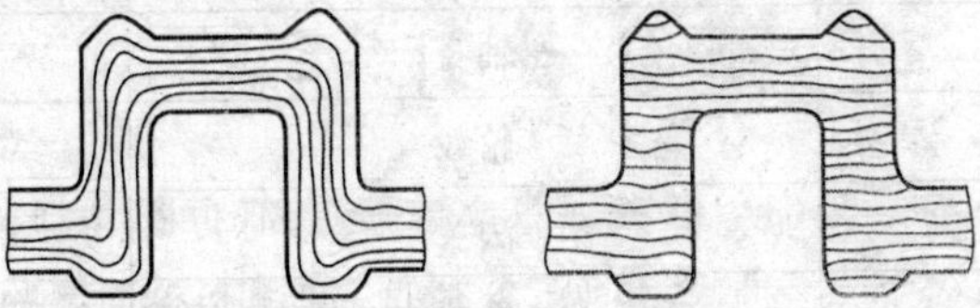

(a) 纤维沿着零件形状分布　(b) 纤维被切断

图 4-4　曲轴的纤维分布状况

2）锻造比

在锻造生产中，金属的变形程度常以锻造比 Y 来表示，即以变形前后的截面比、长度比或高度比表示。

锻造比的大小反映了锻造对锻件组织和力学性能的影响。当锻造比达 $Y=2$ 时，原始铸态组织中的疏松、气孔被压合，组织被细化，锻件各个方向的力学性能均有显著的提高；当 $Y=2\sim5$ 时，锻件中流线组织明显，产生明显的各向异性，沿流线方向力学性能略有提高，但垂直于流线方向的力学性能开始下降；当 $Y>5$ 时，锻件沿流线方向的力学性能不再提高，垂直于流线方向的力学性能急剧下降。

锻造比是影响锻件质量的最主要因素之一，因此，以钢锭为坯料进行锻造时，应按锻件的力学性能要求选择合理的锻造比。对沿流线方向有较高力学性能要求的锻件（如拉杆），应选择较大的锻造比；对垂直于流线方向有较高力学性能要求的锻件（如吊钩），锻造比取值为 2～2.5 即可。锻造生产中常见的一些锻件的锻造比见表 4-1。

表 4-1　典型锻件的锻造比

锻件名称	计算部位	总锻造比
碳素钢轴类锻件	最大截面	2～2.5
合金钢轴类锻件	最大截面	2.5～3
齿轮轴	最大截面	2.5～3
船用尾轴、中间轴、推力轴	法兰	>1.5
	轴身	≥3
水轮机主轴	法兰	≥1.5
	轴身	≥3
水压机立柱	最大截面	≥3
曲轴	曲拐	≥2
	轴颈	≥3

续表

锻件名称	计算部位	总锻造比
锤头	最大截面	≥2.5
汽轮机转子	轴身	3.5~6
发电机转子	轴身	3.5~6
汽轮机叶轮	轮毂	4~6
涡轮轴	法兰	6~8
航空用大型锻件	最大截面	6~8
高压封头	最大截面	3~5

6. 影响金属可锻性的因素

金属的可锻性是指金属材料在锻造过程中经受塑性变形而不开裂的能力。它与金属的塑性和变形抗力有关，塑性越好，变形抗力越小，则可锻性越好，反之，可锻性越差。

影响金属可锻性的因素有：金属化学成分、组织结构以及变形条件。

1）化学成分及组织的影响

一般来说，纯金属的可锻性优于其合金的可锻性；合金中合金元素的质量分数越高，成分越复杂，其可锻性越差；非合金钢中碳的质量分数越高，可锻性越差。

纯金属组织和未饱和的单相固溶体组织具有良好的可锻性，合金组织中金属化合物的增加会使其可锻性急剧恶化，细晶组织的可锻性优于粗晶组织。

2）工艺条件的影响

（1）变形温度　在一定温度范围内，随着变形温度的升高，再结晶过程逐渐进行，金属的变形能力增加，变形抗力减小，从而改善了金属的可锻性，如图4-5所示。

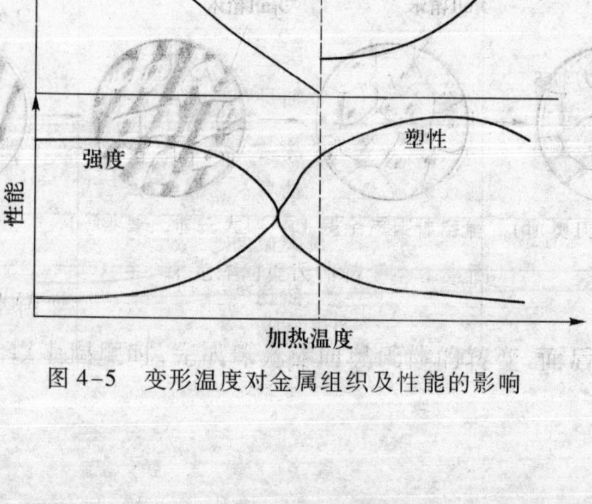

图4-5　变形温度对金属组织及性能的影响

但变形温度过高，晶粒将迅速长大，从而降低了金属及合金材料的力学性能，这种现象称为“过热”。若变形温度进一步提高，接近金属材料的熔点时，金属晶界产生氧化，锻造时金属及合金易沿晶界产生裂纹，这种现象称为“过烧”。过热可通过重新加热锻造和再结晶使金属或合金恢复原来的力学性能，但过热使锻造火次增加，而过烧则使金属或合金报废。因此，金属及合金的锻造温度必须控制在一定的温度范围内。

（2）变形速度（单位时间内的变形程度） 金属在再结晶以上温度进行变形时，加工硬化与回复、再结晶同时发生。采用普通锻压方法（低速）时，回复、再结晶不足以消除由塑性变形所产生的加工硬化，随变形速度的增加，金属的塑性下降，变形抗力增加，锻造性能降低。因此塑性较差的材料（如铜和高合金钢）宜采用较低的变形速度（即用液压机而不用锻锤）成形。当变形速度高于临界速度时，将产生大量的变形热，加快了再结晶速度，使金属的塑性增加，变形抗力下降，锻造性能提高。因此生产上常用高速锤锻造高强度、低塑性等难以锻造的合金。

（3）应力状态 金属在挤压变形时，呈三向受压状态，表现出良好的塑性；在拉拔时则呈二向受压一向受拉的状态，锻造性能下降。图 4-6 所示为几种常用锻压方法的应力状态。拉拔时，坯料沿轴向受到拉应力，其他方向为压应力，这种应力状态的金属塑性较差。镦粗时，坯料中心部分受到三向压应力，周边部分上、下和径向受到压应力，而切向为拉应力，周边受拉部分塑性较差，易镦裂。挤压时，坯料处于三向压应力状态，金属呈现良好的塑性状态。实践证明，拉应力的存在会使金属的塑性降低，三向受拉金属的塑性最差。三个方向上压应力的数目越多，则金属的塑性越好。

因此，塑性较好的材料可选用拉应力状态下变形（如拉拔等），塑性较差的材料应选用压应力状态下变形（如挤压、模锻等）。

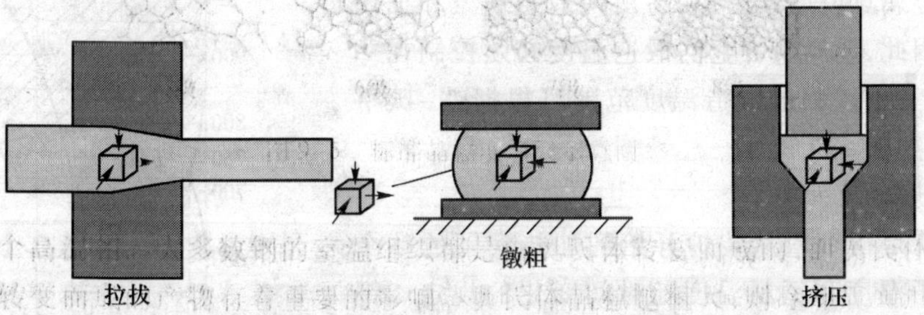

图 4-6 几种常用锻造方法的应力状态

7. 锻造加热知识

加热的目的是提高金属的塑性和降低其变形抗力，即提高金属的可锻性。除少数具有良好塑性的金属可在常温下锻造成型外，大多数金属在常温下的可锻性较低，常有锻造困难或不能锻造的现象。但将这些金属加热到一定温度后，可以大大提高可锻性，并只需要施加较小的锻击力，便可使其发生较大的塑性变形，这称为热锻。

1）加热基本方法

按使用的能源不同，锻造加热方法可分为火焰加热和电加热两大类。

（1）火焰加热 火焰加热是利用燃料（煤、焦炭、柴油、煤气、天然气等）在加热炉内的燃烧，产生含有大量热能的高温气体(火焰),并通过对流、辐射方式把热能传到被加热金属表面,再由表面向中心传导,最终将金属加热。

火焰加热具有燃料来源方便、炉子修建较容易、加热费用低以及加热的适应性强等优点,因此,在锻造加热中被广泛采用。其缺点是劳动条件差、加热速度较慢以及加热质量较难控制等。

(2) 电加热　电加热是通过把电能转换为热能来加热金属,与火焰加热相比,其优点是加热速度快,炉温易于控制,氧化脱碳少,劳动条件好,便于实现机械化和自动化。缺点是对被加热材料的尺寸和形状的适应性不够强,设备结构复杂,投资费用高,加热成本高等。

2) 锻造温度

加热是锻造工艺过程中的一个重要环节,它直接影响锻件的质量。加热温度如果过高,会使锻件产生加热缺陷,甚至造成废品。因此,为了保证金属在变形时具有良好的塑性,又不致产生加热缺陷,锻造必须在合理的温度范围内进行。

各种金属材料锻造时允许的最高加热温度称为该材料的始锻温度,终止锻造的温度称为该材料的终锻温度。坯料开始锻造的温度(始锻温度)和终止锻造的温度(终锻温度)之间的温度间隔,称为锻造温度范围。在保证不出现加热缺陷的前提下,始锻温度应取得高一些,以便有较充裕的时间来锻造成型,减少加热次数。另外在保证坯料还有足够塑性的前提下,终锻温度应定得低一些,以便获得内部组织细密、力学性能较好的锻件,同时也可延长锻造时间,减少加热火次。但终锻温度过低会使金属难以继续变形,易出现锻裂现象和损伤锻造设备。因此,金属及合金的锻造温度必须控制在一定的范围内,其中碳钢的锻造温度范围可根据铁-碳平衡相图确定,如图 4-7 所示。

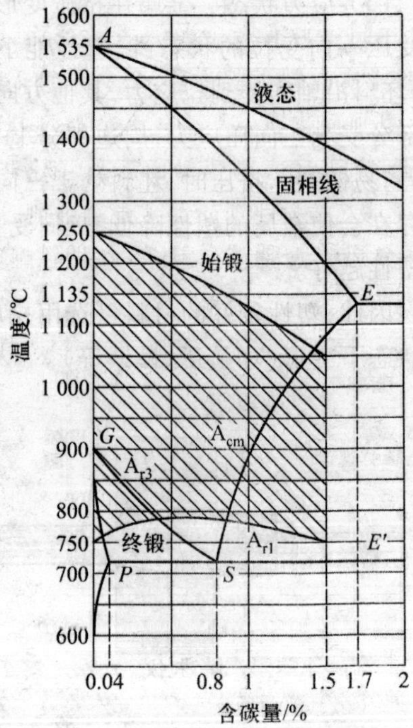

图 4-7　碳钢的锻造温度范围

3) 加热规范及火次

加热规范是指钢料从装炉开始到加热完了的整个过程中对炉子温度和钢料温度随时间变化的规定。钢的加热规范通常是以炉温-时间的变化曲线(又称加热曲线)表示的。

正确的加热规范应使钢料在加热过程中不产生裂纹,不过热和过烧,温度均匀,氧化和脱碳少,加热时间短和节省燃料。总之,在保证被热金属加热质量的前提下,力求加热过程越快越好。

制定钢加热规范时,首先应考虑钢料化学成分及其截面尺寸,其次考虑钢料的有关性能,例如塑性、强度极限、导热系数、膨胀系数、组织特点及其加热时的变化,以及钢料的原始状态和装炉方式。

根据以上原则,参考有关资料及手册,便可制定钢的加热规范。常用的加热规范有:一段、二段、三段、四段、五段加热规范。其加热曲线如图 4-8 所示。

对于中小型自由锻件和模锻件,一般采用中小型钢坯和钢材为主要原材料,由于尺寸较小,

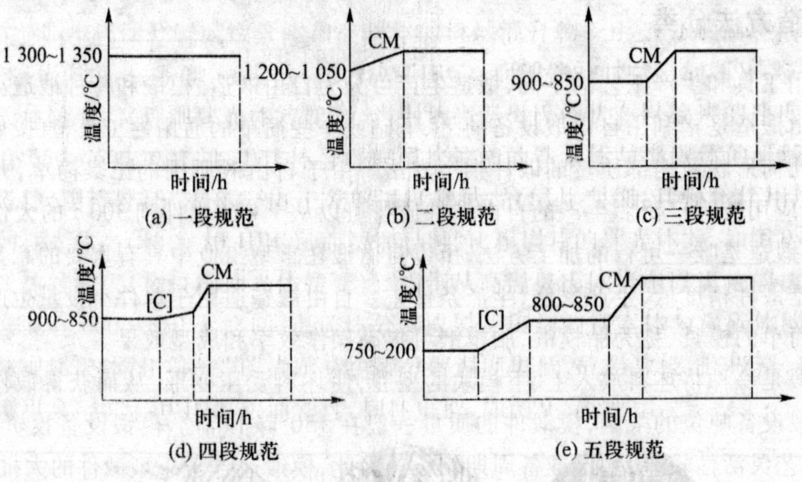

图 4-8 常用加热规范曲线图

并经过了塑性变形,其内部组织为均匀的再结晶组织,强度与塑性得到了提高,并消除了铸态残余应力,因此,装炉温度不受限制。

常用钢坯和钢材加热规范如下:

(1) 直径小于 200 mm 的碳素结构钢和直径小于 100 mm 的合金钢材采用一段加热规范,炉温一般控制在 1 300 ~ 1 350 ℃,到始锻温度后,可立即出炉锻造。

(2) 直径 200 ~ 350 mm 的碳素结构钢(碳的质量分数大于 0.45%)及合金结构钢采用三段加热规范。装炉温度为 1 150 ~ 1 200 ℃,装炉后需保温,其保温时间为整个加热时间的 5% ~ 10%,然后以尽可能快的加热速度加热到始锻温度后保温,这时的保温时间也为整个加热时间的 5% ~ 10%。

(3) 对于导热性较差、热敏感性强的钢坯(如高倍钢、高速钢等),其装炉温度只能为 400 ~ 650 ℃,采用五段加热规范。

火次是坯料加热次数,不仅与锻造工艺过程中所需工时、钢坯冷却速度及更换工具所需时间等有关,还与钢坯的性质、锻造季节等有关,因此,应根据具体情况确定。

二、锻造的工艺特点

锻造加工与其他加工方法比较具有以下工艺特点:

(1) 改善金属的内部组织,细化晶粒,并能控制金属的纤维方向,使其沿着零件轮廓合理地分布,提高金属的力学性能。

(2) 具有较高的劳动生产率。

(3) 采用精密模锻可使锻件的尺寸、形状接近成品零件,因而可节省金属材料和减少切削加工工时。

(4) 适应范围广。锻件的质量可小至不足一千克,大至数百吨;既可进行单件、小批量生产,又可进行大批量生产。

(5) 形状复杂的工件难以锻造成型。

(6) 生产所需的重型机器设备和复杂的工模具对厂房基础要求较高,初次投资费用高。

三、锻造方法分类

根据使用工具和生产工艺的不同，锻造生产可分为自由锻造、模锻和特种锻造。

（1）自由锻造是指利用自由锻设备的上、下砧或一些简单的通用性工具，直接使坯料变形而获得所需的几何形状及内部质量的锻件生产方法。由于自由锻所用的工具简单，并具有较大的通用性，因而应用较为广泛。生产的自由锻件质量可以从 1 g 的小件到 300 t 的大件。对于特大型锻件，自由锻造是唯一可行的加工方法，所以自由锻在重型工业中具有重要的意义。自由锻造的不足之处是锻件精度低，生产率低，生产条件差。自由锻造适用于单件小批量生产。自由锻造还可以借助简单的模具，称为胎模锻，胎模锻可提高操作效率和成型效果。

（2）模锻是一种将坯料放入上、下模块的型腔，使坯料受压变形，从而获得锻件的方法。模锻生产受模锻设备吨位的限制，模锻件的质量一般在 150 kg 以下。模锻设备投资较大，模具费用较昂贵，工艺灵活性较差，生产准备周期较长。因此，模锻适合于小型锻件的大批量生产，不适合单件小批量生产以及中、大型锻件的生产。

（3）特种锻造是指采用专用设备来生产某些零件，以大幅度地提高生产率，并能保证锻件的多种要求（如尺寸、形状、性能等）。特种锻造有一定的局限性，只能生产某一类型的产品，因此适合批量生产以及大的零件。

四、自由锻造工艺设计

自由锻造工艺设计是根据零件尺寸、结构特点、技术要求和生产批量等条件，确定其成型工艺方法，制定工艺规程，编写工艺卡片等。形成的技术文件是指导生产和组织生产、规定操作规范、控制和检查产品质量的依据。

1. 锻造工艺分析

进行自由锻造工艺设计时，必须首先分析其工艺的可行性和经济合理性。在保证工艺可行性的前提下尽可能地保证经济合理性。

1）锻件结构工艺性要求

由于受到锻造设备、工具及工艺特点的限制，在进行自由锻零件设计时，除满足使用性能外，还应具有良好的结构工艺性。自由锻锻件表面一般只能由平面和圆柱面组成，对于横截面尺寸变化较大、形状复杂的锻件，可以分成几部分锻造，然后再进行机械连接或焊接成整体。

（1）尽量避免锥体或斜面结构　锻造具有锥体或斜面结构的锻件需制造专用工具，锻件成型也比较困难，从而使工艺过程复杂，不便于操作，影响设备的使用效率，应尽量避免，如图 4-9 所示。

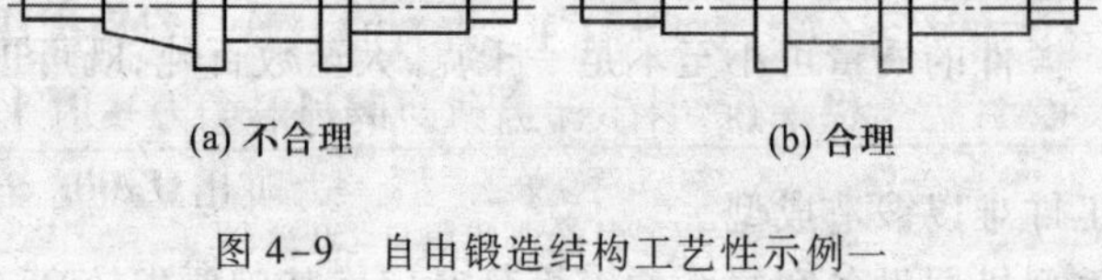

(a) 不合理　　(b) 合理

图 4-9　自由锻造结构工艺性示例一

（2）避免几何体的交接处形成空间曲线　如图 4-10a 所示的圆柱面与圆柱面相交，锻件成型十分困难。如改成图 4-10b 所示的平面相交，则消除了空间曲线，使锻造成形变得容易。

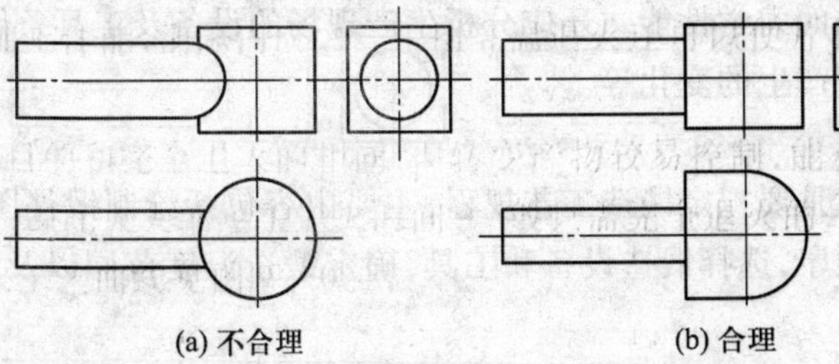

图 4-10　自由锻造结构工艺性示例二

（3）合理采用组合结构　锻件的横截面积有急剧变化或形状较复杂时，可设计成由数个简单件构成的组合体，如图 4-11 所示。每个简单件锻造成形后，再用焊接或机械连接方式构成整体零件。

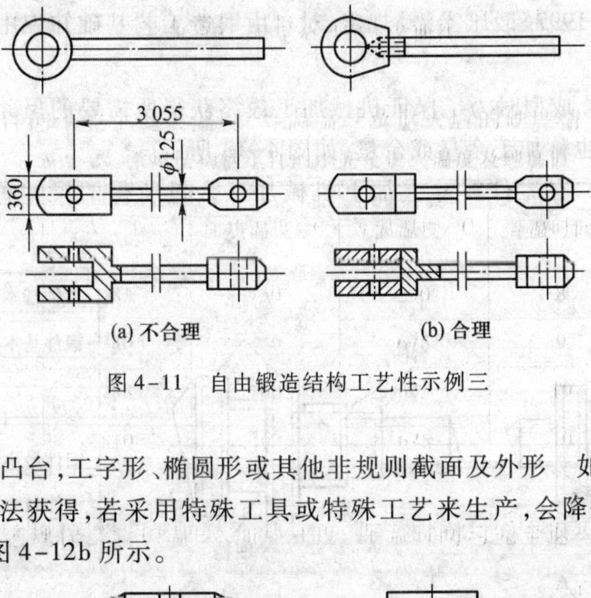

图 4-11　自由锻造结构工艺性示例三

（4）避免加强肋、凸台，工字形、椭圆形或其他非规则截面及外形　如图 4-12a 所示的锻件结构，难以用自由锻方法获得，若采用特殊工具或特殊工艺来生产，会降低生产率，增加产品成本。改进后的结构如图 4-12b 所示。

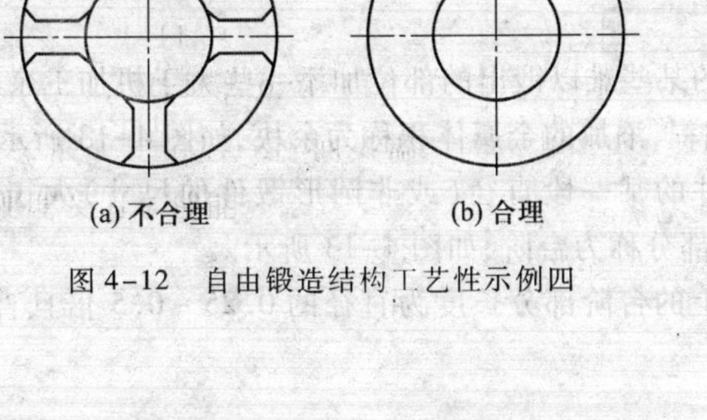

图 4-12　自由锻造结构工艺性示例四

2）锻件经济合理性分析

根据锻件的使用要求，先分析其锻造的目的，是侧重于成型所需形状及尺寸而尽量减少加工余量，还是侧重于提高锻件的力学性能。还应分析生产现场的设备及工具条件、技术力量和加工能力，并分析锻后零件可能产生的变化等。

2. 锻造工艺设计

进行锻造工艺设计，就是要拟定锻造工艺规程，主要内容包括绘制锻件图，计算坯料的尺寸和质量，确定锻造工序及顺序，选择锻造设备和工具，确定锻造温度范围以及制订加热、冷却、热处理规范等。

锻造工艺规程是指导并组织锻造生产、拟定工艺规范、计算锻件的有关工艺参数及确定锻造设备和工具的最基本的步骤，也是保证产品质量的关键性环节。

1）绘制锻件图

锻件图是在零件图的基础上考虑加工余量、锻造公差、工艺余块等之后绘制而成的。绘制锻件图的步骤有以下三步：

（1）确定锻件形状

根据 GB/T 8541—1997《锻压术语》规定，对自由锻造工艺基础知识中涉及的名词术语介绍如下：

① 机械加工余量　成型时为了保证机械加工最终获得所需要的尺寸而允许保留的多余金属称为机械加工余量，也称加工余量或余量，如图 4-13 所示。

② 锻件基本尺寸　在零件尺寸上加上机械加工余量所得的尺寸称为锻件基本尺寸，如图 4-14所示。

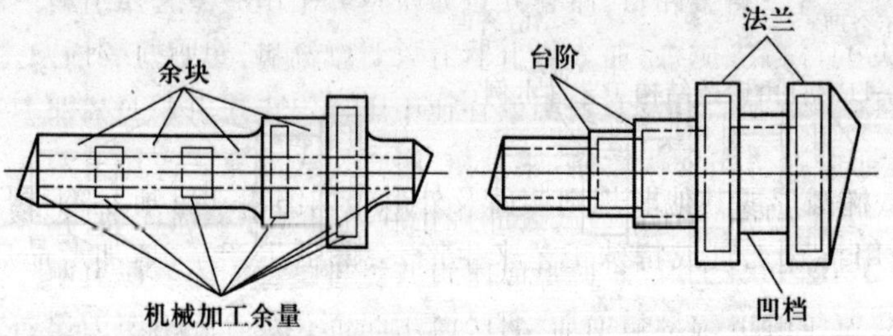

图 4-13　锻件图中的名词术语

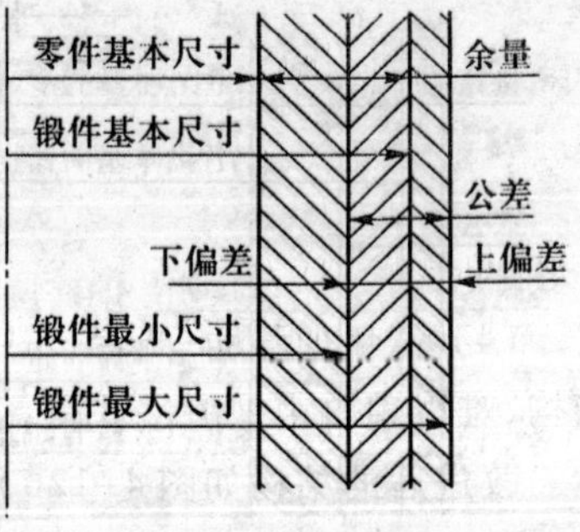

图 4-14　锻件的尺寸、余量和公差

③ 锻件公差　锻件的实际尺寸与基本尺寸之间所允许的一定限度的误差范围为锻件公差，超过基本尺寸的称上偏差，小于基本尺寸的称下偏差，上、下偏差的代数差的绝对值就是锻件公差，如图 4-14 所示。

④ 余块　在锻件的某些难以锻出的部位加添一些大于机加工余量的金属体积，以简化锻件的外形及锻件的制造过程，添加的金属体积称为余块，如图 4-13 所示。

⑤ 台阶　轴类锻件的某一段直径（或非圆形锻件的尺寸）大于邻接的一段或两段的直径（或尺寸）时，则大直径部分称为台阶，如图 4-13 所示。

⑥ 法兰　在锻件上的台阶部分长度为直径的 0.25～0.5 倍且直径至少为其邻接部分最大

直径的 1.5 倍时为法兰,如图 4-13 所示。

⑦ 凹档　锻件某一部分的直径(或非圆形锻件的截面尺寸)小于其邻接面部分的直径(或尺寸)的部分,称为凹档,如图 4-13 所示。

零件上某些难以锻出的凹档、台阶、斜面、法兰等应尽可能简化,简化锻件形状要根据加工设备吨位大小、各工厂企业生产条件、技术条件等来考虑。对于一些重要的锻件,为了检验锻件内部组织和力学性能,还需在锻件适当部位留出试样余块。零件上的孔、台阶、凹档和法兰等的有关锻出条件见 GB/T 15826.2—1995《锤上钢质自由锻造件机械加工余量与公差　盘、柱类》、GB/T 15826.3—1995《锤上钢质自由锻造件机械加工余量与公差　带孔圆盘类》、GB/T 15826.7—1995《锤上钢质自由锻造件机械加工余量与公差　台阶轴类》等标准的规定。

(2) 确定加工余量和公差

锻件的加工余量和公差受到原材料、设备、工具、生产技术条件和锻件形状复杂程度等因素的影响,还要结合各厂锻造水平和生产批量来确定。根据不同的零件类型和精度等级按 GB/T 15826.2—1995、GB/T 15826.3—1995、GB/T 15826.7—1995 等标准的规定分别确定。

根据对加工余量和公差的实际影响因素,还需考虑以下方面:

① 原材料的质量,尤其是钢锭和钢坯表面与表皮的质量较差时,加工余量和公差要取大些。

② 锻件形状复杂,则加工余量和公差要取大些,反之,取小些。

③ 长度长、截面形状复杂、尺寸较大的锻件,加工余量和公差要取大些,反之,取小些。

④ 操作水平高,工具、夹具、设备好且精度高,加工余量和公差应小些。

⑤ 大批量生产的锻件,加工余量和公差应小些;而技术要求高的锻件,加工余量和公差要取大些。

(3) 绘制锻件图

如图 4-15 所示,绘制锻件图时有以下规则:

① 锻件的外形用粗实线表示,零件的外形用双点画线表示。这样便于了解零件的形状和检查锻后的实际余量。

② 锻件的基本尺寸与公差注在尺寸线上面,而零件的尺寸注在尺寸线下面的括号内。

③ 锻件图上应注明锻件的总长和各部分的长度。但凹档和最后一部分不必注明长度。

④ 在锻件图上还需注明一些特殊余块、热处理夹头、力学性能试验用的试样及机械加工用的夹头等的位置。图上无法表示的条件应采用技术条件的方式表明。

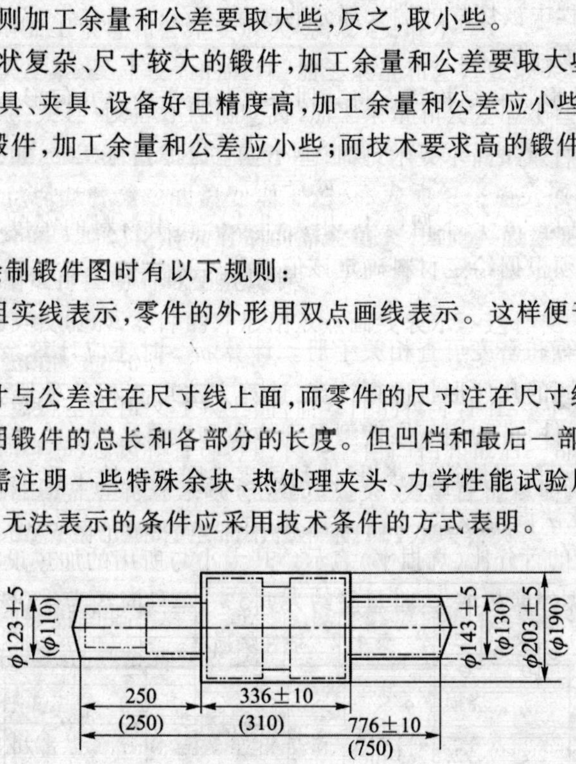

图 4-15　锻件示例图

2) 计算坯料的质量和尺寸

锻造用的原材料有钢材、钢坯和钢锭。中小型锻件常采用初轧钢坯和各种方钢、圆钢、扁钢等钢材，大型锻件则选用质量在 300 t 以下的钢锭，各种类型的坯料质量和尺寸均可按公式计算、经验估算及查表等方式确定。在计算质量时应考虑以下几点：

① 一般，锻件质量根据锻件图各部分公称尺寸计算后再求出总和。

② 对于大、中型和形状复杂的锻件，其各部分需按照公称尺寸加上 1/2 上偏差的方式计算后求总和。只有当操作技术水平能够达到按负差进行锻造或使用胎模锻造时，大、中型锻件才按公称尺寸计算质量。

③ 大型锻件计算质量时，还须将锻件的余面以及未经平整的鼓形部分的金属质量计算在内。

(1) 计算坯料的质量

根据锻件的形状和尺寸，可计算出锻件的质量，再考虑加热时的氧化损失、冲孔时冲掉的料芯以及切头损失等，一般锤锻件计算公式为

$$m_{坯}=m_{锻}+m_{烧}+m_{芯}+m_{切}+m_{特}$$

式中，$m_{坯}$——坯料质量(kg)；

$m_{锻}$——锻件质量(kg)；

$m_{烧}$——坯料加热时因氧化而烧损的质量(kg)；

$m_{芯}$——冲孔时的芯料损失(kg)；

$m_{切}$——在锻造过程中被切除的端头部分的质量(kg)；

$m_{特}$——特殊工艺损耗量(kg)。

$m_{锻}$的计算可按锻件形状和结构特点将其划分成若干个简单几何形体分别计算体积，然后求和，再采用如下基本公式求取

$$m_{锻}=\rho V$$

式中，ρ——材料的密度(kg/m^3)，本情境中，相关计算公式中材料的密度均按 7.85×10^3 取值，实际应用中必须根据给定材料确定该值；

V——体积(m^3)。

各种几何尺寸的计算和密度可查相关手册。计算 $m_{锻}$ 时还应计算余面质量，各种锻件上的余面质量应按其各自不同的几何形状进行计算，计算方法可查相关手册。随着三维软件的广泛应用，对于复杂结构的锻件，可利用三维造型得到体积和质量。

对于简单小件，$m_{锻}$ 可以用估算法获得，即利用零件图给出的净重，一般加 3%~4%，再视具体重量按规定确定，但此法误差较大。

$m_{烧}$一般以坯料质量的百分比(烧损率)表示。其大小与所用的加热设备类型、加热规范、坯料尺寸和形状有关。可根据经验粗取，大批量时约为 1.5%，单件时约为 4.0%，也可由表 4-2 确定。

表 4-2 锻件烧损率

加热设备类型	烧损率 δ/%	坯料种类	火次	烧损率 δ/%	
				设备	
				锻锤	水压机
室油炉	2.5~3				
连续式油炉	2.5~3	钢锭	第一次	2~4	2~3
连续式煤气炉	1.5~2.5		以后各次	1.5~2	1.5~2
电阻炉	1~1.5	钢坯	第一次	2~3	2~2.5
接触电加热炉	0.5~1		以后各次	1.5~2	1.5~2

带孔锻件在冲孔时不可避免地要产生芯料损耗 $m_{芯}$，其计算方法取决于冲孔方式、直径（冲孔直径）和坯料高度，见表4-3。

表4-3 锻件冲孔芯量 kg

使用设备	冲孔方式	冲孔芯料计算公式
水压机	实心凸模冲孔	$6.16d_{凸}^2h$
	空心凸模冲孔	$9.24d_1^2H$
锻锤	实心凸模单面冲孔	$(4.32\sim4.71)d_{凸}^2H$
	实心凸模双面冲孔	$(1.18\sim1.57)d_{凸}^2H$

注：计算式中 $d_{凸}$ 为实心凸模直径(dm)；H 为冲孔前坯料高度(dm)；h 为实心凸模冲孔芯料高度，一般取0.5～1.5(dm)；d_1 为空心凸模最小直径(dm)。

为保证锻件端头平直，需切除端部多余料头，$m_{切}$ 可用公式法和图线法（查手册）获得。实际生产中，对于中小型锻件，可按锻件质量的4%计算，但大型锻件应根据锻造设备和被切端部的截面形状用公式法计算，见表4-4。

表4-4 锻件端头切头量 kg

使用设备	被切端部截面形状	切头量计算公式
水压机	矩形	$2.2B^2H$
	圆形	$1.65D^3$
锻锤	矩形	$2.36B^2H$
	圆形	$1.8D^3$

注：计算式中 B 为锻件宽度(dm)；H 为锻件高度(dm)；D 为锻件直径(dm)。

在锻造短轴颈类锻件时，为有效防止短轴端头出现凹陷或缩孔和裂纹，在拔长时需增加长度到直径或边长的0.3～0.4倍，而增加部分的金属在锻造完毕时作为切头被去除，而成为特殊工艺废料，该金属质量即为 $m_{特}$。

在实际的小型锻件生产中，为计算方便，一般将 $m_{烧}$、$m_{芯}$、$m_{切}$ 合并在一起来计算坯料的材料损耗，如表4-5所示。

表4-5 烧损量、切头和芯料总损耗率 %

锻件种类	主要锻造工序	总损耗率 η/%
圆饼、短圆柱、短方形、方块	镦粗、平整	2～3
带孔圆盘和方盘	镦粗、冲孔、平整	6～8
套筒、圆环和方套	镦粗、冲孔、平整或芯棒拔长	7～9
台阶轴、带凹档类锻件	拔长、压肩、切头、平整	12～14
连杆、叉类和拉杆类	拔长、压肩、切头、平整	15～25
曲轴、偏心轴	拔长、压肩、错移、扭转切头、平整	18～30

(2) 计算坯料的尺寸

坯料尺寸的确定与所选钢坯或钢锭有关，还与锻造的第一步工序有关。如果选用的锻造原材料相同，而第一步的基本工序不同，则确定坯料尺寸的方法也不同。

采用钢坯时,计算方法如下:

① 第一步工序采用镦粗时,坯料尺寸(单位为 dm)可按下式计算确定:

$$圆坯料直径\quad D=(0.8\sim1)\sqrt[3]{V_{坯}}$$

$$方坯料边长\quad A=(0.75\sim0.9)\sqrt[3]{V_{坯}}$$

式中,$V_{坯}$——坯料体积,可由 $m_{坯}/\rho$ 求得。

确定 D 或 A 后,结合坯料规格,选用比较合适的直径或边长,再由坯料质量和已选用的坯料规格来确定其下料长度 L

$$L=\frac{m_{坯}}{\rho A^2}\quad 或\quad L=\frac{m_{坯}}{\rho\pi D^2/4}$$

坯料长度 L 还应满足下列要求:

(a) L 应小于或等于直径或边长的 2.5 倍,最大不超过 3 倍;

(b) 为下料方便,L 不能小于直径或边长的 1.5 倍;

(c) L 应满足锻压设备行程要求,即 $H<0.75H_{行}$,水压机满足低于最大工作空间高度(1 ~ 1.5 dm)及加热炉有效长度的要求;

(d) L 应满足技术条件规定的镦粗锻造比,可按下式计算:

$$L\geqslant Y_{锻}L_{锻}$$

式中,$Y_{锻}$——锻件镦粗锻造比;

$L_{锻}$——锻件长度(dm)。

若不能满足锻造比,则应重新选用坯料规格或采用其他工艺措施,例如增加一次镦粗、拔长工序。

② 第一步工序采用拔长时,所选坯料截面积 $A_{坯}$ 应满足锻造比,即

$$A_{坯}\geqslant Y_{拔}A_{锻}$$

式中,$Y_{拔}$——锻件拔长锻造比;

$A_{坯}$——坯料截面积,dm^2;

$A_{锻}$——锻件的最大截面积,dm^2。

根据 $A_{坯}$ 算出钢坯的直径或边长,并结合工厂的坯料规格选用。

若采用钢锭作为坯料,则计算其质量时,首先查相关手册,得到锻件所需钢锭的利用率 η,再按下式初步算出钢锭的质量:

$$m_{锭}=\frac{m_{锻}}{\eta}$$

对初步算出的钢锭质量,再用下面的公式进行验算:

$$m_{锭}=m_{锻}+m_{冒}+m_{底}+m_{烧}+m_{芯}+m_{切}+m_{特}$$

式中,$m_{坯}$——坯料质量,kg;

$m_{锻}$——锻件质量,kg;

$m_{冒}$——钢锭冒口切除量,kg;

$m_{底}$——钢锭底部切除量,kg;

$m_{烧}$——坯料加热时因氧化而烧损的质量,kg;

$m_{芯}$——冲孔时的芯料损失,kg;

$m_{切}$——在锻造过程中被切除的端头部分的质量,kg;

$m_{特}$——特殊工艺损耗量,kg。

在计算钢锭质量时,常遇到验算质量大于或小于初算质量的情况,此时,应调整钢锭利用率,并重新计算。

3）确定锻造工序及顺序

不同类型锻件的锻造工序及安排工序应根据自由锻造的变形特点、锻件的形状、尺寸和技术要求,并参考典型锻造工艺,结合设备条件、原材料情况、生产批量、工模具及工人的技术水平和经验来确定。

(1) 自由锻造方式及各工序关系

如图 4-16 所示,自由锻分为手工锻造和机器锻造两种。手工锻造只能生产小型锻件,机器锻造是自由锻的主要方式。

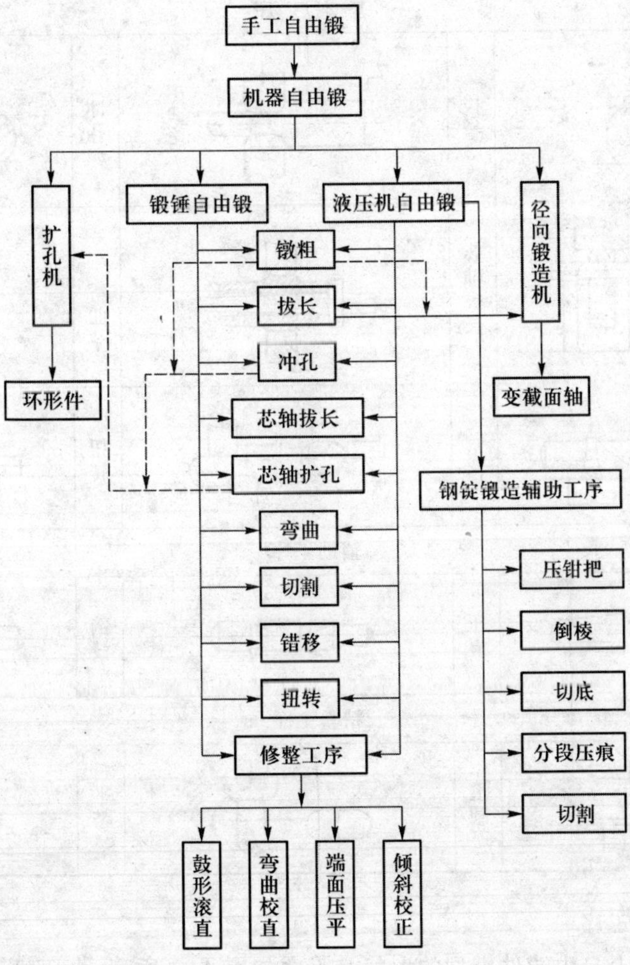

图 4-16 自由锻造方式及各工序关系

根据变形性质和变形程度，自由锻造工序分为基本工序、辅助工序、精整（或修整）工序三大类，工序简图见表4-6。

① 基本工序　较大地改变坯料形状和尺寸，以获得锻件的工序称为基本工序。自由锻的基本工序有镦粗、拔长、冲孔、扩孔、芯轴拔长、弯曲、扭转、错移、切割等。

② 辅助工序　是为基本工序操作方便而进行的预先变形工序，例如压钳把、压痕、钢锭倒棱等。

③ 精整工序　是用以减少锻件表面缺陷而进行的工序，例如校正、滚圆、平整等。

实际生产中最常用的是镦粗、拔长和冲孔三个基本工序。根据锻件所需力学性能的不同而采用不同的锻造工序。拔长工序适用于轴向力学性能要求较高的锻件；镦粗工序适用于径向力学性能要求较高的锻件；对于轴向和径向力学性能同时要求较高的锻件，则可采用两工序相结合的方式进行锻造。

表4-6　自由锻造工序简图

基本工序					
镦粗	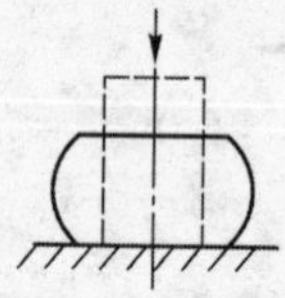	拔长	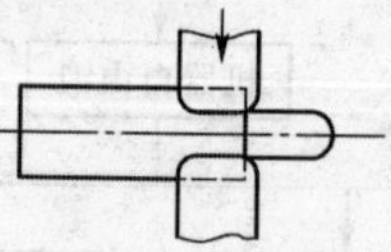	冲孔	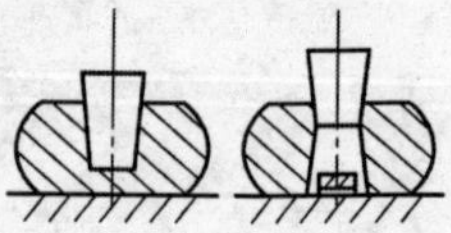
芯轴扩孔		芯轴拔长	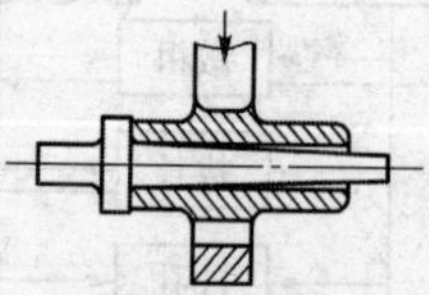	弯曲	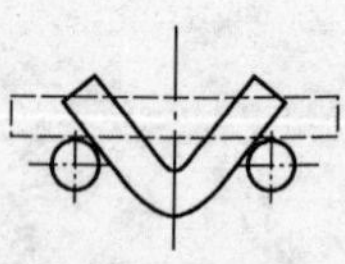
切割	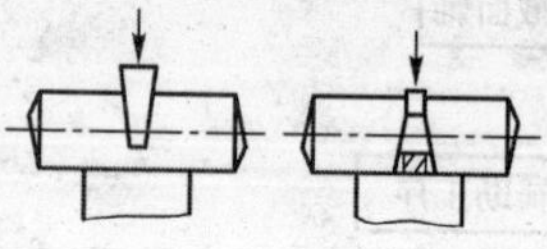	错移	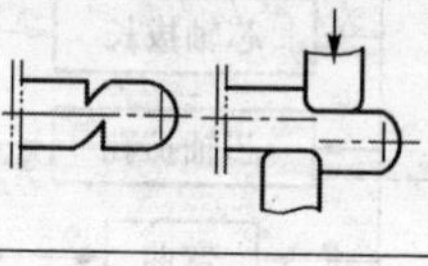	扭转	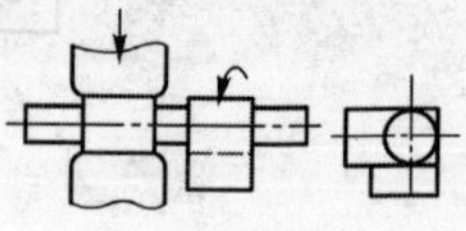
辅助工序					
压钳把	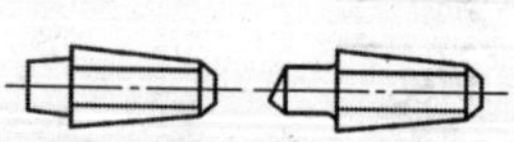	压痕	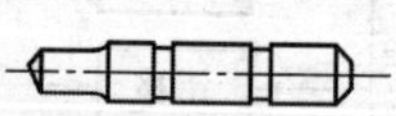	倒棱	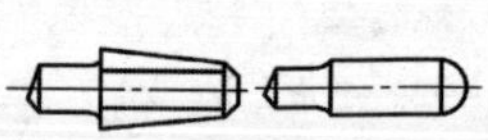
精整工序					
校正	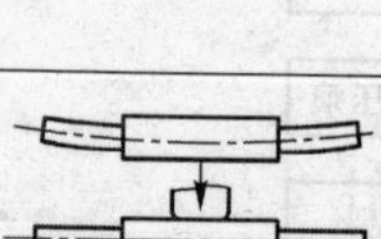	滚圆	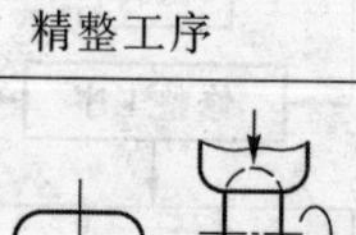	平整	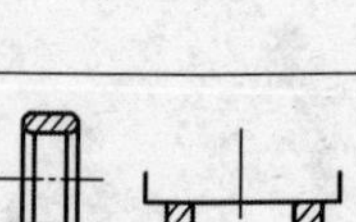

（2）锻件类型及工序

生产中常见的锤上自由锻件类型的形状及工序如表4-7所列，水压机自由锻件类型的形状及工序，如表4-8所列。

表 4-7 锤上自由锻件类型的形状及工序

锻件类型	锻件图例	锻造工序
轴杆类	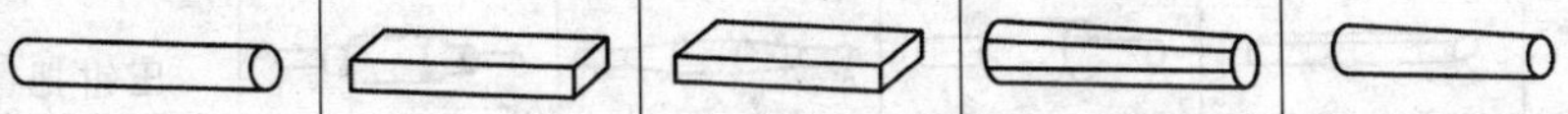	拔长、切割、校正
	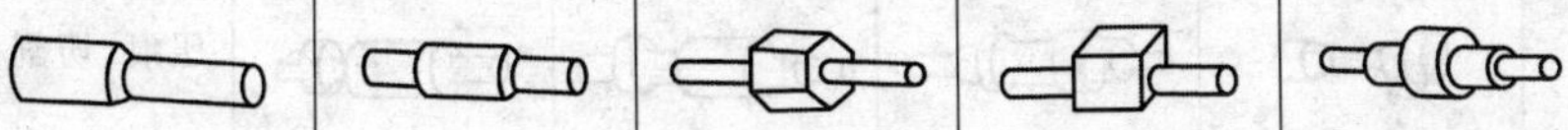	
	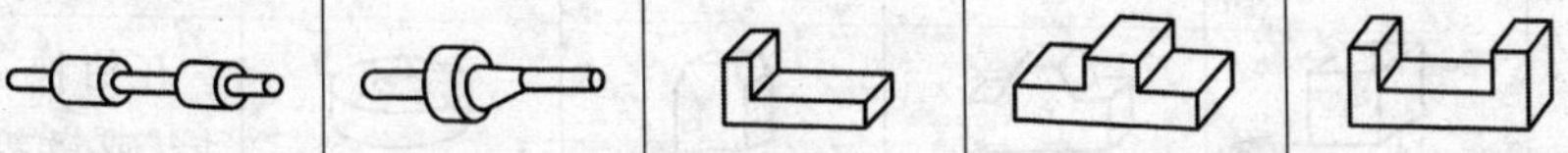	拔长、压痕、切割、校正
	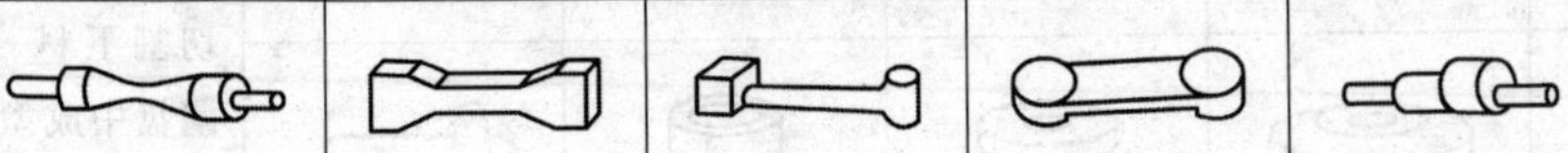	
	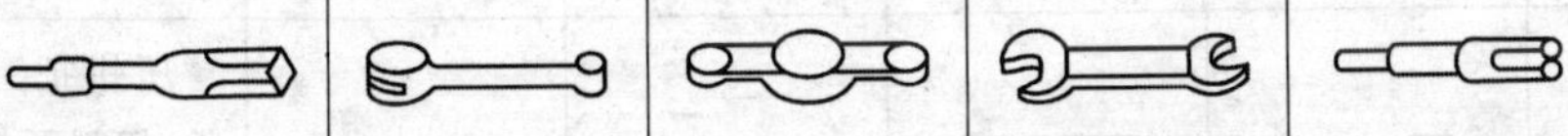	拔长、压痕、拔长（胎模锻）、切割、平整
	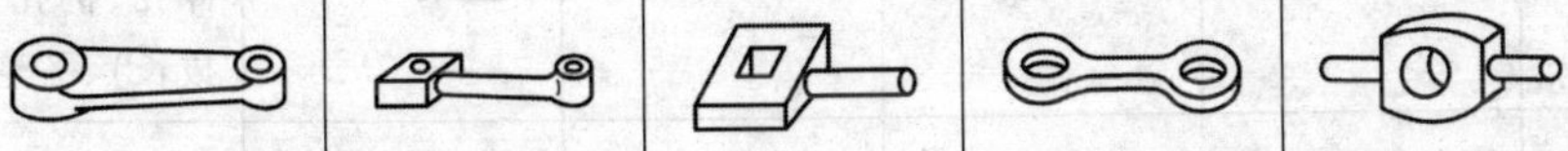	拔长、压痕、冲孔、切割、平整
饼块类	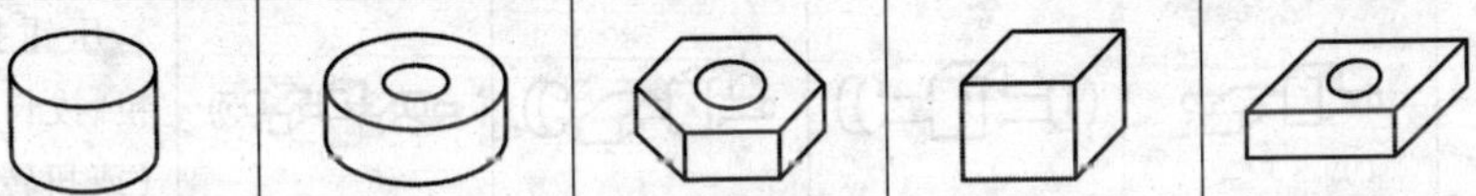	镦粗、镦方（滚圆）、冲孔、平整
	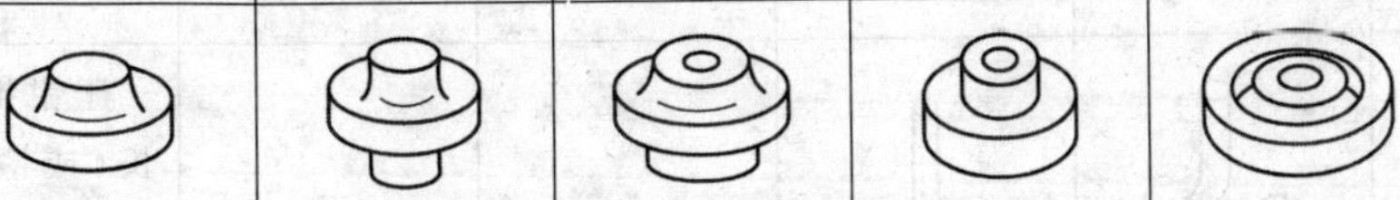	漏盘中成型、冲孔、滚圆、平整
空心类	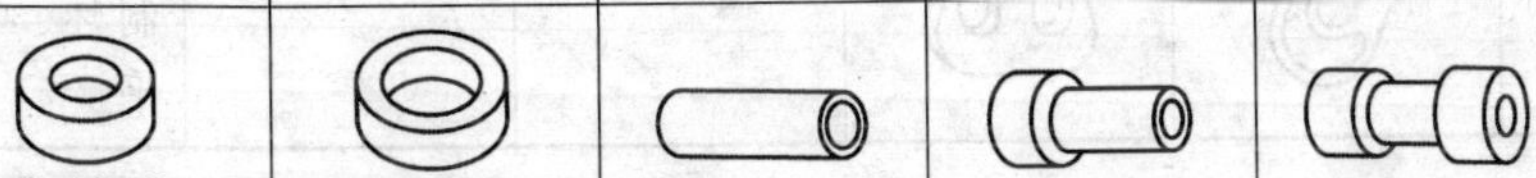 冲子扩孔　马架扩孔	镦粗、冲孔、扩孔（或芯棒拔长）、平整
弯曲类	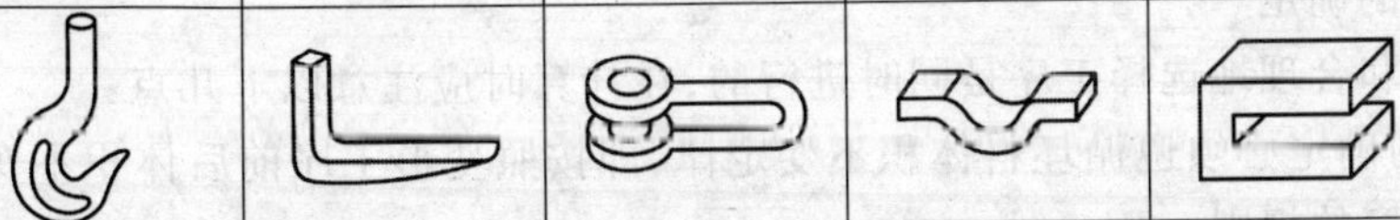	拔长制坯、弯曲、平整
曲轴类	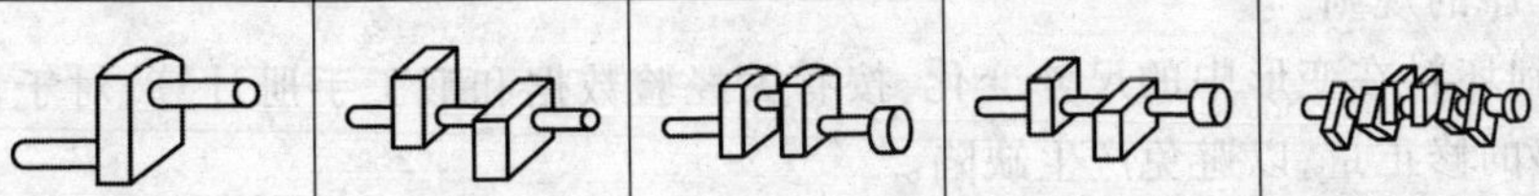	拔长、压痕、错移（或扭转）、切割、平整
复杂形状	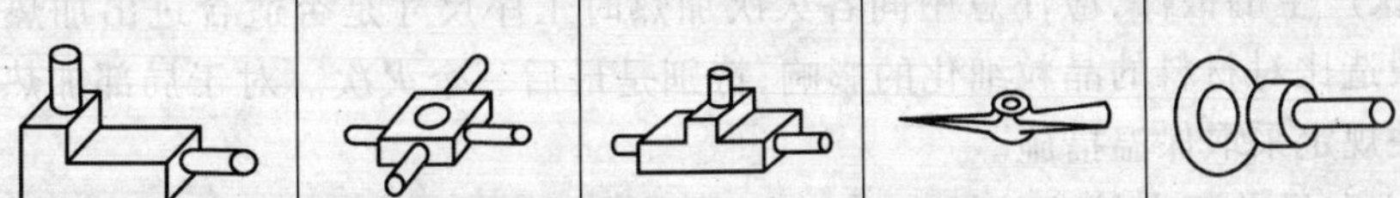	根据形状特点，选取适当工序组合或胎模锻

表 4-8 水压机自由锻件类型的形状及工序

锻件类型	锻件图例	锻造工序
轴杆类	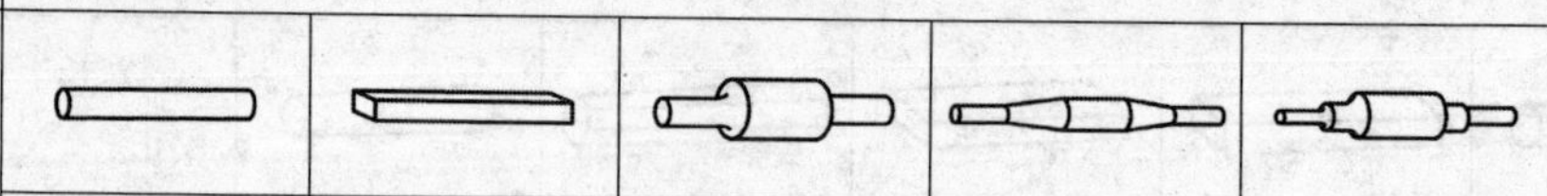 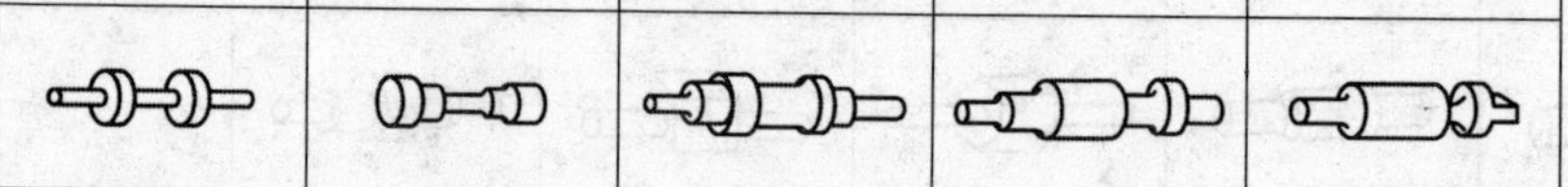	压钳把、倒棱、拔长(或镦粗拔长)、压痕、切割、校正
饼块类	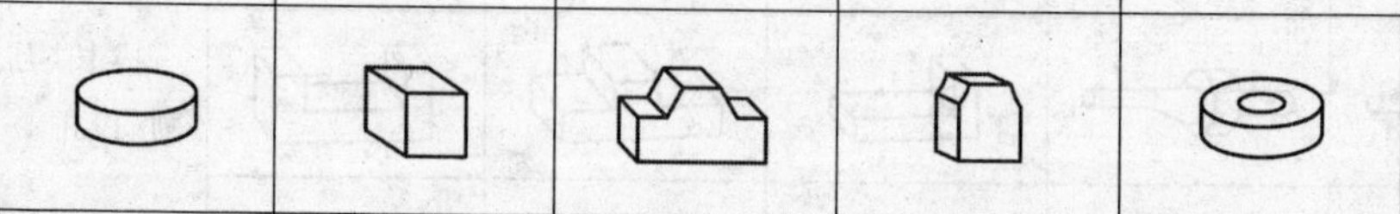 	压钳把、倒棱、拔长(或镦粗拔长)、切割下料、镦粗(或漏盘中成型)、滚圆、平整
空心类	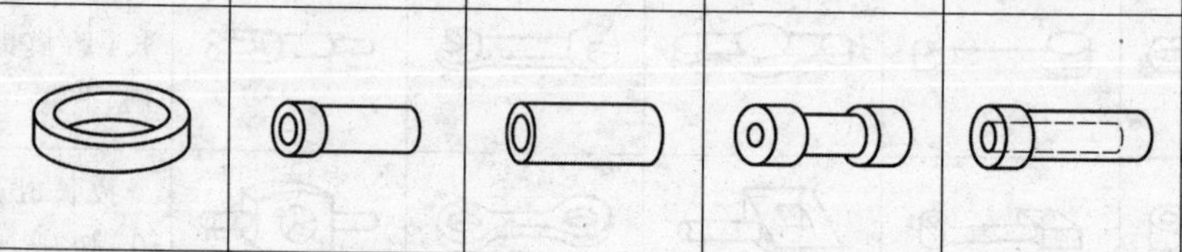	压钳把、倒棱、拔长、切割下料、镦粗、冲孔、扩扎(或芯棒拔长)、平整
曲轴类	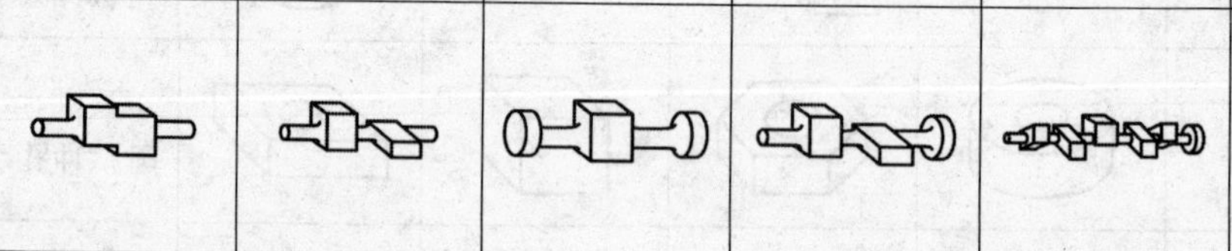	压钳把、倒棱、镦粗、拔长、压痕、错移(或扭转)、平整
弯曲类	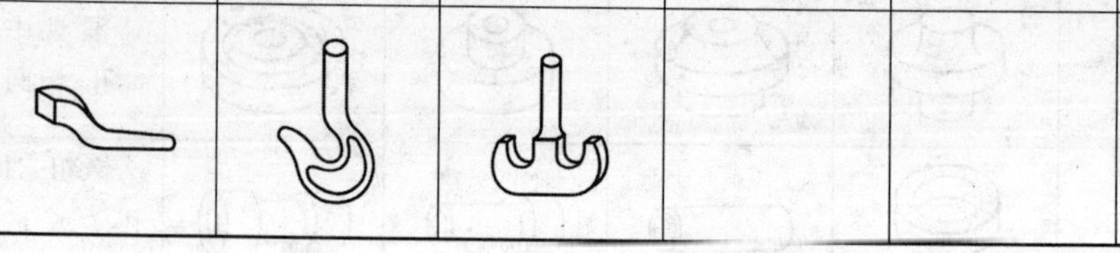	压钳把、倒棱、拔长(或镦粗拔长)、制坯、弯曲、切割、平整

(3) 工序尺寸的确定

计算工序尺寸和合理地选择工序是同时进行的,在计算时应注意以下几点:

① 工序尺寸的确定必须遵循坯料体积不变定律,即按照变形工序前后体积不变进行计算,而且还应符合各工序的规则。

② 必须估计到坯料在变形中的尺寸变化,按有关经验数据和锻工手册计算,对于坯料尺寸的变化应留有足够的修正量,以避免产生缺陷。

③ 对于多火次产生的锻件,应注意中间各火次加热时工序尺寸是否适合进出加热炉,还需注意加热温度与锻造比对材料的晶粒细化的影响,特别是最后一个火次。对于局部加热的坯料,外露部分要按有关规定采取保温措施。

④ 对于长度方向尺寸要求精确的轴类锻件,计算工序尺寸时须适当短一些,留有一定的修正量。

⑤ 常用的截面变换尺寸的经验公式可查阅相关手册。

4）锻造设备和工具的选择

(1) 锻造设备的选择

正确选择锻造设备对提高锻造生产率、保证锻件质量、防止设备和工具损坏、提高锻造经济效益是至关重要的。如果设备吨位太小，锻件内部锻不透，生产率低；如果设备吨位太大，会造成设备和动力的浪费，操作不方便、不安全。

自由锻造设备根据质量大小依次可选用空气锤、蒸汽-空气锤、电液锤、锻造水压机。

锻造设备是根据锻件的材质、形状、尺寸大小，同时还要考虑车间现有设备条件，经查表或采用经验类比法等确定。

采用查表法时，自由锻锤和水压机的锻造能力范围和规格可参阅相关手册，例如表 4-9 给出的自由锻锻锤的锻造能力范围。

表 4-9　自由锻锻锤的锻造能力范围

锻件类型	锻锤吨位/t	0.25	0.5	0.75	1	2	3	5
圆盘	D/mm	<200	<250	<300	≤400	≤500	≤600	≤750
	H/mm	<35	<50	<100	<150	<250	≤300	≤300
圆环	D/mm	<150	<300	<400	≤500	≤600	≤1 000	≤1 200
	H/mm	≤60	≤75	<100	<150	<250	≤250	≤300
圆筒	D/mm	<150	<175	<250	<275	<300	<350	≤700
	d/mm	≥100	≥125	>125	>125	>125	>150	>500
	L/mm	≤150	≤200	≤275	≤300	≤350	≤400	≤550
圆轴	D/mm	<80	<125	<150	≤175	≤225	≤275	≤350
	m/kg	<100	<200	<300	<500	≤750	≤1 000	≤1 500
方块	$H=B$/mm	≤80	≤150	≤175	≤200	≤250	≤300	≤450
	m/kg	<25	<50	<70	≤100	≤350	≤800	≤1 000
扁方	B/mm	≤100	≤160	<175	≤200	<400	≤600	≤700
	H/mm	≥7	≥15	≥20	≥25	≥40	≥50	≥70
成型锻件质量/kg		5	20	35	50	70	100	300
钢锭直径/mm		125	200	250	300	400	450	600
钢坯边长/mm		100	175	225	275	350	400	550

注：D 为锻件外径；d 为锻件内径；H 为锻件高度；B 为锻件宽度；L 为锻件长度；m 为锻件质量。

采用经验类比法时，锻锤吨位(单位为 kg)可按如下经验公式计算：

镦粗：$G=(0.002\sim0.003)kF$

式中，k——与钢料强度极限有关的系数，抗拉强度为 400 MPa 时，$k=3\sim5$；抗拉强度为 600 MPa 时，$k=5\sim8$；抗拉强度为 800 MPa 时，$k=8\sim13$。

F——锻件镦粗后的接触面积，mm^2。

拔长：$G=2.5F$

式中，F——坯料横截面面积，cm^2。

（2）工具的选择

自由锻造生产中，对于一般单件和小批量的锻件，通常采用现有的工具；对于大批量及系列的锻件，根据实际需要并符合经济合理性的原则，设计制作专用工具；对于特殊形状的锻件，应尽可能采用通用工具和辅助工具相结合的方式。

5）确定锻造温度范围及加热、冷却、热处理规范

（1）确定锻造温度范围

常用金属材料的锻造温度范围见表 4-10，从表中可看出，各类钢的锻造温度范围相差很大，碳素钢的锻造温度范围较宽，为 450 ~ 600 ℃，而高速合金钢的锻造温度范围很窄，为 200 ~ 250 ℃，因此在锻造生产中，高合金钢锻造最为困难，对锻造工艺的要求也更为严格。

表 4-10 常用金属材料的锻造温度范围

金属种类	始锻温度/℃	终锻温度/℃	锻造温度范围/℃
普通碳素钢	1 200 ~ 1 300	700 ~ 750	450 ~ 600
优质碳素钢	1 200 ~ 1 250	800	400 ~ 450
碳素工具钢	1 050 ~ 1 150	750 ~ 800	300 ~ 350
合金结构钢	1 100 ~ 1 200	800 ~ 850	300 ~ 350
合金工具钢	1 050 ~ 1 150	800 ~ 850	200 ~ 300
高速工具钢	1 100 ~ 1 150	900	200 ~ 250
耐热钢	1 100 ~ 1 150	850	250 ~ 300
弹簧钢	1 100 ~ 1 150	800 ~ 850	300
轴承钢	1 080	800	280

实际生产中坯料的温度可通过仪表来测定，一般是由锻工用观察金属坯料火色的方法来确定，即火色鉴别法。表 4-11 为碳钢火色与加热温度的对应关系。

表 4-11 碳钢火色与加热温度的对应关系

火色	黄白色	淡黄	深黄	橘黄
温度/℃	1 300	1 200	1 100	1 000
火色	淡红	樱红	暗红	暗褐
温度/℃	900	800	700	600 以下

（2）确定加热规范及火次

加热规范是根据锻件的材质（化学成分）和坯料种类、规格、质量、状态以及火次和工艺要求等，再按工厂加热规范中的加热温度、始锻温度和加热规程或绘制的加热曲线进行确定的。

加热火次是根据锻造工序中锻造工作量的大小，坯料冷却的快慢，坯料出炉、运输和更换工具所需用的时间多少以及所用设备、工具和设备配合使用情况综合考虑的。实际生产中常用以下方法确定加热火次：

① 参照类似锻件的工艺记录卡片划分火次，此方法以实际生产为依据，较为可靠，生产中常

采用；

② 利用钢锭或钢坯冷却时间和锻造工时定额划分火次，此方法比较复杂和困难，影响因素较多，一般用在无类似工艺作参考的锻件上，可先试制锻件后再确定加热火次。

(3) 确定冷却方法、规范和热处理方法

① 确定冷却方法、规范

锻件或锻坯从终锻温度冷至室温的过程称为锻件的冷却。它是锻造生产中的重要环节之一，也是影响锻件质量的重要因素。正确地加热和合理地锻造可以获得高质量的锻件，但如果冷却不当，有可能使锻件发生变形、弯曲、表面硬度过高及无法切削加工等现象，严重时甚至使锻件产生裂纹、白点而使锻件报废，对于高合金钢和大型锻件的锻后冷却，正确加热和合理锻造更为重要。锻件冷却时，根据锻件的化学成分、截面尺寸大小以及原材料质量等可采用不同的冷却方法。

根据不同的冷却速度，目前常用的锻件冷却方法有空冷、坑冷、炉冷等。空冷是将锻件均匀地摆放在地面上，在静止空气中冷却。但不要放在潮湿的地面或金属板上，也不要放在有穿堂风的地方，以防锻件局部冷却太快引起变形、弯曲、裂纹等缺陷。空冷多用于含碳量≤0.50%的碳钢和含碳量≤0.30%的低合金钢的中小型锻件。

坑冷是将锻件放在干燥的地坑或特制的铁箱中加盖冷却。多用于中碳钢、碳素工具钢和大多数低合金钢的中小型锻件。

炉冷是将锻件放入炉温为500～700℃的炉中保温一定时间后，随炉缓慢冷却，冷却速度可以按规定速度调节。炉内要避免冷空气进入，一般出炉温度不应高于100～150℃。炉冷是速度最慢的冷却方法，但也是保证锻件冷却质量的最佳方法。炉冷一般多用于中碳钢和合金钢的大型锻件及高合金钢的重要锻件。

一般对于尺寸较小、形状简单的锻件，因表里温度差较小，冷却速度可以快些，而尺寸较大，形状复杂的锻件的冷却应该慢些。碳钢和低合金结构钢导热性较好，表里温度差较小，其冷却速度可以快些；而高合金结构钢的导热性差，冷却速度就应慢些。模具钢、高速钢及不锈钢等锻件也应采用缓冷。综上所述，为了保证锻件质量，锻件锻后必须按照正确的冷却规范进行冷却。

冷却规范是根据锻件的化学成分、锻造前钢锭或钢坯的原始质量、锻件的几何形状和截面尺寸等因素而确定的。由于目前各地区、各工厂的生产条件不尽相同，只能各自制订适合于本厂使用的冷却规范。

② 确定热处理方法

锻件的热处理是指锻件在切削加工之前的热处理，也叫预备热处理或第一热处理。而锻件在切削加工之后进行的热处理又称为最终热处理或第二热处理。在锻造过程中，锻件各部分的形状、尺寸、加热温度、变形程度、终锻温度以及冷却速度都是不相同的，因而导致锻件内部组织和性能的差异。由于锻件有较大的内应力和粗大晶粒，其力学性能较差，硬度也高，不利于切削加工，因而锻件必须进行热处理。

锻件热处理最常见的方法有退火（包括完全退火、球化退火、等温退火等）、正火（包括正火加高温回火）和调质（淬火加高温回火）等三种。

3. 填写工艺卡片

编制好的锻造工艺规程的卡片称为锻造工艺卡片。它是生产准备、锻造操作及锻件验收的依据，是保证锻件质量的基本文件。

工艺卡片尚无统一格式，各厂可按自己的生产性质、条件和习惯设计有关的工艺卡片，但其基本内容应包括：锻件名称、图号、材料牌号、锻件图、锻件质量、坯料质量和规格、锻造设备、变形过程（简图）、锻造温度范围、加热火次、锻后冷却方式和锻后热处理方法、主要技术条件和验收方法等。

五、自由锻造常见缺陷及消除方法

1. 常见缺陷及产生原因

1）表面横向裂纹 产生的原因有两种：一是表面横向裂纹较深，这主要是由原材料质量及钢锭冶金缺陷引起的。一旦发现，要及时清除，以免扩大。二是表面横向裂纹较浅，这可能是钢锭皮下气池暴露表面未锻合而形成的，也可能是拔长时送进量过大引起的。

2）内部横向裂纹 产生的原因可能是冷锭加热速度过快形成的加热裂纹，也可能是拔长低塑性材料时相对送进量过小。

3）表面纵向裂纹 常在镦粗或第一火拔长时出现。产生的原因是钢锭的冶金质量差或倒棱压下量过大，或者镦粗低塑性钢时相对压下量过大。

4）内部纵向裂纹 锻件内部纵向裂纹有三种情况：

（1）裂纹出现在冒口端 产生这种裂纹的原因是钢锭有缩孔或二次缩孔，在锻造时切头不足。

（2）裂纹在锻件中心 产生这种裂纹的原因是加热未烧透，中心温度过低，或用上、下平砧拔长圆形坯料变形量过大。

（3）十字裂纹 拔长低塑性高合金钢时，当送进量过大，或在同一部位反复翻转拔长，会引起十字裂纹。

5）表面龟裂 当钢中铜、锡、砷、硫的含量较多，或始锻温度过高，或开始锤击过重等，都会在锻件表面出现较浅的龟甲状裂纹。

6）内部微裂纹 是由中心疏松组织未锻合而引起的，常与非金属夹杂并存，也称为夹杂性裂纹。

7）局部粗晶 是指锻件表面或内部的局部区域晶粒粗大。产生的原因是加热温度偏高、变形不均匀、局部变形程度（锻比）太小。

8）表面折叠 是由拔长时砧子圆角过小或送进量小于压下量造成的。

9）中心偏移 是因加热温度不均或锻造时压下量不均导致钢锭中心与锻件中心不重合，从而影响锻件质量。

10）力学性能不能满足要求 一般来说，若强度和硬度指标达不到要求，通常是冶炼成分和热处理方式不当造成的。若是塑性指标达不到要求，则是冶炼杂质太多或锻造比小引起的。

另外，锻件缺陷还有过热、过烧、脱碳、白点等。

2. 缺陷的消除方法

消除缺陷的方法主要有：

（1）使用质量合格的原材料，并对其表面缺陷进行认真清除；

（2）制订合理的加热、锻造、锻后冷却和热处理工艺，选用合适的工具；

（3）生产过程的每个工序都必须严格地执行工艺及操作规程；

(4) 有内部裂纹和白点的锻件只能报废,对虽有表面缺陷但能满足加工条件的锻件,可以进行缺陷清除和返修。

4.4 任务实施

一、车轮轴的锻造工艺分析

首先,车轮轴受力较为复杂,它在转动过程中所承受的载荷以及由此产生的内应力都是交变的,所以车轮轴的裂损都是疲劳引起的,因此为提高其力学性能,须采用锻造方法制作毛坯。其次,车轮轴外形简单,尺寸公差及表面粗糙度要求可通过机加工来达到。再次,车轮轴材料45钢适于采用锻造加工成型方法,生产数量为2件,属于单件生产,故采用自由锻造方法。根据零件的最大直径和长度尺寸判断,属于锤上锻造范围。按照锻件材质与技术条件要求的力学性能,锻件需经热处理,锻件上还需留出机械加工余量及试验用试样。

二、工艺设计

1. 绘制锻件图

1) 确定锻件形状

按GB/T 15826.7—1995《锤上钢质自由锻造件机械加工余量与公差　台阶轴类》标准确定余块和简化锻件形状。

零件图上 $\phi190$ 处不锻出,应加余块。车轮轴零件为中心对称,分成如图4-17所示几段,两端为轴颈,用来安装轴承,安装车轮处为轮座,中间为轴身。

轴颈与轮座处台阶高度为(235-160)/2 mm=37.5 mm,轴颈长度为270 mm,轮座与轴身处台阶高度为(235-200)/2 mm=17.5 mm,轴身长度为1 335 mm。根据标准并按有关锻件台阶和凹档的锻出条件,对于总长为2 311 mm、台阶高度为37.5 mm、相邻台阶直径为235 mm的锻件,可查得锻出最小长度为210 mm;对于总长为2 311 mm、台阶高度为17.5 mm、相邻台阶直径为235 mm的锻件,可查得锻出最小长度为270 mm。因而零件的各个台阶和凹档均可以锻出。

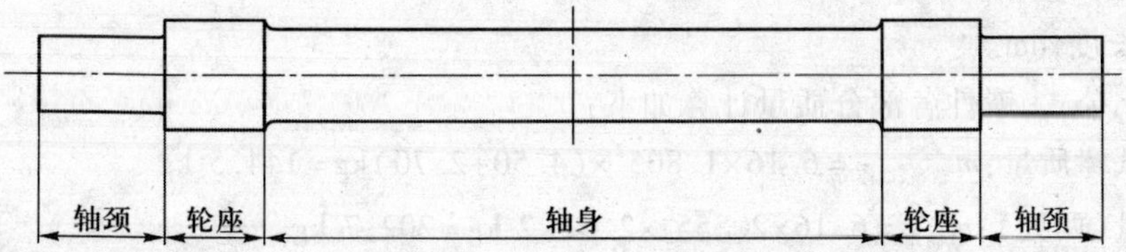

图4-17　车轮轴零件分解图

2) 确定机械加工余量与公差

根据零件的总长度和最大直径查标准,精度取F级得到轴颈、轮座、轴身的余量和公差均为 $a=(17\pm7)$ mm。

根据各部分直径的余量和公差,按照图4-18给出的示意图,计算出各部分长度:轴颈长度为270 mm,轮座长度为252 mm,两轮座之间长度为1 805 mm,试棒长度取为180 mm。

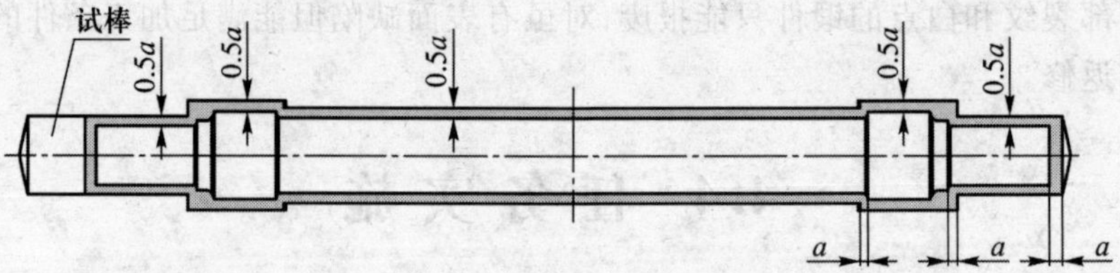

图 4-18 锻件加工余量示意图

根据所查标准和计算得出的余量和公差绘制锻件图（各段间取 R50 圆角），括号中尺寸为零件尺寸，如图 4-19 所示。

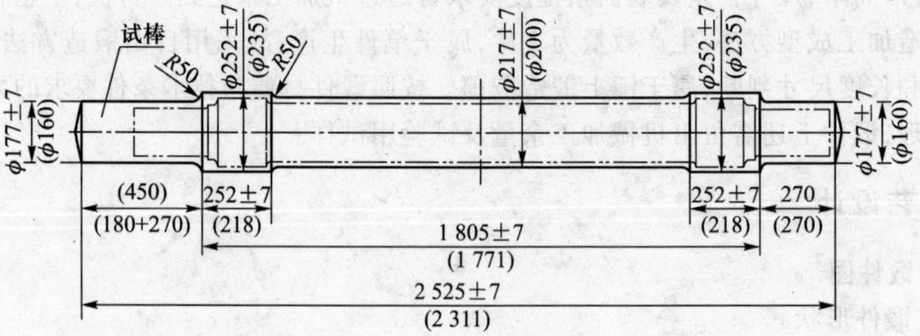

图 4-19 车轮轴锻件图

2. 计算坯料质量与规格

1）计算锻件质量

按规定锻件的质量 $m_{锻}$ 应由基本尺寸加 1/2 上偏差来计算。

(1) 锻件各部分质量计算

对于截面为圆的等直径形体，其计算公式可简化为

$$m_{锻}=6.16\times D\times L$$

式中，D——截面直径，dm；

L——长度，dm。

根据简化公式，锻件各部分质量计算如下：

轴颈及试棒质量：$m_{轴颈、试棒}=6.16\times1.805^2\times(4.50+2.70)\ \text{kg}=144.5\ \text{kg}$

轮座质量（两处）：$m_{轮座}=6.16\times2.555^2\times2.52\times2\ \text{kg}=202.7\ \text{kg}$

轴身质量：$m_{轴身}=6.16\times2.205^2\times13.01\ \text{kg}=389.7\ \text{kg}$

(2) 台阶余面质量计算

一般情况下，若台阶很小可不计算余面质量，例如轮座与轴身的余面。这里只计算轴颈与轮座的台阶余面质量，计算公式如下：

$$m_{余}=0.18\times(D-d)^2\times(D+2d)$$

式中，$m_{余}$——质量，kg；

D——相邻的大直径，dm；

d——相邻的小直径,dm。

将轮座直径和轴身直径代入公式得

$$m_{余面}=0.18\times(2.52-1.77)^2\times(2.52+2\times1.77)\ \text{kg}=0.6\ \text{kg}$$

(3) 锻件总质量的计算

$$m_{锻}=m_{轴颈、试棒}+m_{轮座}+m_{轴身}+2m_{余面}=738\ \text{kg}$$

2) 计算坯料质量

坯料质量 $m_{坯}$ 由下式计算:

$$m_{坯}=m_{锻}+m_{烧}+m_{切}$$

式中,$m_{坯}$——质量,kg;

$m_{烧}$——质量,kg;

$m_{切}$——质量,kg,采用锤锻设备,圆形截面锻件的切头质量 $m_{切}=1.8D^3$,其中 D 为截面直径,dm。

令车轮轴锻造为一火完成,火耗取 3%,则两端切头质量为

$$m_{切}=2\times1.8\times1.77^3\ \text{kg}=19.96\ \text{kg}$$

所以得到

$$m_{坯}=(m_{锻}+m_{切})/(1-3\%)=(738+19.96)/0.97\ \text{kg}=781.4\ \text{kg}$$

最终取 $m_{坯}=781$ kg

锻造车轮轴全部采用拔长工序来完成,因此,坯料截面积 $A_{坯}$ 应保证锻造比在 1.6 以上。由于

$$A_{坯}=1.6A_{锻}$$

则采用方形坯料规格为

$$L=\sqrt{1.6\times d^2\times\pi/4}$$

式中,L——方形边长,mm;

d——锻件最大直径,mm。

将锻件最大直径 252 mm 代入式中,则有

$$L=\sqrt{1.6\times252^2\times\pi/4}\ \text{mm}=282.42\ \text{mm}$$

按坯料规格情况选用 300 mm 的方坯,然后按体积不变定律,计算坯料长度 $L_{坯}$,得

$$L_{坯}=\frac{m_{坯}}{7.85\times3.00^2}=\frac{781}{70.65}\ \text{dm}=11.06\ \text{dm}=1\ 106\ \text{dm}$$

3. 拟定锻造工序

车轮轴的锻造方案有下列几种:

1) 一火完成

工序为:下料—锻方—倒棱—锻轮座—锻轴身—锻轴颈—调头锻轮座—锻轴身—锻轴颈—修光—校直—打钢印。

2) 一火完成

工序为:下料—一端拔成 300 mm 八方坯—压肩—拔出本端轮座、轴身、轴颈—调头另一端拔成 300 mm 八方坯—压肩—拔出本端轮座、轴身、轴颈—修光—校直—打钢印。

3）二火完成

工序为：第一火下料—拔成圆棒—压肩—拔出一端轮座、轴身、轴颈—第二火加热后拔出另一端轮座、轴身、轴颈—修光—校直—打钢印。

工序选择必须根据实际生产情况和工人操作水平确定，产品必须按各厂的生产情况在规定的部位刻打轴的生产顺序，并保证轴号不重复。

4. 确定设备与工具

按照坯料及锻件的尺寸、形状并参考锻造能力，查表选用 3 t 的锻锤，也可由经验类比法确定，但优先选用查表法。因锻件数量少，材质选用塑性较好的 45 钢，工具选用上下平砧及普通的剁刀、圆钢压铁等。

5. 工序尺寸的计算

按第一种锻造方案来计算工序尺寸。

（1）加热后，坯料应减去 3% 的火耗量，这时其质量为 781×(1−3%) kg = 757.6 kg。

（2）压肩。根据自由锻造拔长工序规定，一般锤上锻造时，若台阶 $H<20$ mm，只压痕；若 $H>20$mm，先压痕后压肩，压肩深度一般取台阶高度的 1/2 ~ 1/3。

轴颈与轮座的台阶为 37.5 mm，大于规定值(20 mm)，应采用先压痕后压肩的工艺，压肩深度为 0.5×37.5 mm = 18.8 mm 左右，取为 20 mm；轮座与轴身的台阶为 17.5 mm，小于规定值(20 mm)，因而只压痕，压痕可用直径不小于 40 mm 的圆钢。

（3）长度计算。坯料倒棱后拔长到轮座直径 252 mm，按体积不变定律得到其长度

$$L=\frac{757.6}{6.16\times2.52^2}\ \text{dm}=19.37\ \text{dm}=1\ 937\ \text{mm}$$

带试棒端的轴颈质量为

$$\left(144.5\times\frac{4.5}{4.5+2.7}+\frac{19.96}{2}+0.6\right)\text{kg}=100.9\ \text{kg}$$

按体积不变定律得到其长度为

$$L_{\text{轴颈、试棒}}=\frac{100.9}{6.16\times2.52^2}\ \text{dm}=2.58\ \text{dm}=258\ \text{mm}$$

另一端轴颈质量为

$$\left(144.5\times\frac{2.7}{4.5+2.7}+\frac{19.96}{2}+0.6\right)\text{kg}=64.8\ \text{kg}$$

按体积不变定律得到其长度为

$$L_{\text{轴颈}}=\frac{64.8}{6.16\times2.52^2}\ \text{dm}=1.66\ \text{dm}=166\ \text{mm}$$

轴身质量为 389.7 kg，按体积不变定律得到其长度为

$$L_{\text{轴身}}=\frac{389.7}{6.16\times2.52^2}\ \text{dm}=9.96\ \text{dm}=996\ \text{mm}$$

两处轮座长度都是 252 mm，共 504 mm，拔长到轮座直径的总长度减去轴身、轴颈及试棒所需的长度，即(1 937−996−258−166) mm = 517 mm>504 mm。上述计算与分析符合工艺要求。

6. 制定加热、冷却和热处理规范

1）加热

采用一火锻造方法的 45 钢 300 mm 的方坯,查表得 45 钢始锻温度为 1 200 ℃,终锻温度为 800 ℃,使用加热设备为连续式加热炉,当热电偶显示炉温升至 1 400 ~1 450 ℃时进入保温阶段,保温时间不得低于 1.5 h,保温时间到达后(此时根据锻件加热火色、温度对照关系轴坯应为淡黄色),开启炉门,将第一根轴坯翻转 180°,继续保温 10 min 后取料进行锻造,以后每取一根,都应将后一根轴坯翻转 180°并关闭炉门保温。

2) 锻后冷却

根据锻件材质、最大截面直径以及坯料质量,采用空冷方法冷却。

3) 热处理工艺

依照锻件力学性能要求、材质及锻造情况,采用正火热处理工艺。

三、填写工艺卡片

车轮轴的自由锻造工艺卡片如表 4-12 所示。

表 4-12 车轮轴自由锻造工艺卡片

零件名称	车轮轴	材料		45			每锻坯可制数量	1
零件质量/kg	553	工艺要求	始锻温度/℃	1200	火次	1	选用设备/t	3
坯料质量/kg	781		终锻温度/℃	800				
下料规格/mm	□300×1 106		冷却方式	空冷			热处理方法	正火

锻件图

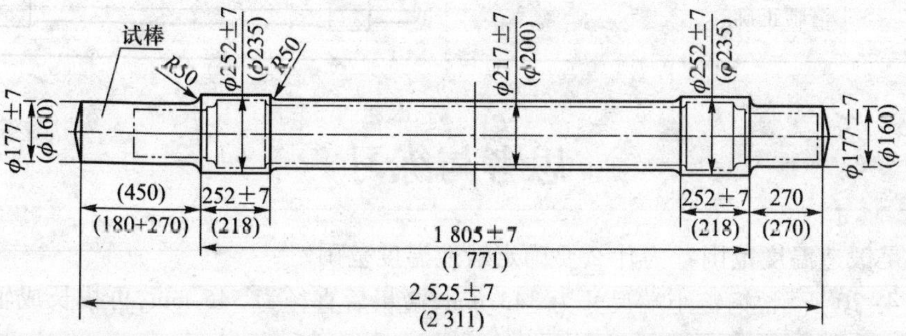

序号	工序名称	操作说明	变形过程简图(省略两端切头)
1	下料	始锻温度为(1 200±30)℃	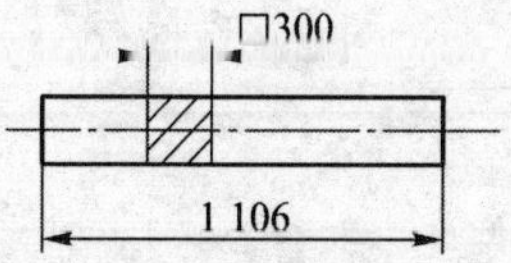
2	锻方	轻击,每次进给量为 120 ~ 150 mm	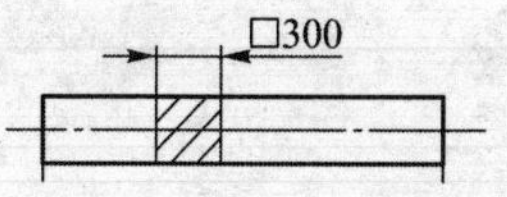
3	倒棱	轻击,每次进给量为 120 ~ 150 mm	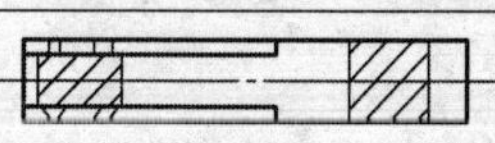

续表

序号	工序名称	操作说明	变形过程简图(省略两端切头)
4	锻轮座	锻出轮座尺寸	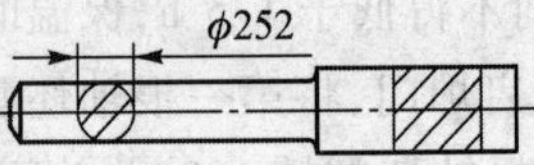
5	锻轴身	压痕后拔长到尺寸	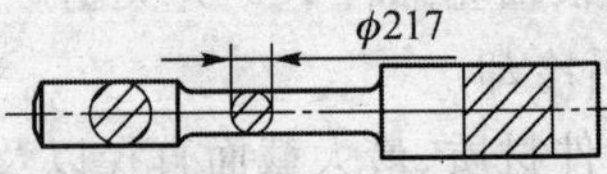
6	锻轴颈	压肩后拔长到尺寸	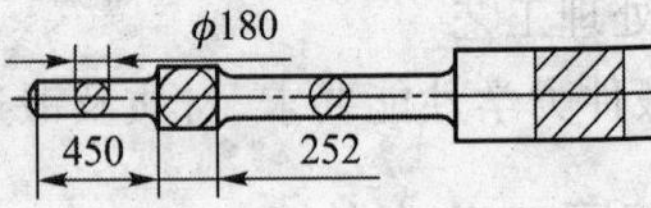
7	调头锻造	重复工序 3～6	
8	修光	修光轴身及轮座,终锻温度不低于 800 ℃。	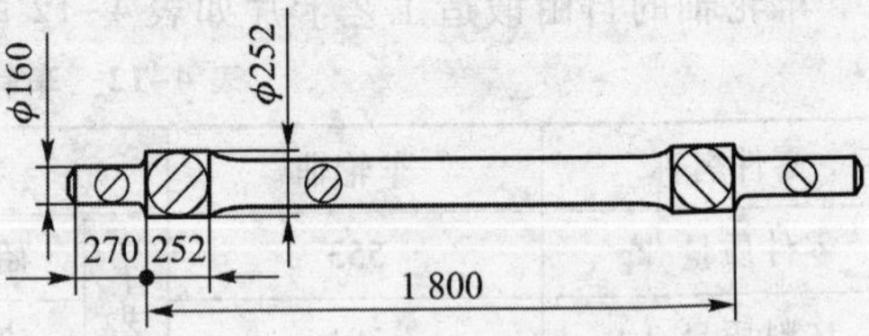
9	校直	校直最终温度不小于 510 ℃	
10	打钢印	轴生产顺序号打在规定位置,应清晰正确	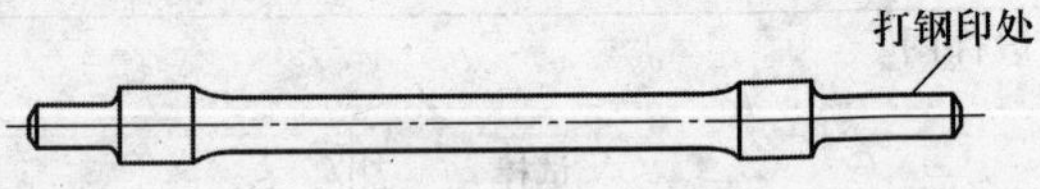

思考与练习

1．什么是锻造温度范围？为什么要确定锻造温度范围？

2．如图 4-20 所示,钢锭小端尺寸为 343 mm,镦粗后直径为 545 mm,再拔长成轴类锻件,问该锻件的镦粗锻造比是多少？

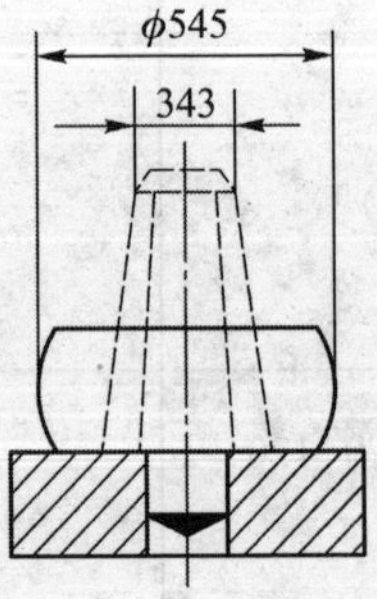

图 4-20　钢锭镦粗示意图

3．何谓自由锻造？自由锻造的基本工序有哪些？

4．锻件常用的冷却方法有哪几种？各适用于何种情况？

5．简述一般零件自由锻造的工艺过程。

6．自由锻造常见的锻件缺陷有哪些？产生的原因是什么？

7．简述自由锻件产生表面横向裂纹的原因。

8．法兰圈锻件质量为 491.6 kg，若截料和烧损的总耗量为锻件质量的 10%，试计算：

(1) 法兰圈锻件的坯料总质量是多少？

(2) 若坯料直径取 340 mm，坯料的下料尺寸是多少？

9．图 4-21 所示为台阶轴结构图，单件生产，材料为 45 钢，请确定自由锻造工艺规程。

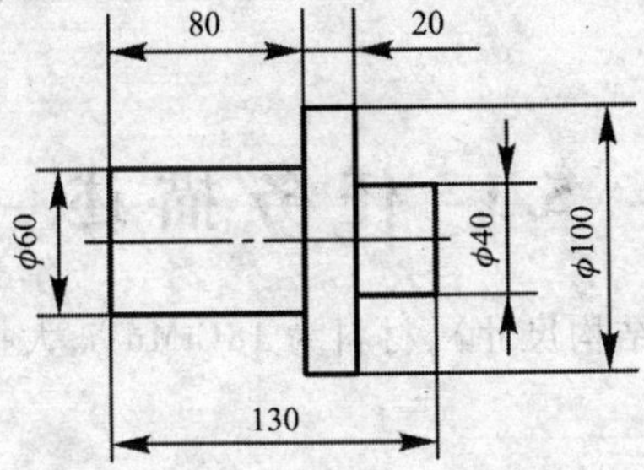

图 4-21　台阶轴

学习情境五

齿轮毛坯的模锻生产

5.1 任务描述

齿轮零件如图 5-1 所示(结构尺寸),材料为 18CrMnTi,大批量生产,制定齿轮毛坯锻造工艺。

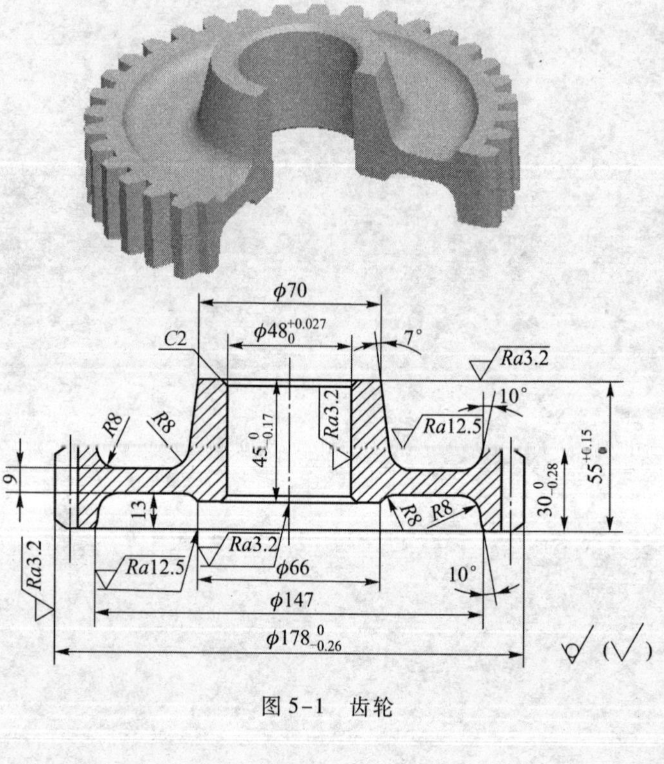

图 5-1 齿轮

【知识点】

◎ 锤上模锻工步、各工步的变形及设计要点。

◎ 锤上模锻工艺设计的内容和编制步骤。

【技能点】

◎ 了解模锻中各类工步的变形特点及作用，能正确分析模锻工艺。

◎ 了解模锻工艺设计的内容和编制步骤，能制定简单锻件的模锻工序。

5.2 任务分析

本情境中，通过对齿轮毛坯模锻工艺的编制，了解模锻分类及特点，掌握锤上模锻各类工步的变形特点、作用，了解工艺设计的内容和编制步骤，能根据零件的结构、材质、尺寸、技术条件要求等，确定锻造方法，编制相关工艺规程，以熟悉模锻工艺流程。

模锻成形工艺不仅要考虑坯料变形过程，还要考虑约束坯料变形的锻模和模膛的设计等，其工艺规程制订的内容比自由锻造复杂，详细设计可参见相关书籍。

5.3 相关知识

模锻是利用模具使坯料变形获得锻件的锻造方法。按使用设备类型，模锻可分为锤上模锻、摩擦压力机上模锻、热模锻压力机上模锻、平锻机上模锻、液压机上模锻、其他特殊设备上模锻等，其中锤上模锻是目前我国锻造生产中使用最为广泛的一种模锻方法，本情境只介绍锤上模锻。

锤上模锻有多种类型，如图 5-2 所示。锤上模锻是将上模固定在锤头上，下模紧固在模垫上，通过随锤头做上下往复运动的上模，对置于下模中的金属坯料施以直接锻击来获取锻件的锻造方法，如图 5-3 所示。

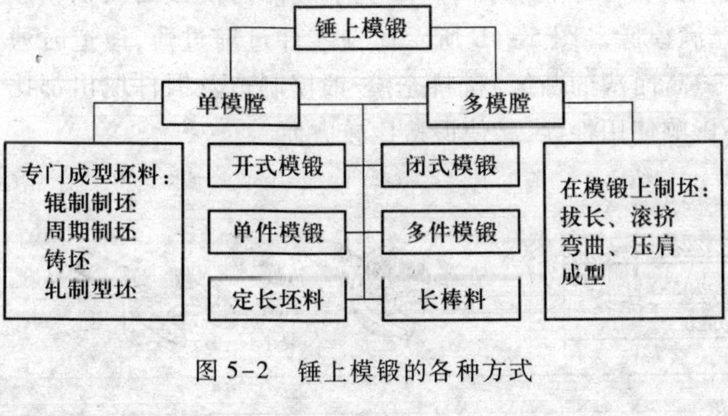

图 5-2 锤上模锻的各种方式

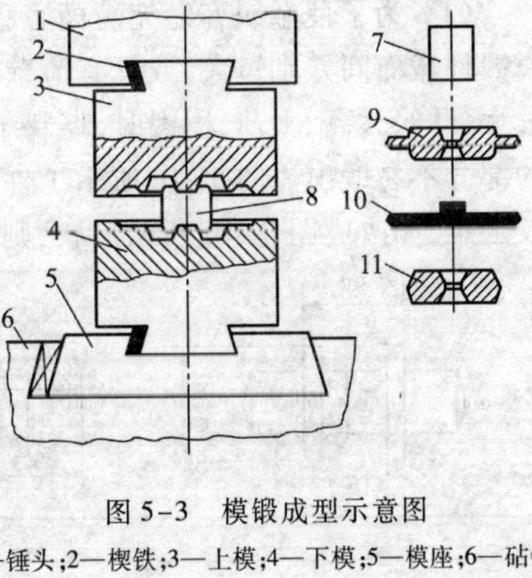

图 5-3 模锻成型示意图

1—锤头；2—楔铁；3—上模；4—下模；5—模座；6—砧铁；7—坯料；8—锻造中的坯料；9—带毛边和连皮的锻件；10—毛边和连皮；11—锻件

一、锤上模锻的工艺特点

1. 优点

(1) 在模膛中金属是在一定速度下经过多次连续锤击而逐步成形的，生产效率高。

（2）锤头的行程、打击速度均可调节，能实现轻、重、缓、急不同的打击，因而可进行制坯工作。

（3）由于惯性作用，金属在上模模膛中具有更好的充填效果。

（4）锤上模锻的适应性广，可生产多种类型的锻件，可以单膛模锻，也可以多膛模锻。

（5）锻件的纤维组织是按锻件轮廓分布的，机械加工后仍基本保持完整，因此可以提高锻制零件的使用寿命。

（6）锻件机械加工余量小，材料利用率高，降低生产成本。

2. 缺点

（1）设备投资大，模具成本高。

（2）锤上模锻振动大，对厂房、设备及工人等都有不利的影响，锻锤底座质量大，搬运安装不方便。

（3）生产准备周期较长，受模锻设备吨位限制，只适合小型锻件的大批量生产。

（4）模锻锤的导向较差，工作时的冲击和行程不固定，无顶出装置等因素使锻件精度不高。

（5）打击速度快，变形速率敏感的低塑性材料不宜在锤上模锻。

二、锤上模锻工艺设计

锤上模锻工艺设计主要包括绘制锻件图（冷、热锻件图）、确定模锻工序和模膛设计、计算毛坯尺寸、确定锻锤吨位、设计锻模结构、确定锻造温度范围以及制订加热、冷却、热处理规范等。

1. 模锻件结构分析

设计模锻件结构时，应充分考虑模锻的工艺特点和要求，尽量使锻模结构简单、模膛易于加工、模锻件易于成形、生产率高、生产成本低。因此，模锻的结构设计应考虑以下原则：

（1）为了使金属容易充满模膛和减少工序，模锻件外形应力求简单、平直和对称。尽量避免模锻件截面间差别过大，或具有薄壁、高筋、高台等结构。图 5-4a 所示锻件的横截面面积相差过大，凸缘太高、太薄，模锻时，坯料难以充满模膛。图 5-4b 所示薄壁零件过扁过薄，锻造时薄的部分不易锻出。图 5-4c 所示工件上有一高而薄的凸缘，材料充模、锻模制造及锻件取出都比较困难，如改成图 5-4d 所示形状，则既不影响使用性能，又使锻造比较方便。

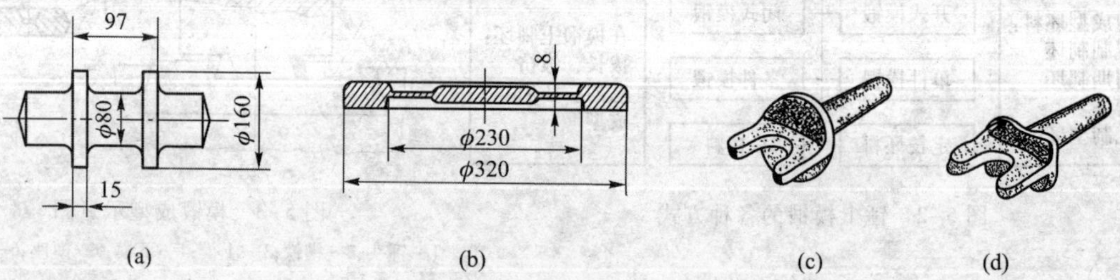

图 5-4 模锻件结构工艺性示例一

（2）模锻件应尽量避免深沟、深槽、深孔以及多孔结构，必要时可将这些部位设计成余块，以便模具制造及延长模具使用寿命。图 5-5 所示零件的轴孔（$\phi60$ mm）属深孔结构，其上又有四个非加工孔，不能锻出。故应将轮毂高度减小，$\phi40$ mm 的四个孔改用机械加工方法制出。

（3）模锻件上必须具有一个合理的分模面，以保证模锻成形后锻件容易从锻模中取出。模锻件上与分模面垂直的非加工表面应设计出模锻斜度。两个非加工表面形成的角(包括外角和内角)都应按模锻圆角设计。

(4) 当整体结构在成形中需增加较多余块时,可采用组合工艺制作。图 5-6 所示零件先采用模锻方法单个成形,然后采用焊接工艺组合成一个整体零件。

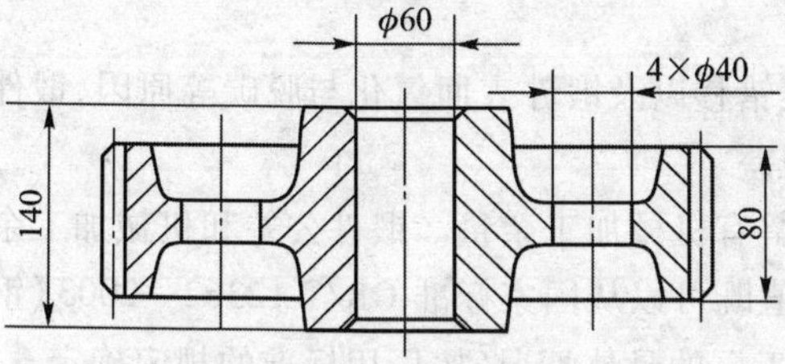

图 5-5 模锻件结构工艺性示例二

图 5-6 模锻件结构工艺性示例三

2. 模锻工艺设计

1) 模锻图的绘制

(1) 确定分模位置

分模面是指上下锻模在模锻件上的分界面。它在锻件上的位置是否合适,关系到锻件成形、锻件出模、材料利用率及锻模加工等一系列问题。选定分模面的原则如下:

① 应保证模锻件能从模膛中取出来。如图 5-7 所示的模锻件,把分模面选定在 a-a 面时,已成形的模锻件就无法取出。一般情况,分模面应选在模锻件的最大截面处。

② 按选定的分模面制成锻模后,应使上下两模沿分模面的模膛轮廓一致,以便在安装锻模和生产中容易发现错模现象,及时而方便地调整锻模位置。图 5-7 中的 c-c 面被选定为分模面就不符合此原则。

③ 分模面应选在能使模膛深度最浅的位置上。这样有利于金属充满模膛,便于取件,并有利于锻模的制造。图 5-7 中的 b-b 面就不适合作分模面。

④ 选定的分模面应使零件上所加的余块最少。图 5-7 中的 b-b 面被选作分模面时,零件中间的孔不能锻出来,孔部金属都是余块,既浪费金属,又增加了切削加工的工作量,所以该面不宜作分模面。

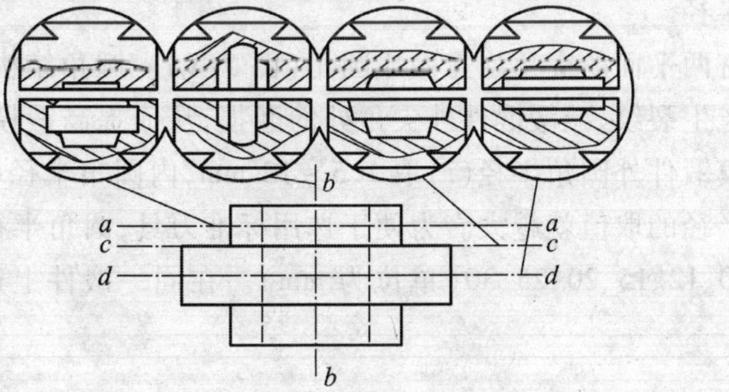

图 5-7 分模面的选择比较

⑤ 分模面最好是一个平面,以便于锻模的制造,并防止锻造过程中上下锻模错动。

根据上述原则综合分析,图 5-7 中的 d-d 面是最合理的分模面。

(2) 确定余块、锻件公差和机械加工余量

为了消除零件上的键槽、窄环形沟槽、齿谷或尺寸相差不大的台阶结构而增加的金属均属余块。

由于型槽磨损变形、冷缩不均、锻不足、上下模错移以及锻件表面氧化与脱碳等原因,锻件的尺寸与公称尺寸有一定的偏差,形成了锻件尺寸公差。

在锻件上,凡是要进行机械加工的部位,都应留有机械加工余量。锻件公差和机械加工余量是根据模锻类型和锻件形状尺寸来定的。具体数值既可以从国家标准 GB/T 12362—2003《钢质模锻件公差及机械加工余量》中查取,也可根据各工厂的具体情况,按厂用标准的规定确定。

(3) 模锻斜度

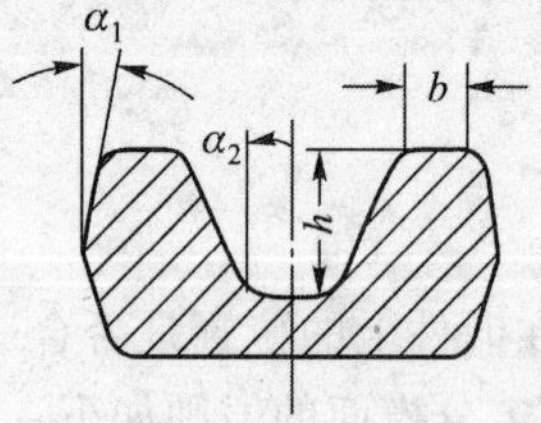

图 5-8　模锻斜度

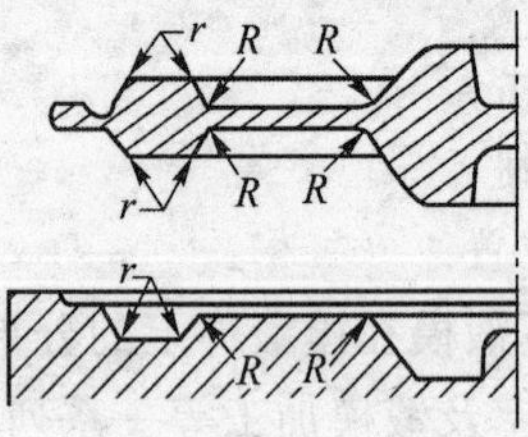

图 5-9　圆角半径

模锻件上平行于锤击方向(垂直于分模面)的表面必须具有斜度,以便于从模膛中取出锻件。对于锤上模锻,模锻斜度一般为 5°~15°。模锻斜度与模膛深度和宽度有关。模膛深度(h)与宽度(b)的比值(h/b)越大,所取的斜度值越大。图 5-8 中的 α_2 为内壁(即当锻件冷却时,锻件与模壁夹紧的表面)斜度,其值比外壁(即当锻件冷却时,锻件与模壁离开的表面)斜度 α_1 大 2°~3°。

为便于机械加工,模锻斜度应按标准系列选取,即 30′、1°、1°30′、2°、3°、5°、7°、10°、12°、15°。生产中,模锻锤的 α(外斜度)一般为 5°~7°,最大为 10°,β(内斜度)一般为 7°~10°,最大为 12°~15°。

(4) 模锻圆角半径

在模锻件上所有两平面的交角均需做成圆角(图 5-9)。圆角结构可使金属易于充满模膛,避免锻模的尖角处产生裂纹,减缓锻件外尖角处的磨损,从而提高锻模的使用寿命,同时可增大锻件的强度。钢质模锻件外圆角半径(r)取 1.5~12 mm,内圆角半径(R)比外圆角半径大 2~3 倍。模膛越深圆角半径的取值就越大。为便于选用标准刀具,圆角半径应按标准系列选取即 1、1.5、2、3、4、5、6、8、10、12、15、20、25、30(单位为 mm)。在同一锻件上选定的圆角半径种类不宜过多。

(5) 冲孔连皮

许多模锻件都具有孔形,当模锻件的孔径大于 25 mm 时,应将该孔形锻出。但模锻无法锻出通孔,需在孔中留出冲孔连皮;当锻件内孔直径小于 25 mm 时,不宜锻出连皮,应改用压凹形式。其目的不在于节省金属,而是通过压凹变形使金属充满成形。

冲孔连皮形式有平底连皮、斜底连皮、带仓连皮、拱底连皮、压凹等。设计时应根据零件结构按相关规定正确选定连皮形状及其尺寸。

(6) 肋和腹板

对于带肋和腹板的锻件,在保证锻件强度、刚度要求和满足模锻工艺的条件下,要减少肋和腹板的尺寸。

(7) 技术条件和锻件图的绘制

凡是对锻件有质量要求而又不能在锻件图上表示的,都应写入锻件图的技术条件中。包括:

① 锻件热处理及硬度要求、测试硬度的位置;

② 未注明的模锻斜度和圆角半径;

③ 允许的表面缺陷深度(包括加工表面和非加工表面);

④ 允许的错移量和残余毛边的宽度;

⑤ 需要取样进行金相组织和机械性能实验时,应注明锻件上的取样位置;

⑥ 表面清理方法;

⑦ 其他特殊要求,例如同心度、弯曲度等。

上述各参数确定后,便可绘制锻件图。图 5-10 所示为齿轮坯的模锻锻件图,该图中双点画线为零件轮廓外形,分模面选在锻件高度方向的中部。零件的轮辐部分不加工,故不留加工余量。图中内孔中部的两条水平直线为冲孔连皮切除后的痕迹线。

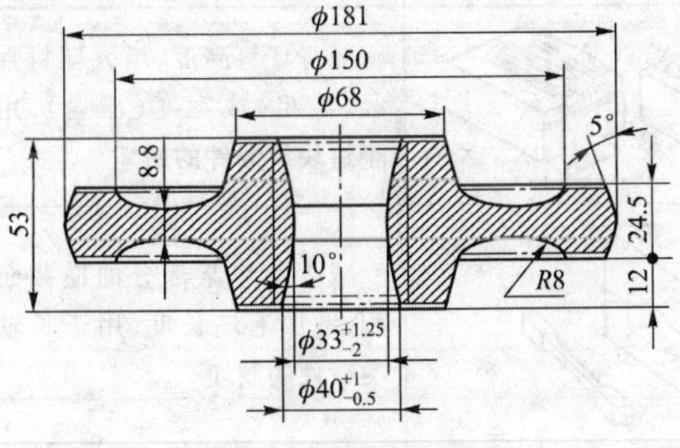

图 5-10 齿轮模锻图

2) 确定模锻工序

模锻工艺过程由下述四种基本工序组成:

(1) 下料工序。按需要的长度切断坯料。可采用锯、剁、剪、火焰切割、电火花切割等下料方法。

(2) 模锻工序。从坯料加热开始一直到热校正为止。包括加热、制坯、模锻、切边、冲孔、热校正等。模锻工步中,终锻并不是最后一步,只是完成了锻件最主要的成形过程,终锻后还需要经过切边、冲孔、校正、清理等一系列精整工序才能获得合格的锻造毛坯。

(3) 完成包括锻件热处理及锻后冷却、清理、打磨、冷校正、精压、防腐等工艺。

(4) 按锻件毛坯图和技术要求进行检验,区分出合格品、不良品和废品。

锤上模锻时,从坯料加热后到在锻模模膛中变形成为带飞边的锻件的过程即为模锻工序。模锻工序根据锻件的形状与尺寸来确定。

锤上模锻工序一般分成若干变形工步逐步进行，每个工步有相应的模膛，工步名称与所用模膛名称一致。根据模膛功用的不同，锻模模膛可分为模锻模膛、制坯模膛和切断模膛三大类。锻模模膛的种类及作用见表5-1。

表5-1 锻模模膛的种类及其作用

模膛名称		图例	作用及用途	特点
模锻模膛	预锻	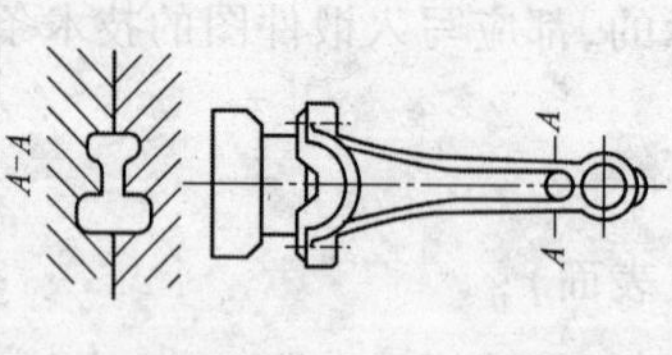	将坯料变形到接近锻件的形状和尺寸，便于终锻时金属充满终锻模膛，减少终锻模膛的磨损，延长锻模的寿命，主要用于形状较为复杂的锻件	预锻模膛的形状与终锻模膛相近，其模膛高度、模锻斜度和圆角比终锻模膛大，宽度略小，且没有飞边槽
	终锻	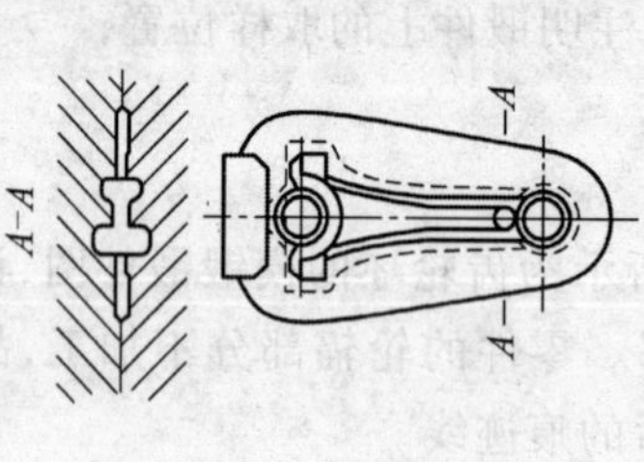	将坯料最终变形到锻件所需要的形状和尺寸	模膛的形状与锻件的形状一致，但尺寸比锻件大一个收缩量。模膛四周设置飞边槽，用以增加金属从模膛中流出的阻力，促使金属充满模膛，同时容纳多余的金属
制坯模膛	镦粗及压扁	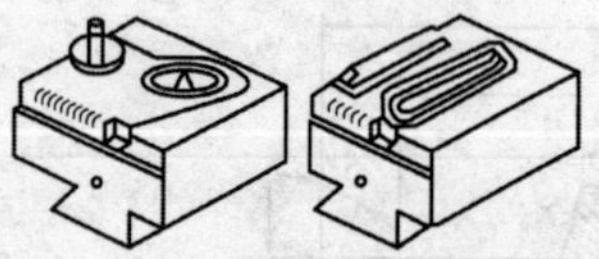	减少坯料高度，增大坯料直径（镦粗）或宽度（压扁），用于饼块类锻件的制坯	是制坯的第一步，通常模膛安放在模具的边角处
	拔长	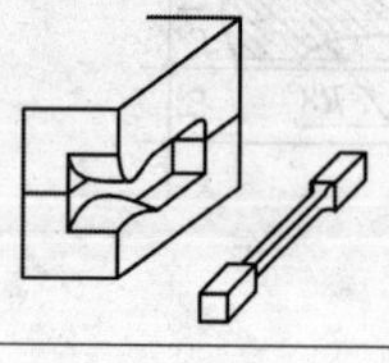	减少毛坯某部分的横截面积，增加毛坯长度，用于长轴类锻件的制坯	是制坯的第一步，需锤击多次，边送进边翻转，并可清除氧化皮
	滚压	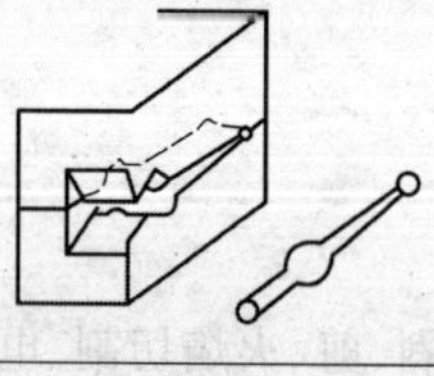	减少毛坯某部分的横截面积，以增加另一部分的横截面积，从而使金属按锻件形状分布，适用于横截面积相差较大的锻件的制坯	坯料不是轴向送进，仅反复绕轴线翻转
	弯曲	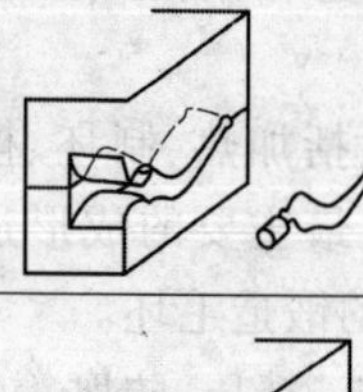	弯曲坯料，使之获得近似于模锻模膛在分模面上的轮廓形状	结构特点与成型模膛相似，但无聚料作用，且变形量比成型模膛大
切断模膛		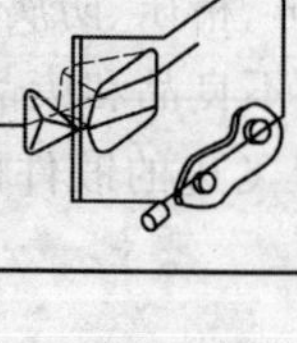	切断已锻好的锻件	多工位锻模的最后一个工步，常置于锻模的前角或后角上

模锻件按形状可分为两类：长轴类零件与短轴类零件。长轴类零件的长度与宽度之比较大，例如台阶轴、曲轴、连杆、弯曲摇臂等；短轴类零件在分模面上的投影多为圆形或近于矩形，例如齿轮、法兰盘等。模锻件分类及主要工步如表 5-2 所列。

表 5-2 模锻件分类及主要工步

类别	形状组别	锻件图例	锻造主要工步	类别	形状组别	锻件图例	锻造主要工步
短轴类	一般	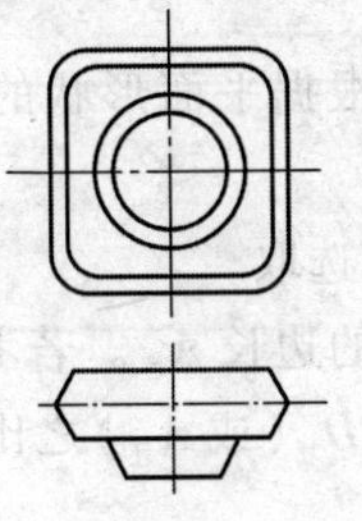	镦粗、终锻	长轴类	直长轴	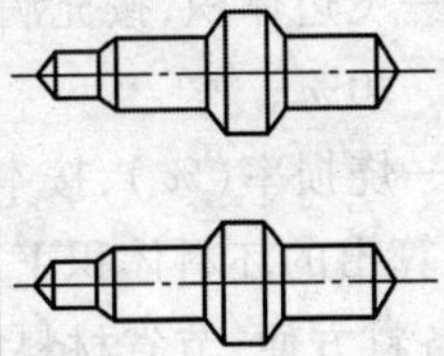	滚压（或预锻）、终锻
	高毂深孔	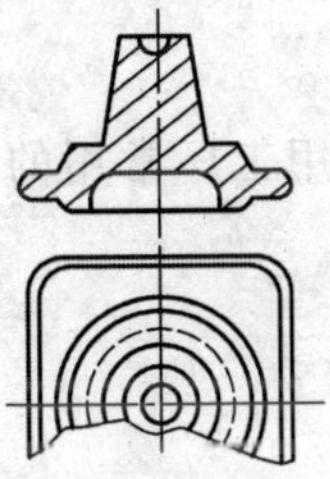	镦粗、成型、镦粗、终锻		弯曲轴	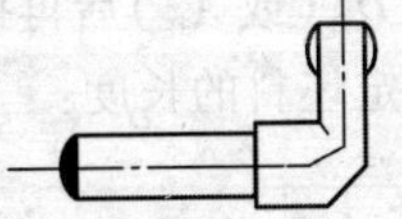	拔长、弯曲、终锻
	复杂	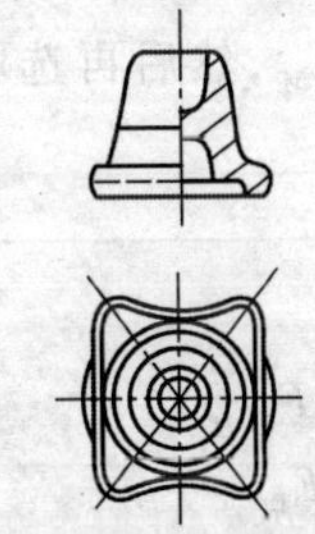	镦粗、预锻、终锻		枝芽类	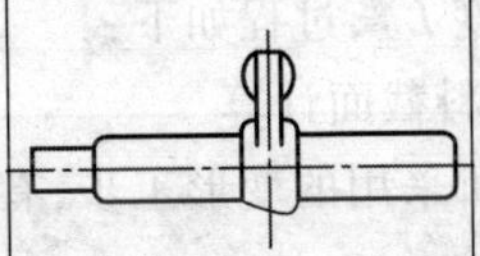	拔长、滚压、成型、预锻、终锻
	十字头	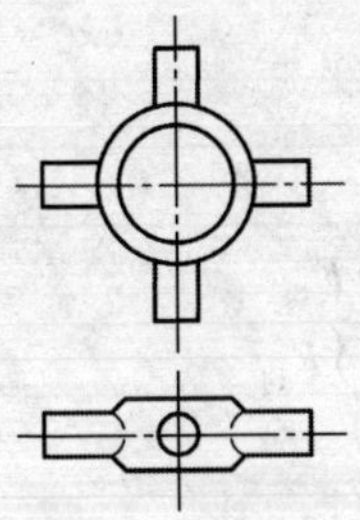	镦粗、成型、终锻		叉形类	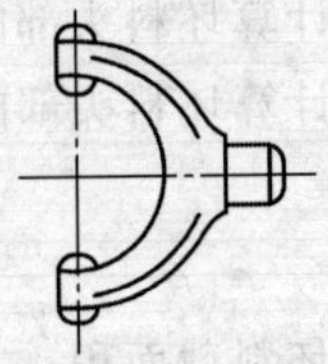	拔长、弯曲、预锻、终锻

3）计算毛坯尺寸

模锻所用毛坯通常为圆钢或方钢，确定模锻时所需原坯料的尺寸应根据锻件的形状和尺寸以及所采用的模锻方法先计算出所需的金属体积，然后再算出坯料的截面尺寸和下料尺寸。

对于不同类别的锻件，由于其变形特点不同，所需坯料的计算也不同。

（1）短轴类锻件

短轴类锻件在终锻模膛的变形是属于体积变形，所以通常按下式计算坯料的体积：

$$V_{坯}=(V_{锻}+V_{飞})(1+\delta)$$

式中，$V_{锻}$——锻件（包括冲孔连皮）的体积；

$V_{飞}$——飞边体积，按充满飞边槽仓部百分比计算，并根据平面形状的复杂程度取60%～70%；

δ——烧损率（%），按本书表4-2所列的锻件烧损率选取。

根据计算出的坯料体积$V_{坯}$确定坯料直径$D_{坯}$或方坯料的边长$A_{坯}$。若考虑坯料在镦粗时不产生弯曲、备料方便、节省材料等，应使坯料长度$L_{坯}$与直径$D_{坯}$（或$A_{坯}$）之比为1.5～2.2。由此坯料直径$D_{坯}$或边长$A_{坯}$可在下列范围内选择：

$$D_{坯}=(0.83\sim0.95)\sqrt[3]{V_{坯}}$$

$$A_{坯}=(0.87\sim0.77)\sqrt[3]{V_{坯}}$$

计算出$D_{坯}$（或$A_{坯}$）后再按国家标准规格选取，并尽量选用工厂常用的材料规格$D'_{坯}$或$A'_{坯}$，并按下式确定坯料的长度：

$$L_{坯}=\frac{V_{坯}}{A'^{2}_{坯}}=1.27\frac{V_{坯}}{D'_{坯}}$$

（2）长轴类锻件

长轴类锻件在模锻型腔的变形是近似平面变形，所以在确定原坯料尺寸时，应以计算毛坯图为依据，并考虑用不同的制坯工步计算出所需坯料的截面积$F_{坯}$，然后再选取标准直径$D_{坯}$并确定坯料长度$L_{坯}$，过程如下：

① 坯料截面计算

根据所采用的变形工步，有

$$无制坯工步：F_{坯}=(1.02\sim1.05)F_{均}$$

$$卡压或成型：F_{坯}=(1.05\sim1.3)F_{均}$$

$$拔长：F_{坯}=F_{拔}=\frac{V_{头}}{L_{头}}$$

式中，$V_{头}$——计算坯料头部的体积；

$L_{头}$——计算坯料头部的长度。

$$滚挤：F_{坯}=F_{滚}=(1.05\sim1.2)F_{均}$$

$$弯曲或压扁：F_{坯}=(1.0\sim1.02)F_{均}$$

式中，$F_{坯}$——坯料截面积；

$F_{均}$——计算坯料图上的平均截面积。

再按$D_{坯}=1.13\sqrt{F_{坯}}$ 或$A_{坯}=\sqrt{F_{坯}}$确定毛坯的直径$D_{坯}$或边长$A_{坯}$。根据上式计算结果按国家标准选取标准直径 $D'_{坯}$ 或 $A'_{坯}$ 并定出 $F'_{坯}$。

② 坯料长度的计算

$$L_{坯}=\frac{V_{坯}}{F'_{坯}}+l_{钳}$$

式中，$V_{坯}$——毛坯体积，$V_{坯}=(V_{锻}+V_{飞})(1+\delta)$；

$l_{钳}$——钳夹料头长度。

4）确定锻锤吨位

选用适当吨位的锻锤对提高锻件质量和模锻生产率以及对锻模的使用寿命等都有很大的影响。由于模锻变形过程比较复杂，影响的因素很多，目前生产中多应用经验公式或经验-理论公式来计算设备吨位，甚至类比相似锻件的生产经验来估计设备吨位。

以下是生产实践中常用的经验公式：

双作用模锻锤：$G=(3.5\sim6.3)kF_{总}$

单作用锤或夹板锤：$G_{单}=(1.5\sim1.8)G$

无砧座锤：$E=2G$

式中，G、$G_{单}$——模锻锤落下部分质量；

$F_{总}$——锻件总变形面积（包括锻件面积、冲孔连皮面积及飞边面积）；

k——刚种系数，$k=0.9\sim1.55$，高强度钢材选用大系数；

E——无砧座锤的能量（$3.5\sim6.3$），生产率要求不高或形状简单的锻件取小值，反之取大值。

5）锻模结构设计

锻模结构设计得好坏将对锻件质量、生产效率、劳动强度、锻模和锻锤的使用寿命以及锻模的加工制造等产生重要的影响。

锻模结构设计主要解决以下问题：型腔在模块上的合理布置，错移力的平衡与导向，模块的结构和尺寸大小，锻模的安装与固定等。具体设计可参见相关专业书籍。

6）锻造工艺规范的制定

模锻锻造工艺规范主要是指确定锻造温度范围以及制订加热、冷却热处理规范等，这些与情境四中的自由锻造的工艺制定相同。

三、锤上模锻常见缺陷及消除方法

1. 下料过程中产生的缺陷

此类缺陷有切斜、端部弯曲及带毛刺、端部裂纹、气割裂纹等。产生的主要原因有剪切时棒料未压紧，剪刀片之间的间隙太大造成切斜和带毛刺；材料硬度高，剪切时刀片上的单位压力太大造成端部开裂；气割前没有充分预热，导致形成较大的热应力而造成气割裂纹。

2. 加热过程中产生的缺陷

加热过程中产生的缺陷有过热、过烧、萘状断口、石状断口、低倍粗晶、铜合金的铜脆、加热裂纹、未热透引起的心部开裂、脱碳以及增碳等。故应选择正确的加热制度，遵守加热规程。

3. 因操作不当引起的缺陷

1）锻件的错差（错移）

锻件沿分模面的上半部分相对于下半部分产生位移的现象称为错差。错差且超过锻件图允许的错差值就会造成锻件不合格。造成错差的原因有：设备精度不高，锤头与导轨间隙过大，模具制造精度不好，锻模上没有设计锁扣或导柱，模具安装、调整不合理，键和斜楔松动等。

防止错差的办法是针对上述原因加强对设备的维修和调整，保证制模质量，操作时随时抽检锻件并注意锻件错移，及时调整好模具及打紧斜楔。

2）锻件缺肉（局部充填不足）

锻件实际尺寸（长、宽和高）小于锻件图相应尺寸，称为缺肉。其主要发生在锻件上凸起部分的顶端或棱角。造成缺肉的原因有：坯料加热温度不够或坯料未热透，金属流动性差，不易充满模膛；放料不正，造成一边充不满，另一边材料大量流入飞边槽；锻模预热不够，坯料放入模后温降大，塑性低，流动性差，造成局部缺肉；润滑不当；预锻模膛或制坯模膛设计不合理；操作方法不正确；氧化皮清除不及时，滚压时液压模膛内堆积的氧化皮过多，造成毛坯最大积聚处金属不足，终锻时充不满模膛，使锻件缺肉。当设备吨位偏小、打击力量不够时，也容易造成锻件缺肉。

3）折叠

折叠是锻造过程中已氧化过的金属汇流贴合后压入锻件造成的。从外观上看折叠和裂纹相似，低倍试片上折叠处流线发生弯曲，而裂纹处则流线被切断。造成这一缺陷的原因有：操作者将毛坯放在制坯模膛边缘，一经锻打就出现压痕而造成折叠，因此在制坯操作时，尽量将坯料放在模膛内，以避免出现折叠；毛坯在拔长、滚压、压弯时，最初几次锤击过重，使金属展宽变形过大而冲出模膛边缘，反复滚压或拔长时，展宽过大而冲出模膛边缘的部分金属就会被压入锻件而造成折叠。发现上述现象后应立即停止锻打，用砂轮磨掉或用扁铲除掉折叠部分后再加热锻造。

4）压坏锻件

锻件在锻造时跳出终锻模膛被连续锤击的上模压变形，从而造成锻件压坏。切边时没有把锻件放在凹模内也会压坏锻件。防止的办法是精心操作。

5）厚度超差及模锻不足

由于坯料过大，锻件充满模膛后多余的金属流到分模面上造成模锻不足，厚度超差（欠压）。其主要原因是：终锻温度低；设备吨位小；蒸汽压力不足等。

6）锻件流线分布不当

在低倍试片上出现流线断开、回流、涡流、对流及等流线紊乱的现象。其原因主要有：模具设计不当；坯料尺寸、形状不合理以及锻造方法选择不当；毛坯在模膛中放歪等。

7）残留毛刺

切边后沿锻件分模面四周残留毛刺超过技术要求。如果切边后再进行校正则残留毛刺会被压入锻件中而形式折叠。造成这一缺陷的原因是：切边模间隙过大；刃口磨损过度；切边模安装调整不精确等。

8）切边裂纹

切边时在锻件分模面处产生的裂纹称为切边裂纹。其产成的原因是：材料塑性低，在切边时引起开裂；镁合金模锻件切边温度过低；铜合金模锻件切边温度过高等。

模锻件的缺陷还有凹陷、麻坑、碰伤、重皮、翘曲等，都是在操作时注意不够造成的。因此，只有严格地遵守锻件工艺操作规程，精心操作，加强设备维护和模具调整，才能保证锻件的质量，减少缺陷的产生。

4. 锻后冷却不当产生的缺陷

此类缺陷有冷却裂纹、冷却变形，网状碳化物析出而造成的淬火裂纹，铁素体不锈钢锻后冷速过慢而形成的脆性裂纹等。

5. 锻后热处理产生的缺陷

此类缺陷包括热处理后锻件硬度过高、硬度偏低、硬度不均（有软点）、变形、淬裂以及高碳工具钢出现黑色断口等。

6. 锻件在清理过程中产生的缺陷

锻件在酸洗和清理过程中产生的缺陷有过腐蚀、腐蚀裂纹、局部过热裂纹等。

5.4 任务实施

一、锻造工艺分析

从齿轮零件图可以看出，锻件属于短轴类零件，结构较简单，零件的轮辐部分不加工，故不留加工余量；有合理的分模面，模锻成形后容易从锻模中取出，模锻工艺性好；零件尺寸小，属于小型锻件；生产批量大，适合模锻生产。根据其结构特点和批量确定采用锤上模锻方式生产齿轮毛坯。

二、锻造工艺设计

1. 绘制锻件图

1）确定分模面位置

根据零件形状，分模面取在最大直径处高度方向的中部。

2）确定锻件公差和机械加工余量

根据国家标准 GB/T 12362—2003《钢质模锻件公差及机械加工余量》选用相关的公式并查取数据。

由零件图基本尺寸及估计的机械加工余量估算锻件质量 $G_{锻}$ 约为 5.22 kg，外廓包容体质量为 12.05 kg，由锻件复杂系数公式算得 S 值为 0.433，可知锻件形状复杂系数为 S_2（一般）；零件材料为 18CrMnTi，查得其材质系数 M_1；零件加工精度为普通级；根据设备情况锻件在煤气加热炉里加热，其加工公差或余量不需要增大；锻件热处理方法为正火。由上述条件查标准选值，齿轮的直径尺寸公差可按标准中的表 1 确定，跨越分模线的厚度尺寸公差可按标准中的表 3 确定，最终得到锻件尺寸公差如表 5-3 所示。

3）模锻斜度

外模锻斜度与零件图上一致，取 7°，内模锻斜度取 10°。

4）模锻圆角半径

零件内孔处有两处 45°倒角，这两处圆角取 $R4$ mm，其余均取 $R2$ mm。

表 5-3　齿轮锻件的尺寸　　mm

零件尺寸	内外表面单边机加工余量	内孔单边机加工余量	锻件基本尺寸	公差值及极限偏差	锻件尺寸
$\phi 48_{0}^{+0.027}$		2.0	$\phi 44$	$2.2_{-1.5}^{+0.7}$	$\phi 44_{-1.5}^{+0.7}$
$\phi 178_{-0.26}^{0}$	2.0		$\phi 182$	$3.2_{-1.1}^{+2.1}$	$\phi 182_{-1.1}^{+2.1}$
$55_{0}^{+0.15}$	2.0		59	$2.5_{-0.6}^{+1.9}$	$59_{-0.6}^{+1.9}$
$45_{-0.17}^{0}$	2.0		49	$2.2_{-0.5}^{+1.7}$	$49_{-0.5}^{+1.7}$
$30_{-0.28}^{0}$	2.0		34	$2.2_{-0.5}^{+1.7}$	$34_{-0.5}^{+1.7}$
			$\phi 39$	$2.2_{-1.5}^{+0.7}$	$\phi 39_{-1.5}^{+0.7}$
错差公差				1.0	
残留飞边公差				1.0	
锻件加工表面直线度和平面度				1.0	

5）冲孔连皮

根据锻件内孔尺寸选用平底连皮形式，经计算连皮厚度为 5.4 mm，连皮上的圆角应大于内圆角，取为 $R10$ mm。

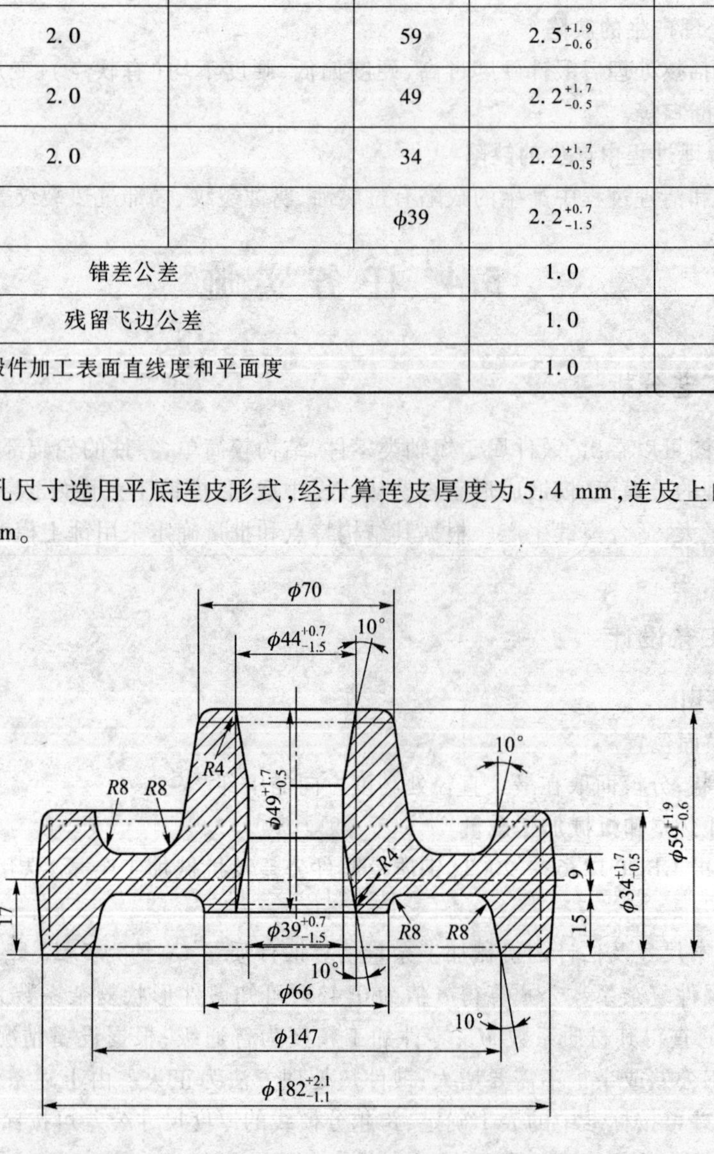

图 5-11　齿轮锻件图

6）技术条件和锻件图的绘制

齿轮锻件图上的技术条件如下：

（1）图上未注的圆角半径为 $R2$ mm；

（2）图上未注模锻斜度为7°；
（3）错差公差为1.0 mm；
（4）残留飞边公差为1.0 mm；
（5）允许表面缺陷深度≤1.0 mm；
（6）热处理方法为正火；
（7）表面清理方法为抛丸。

根据以上数据，绘制锻件图，如图5-11所示。

2. 确定模锻工序

齿轮类零件一般都要采用镦粗工艺制坯，锻件形状复杂系数为一般类，不需要预锻工步，其模锻工步为镦粗—终锻—切边、冲孔。

1）绘制热锻件图

如图5-12所示，齿轮热锻件图按齿轮锻件图加1.5%的收缩率制定，模锻斜度和内、外圆角与锻件图相同。

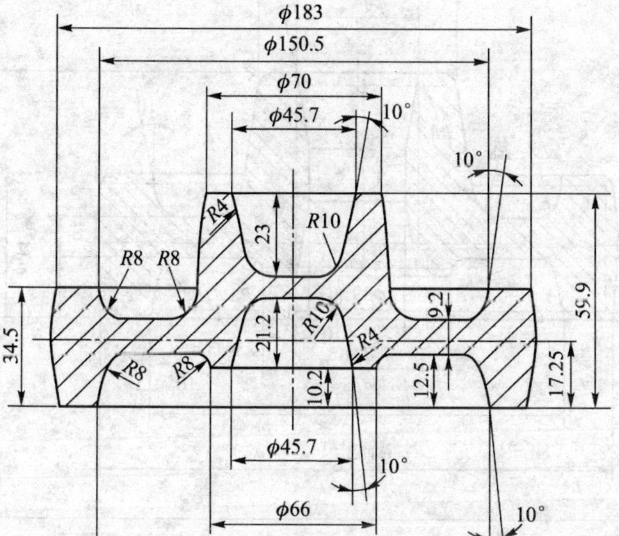

图5-12 齿轮热锻件图

2）制坯工步

短轴类锻件一般需要镦粗制坯，根据齿轮结构特点，取镦粗直径$D_{镦}=160$ mm。

3）计算毛坯尺寸

短轴类锻件可按下式计算坯料的体积：

$$V_{坯}=(V_{锻}+V_{飞})(1+\delta)$$

式中，$V_{锻}$为664 970 mm^3，$V_{飞}$为99 700 mm^3，δ取2.5%。计算后得到$V_{坯}$为783 787 mm^3。取坯料高径比为2，得到$D_{坯}=79.3$ mm，按材料规格取$D_{坯}=80$ mm，再计算得到$L_{坯}=156$ mm，考虑下料误差后，取$L_{坯}=160$ mm，故下料毛坯尺寸为$\phi80$ mm×160 mm。

4）确定锻锤吨位

按经验公式计算，选用 2 t 的模锻锤。

三、填写工艺卡片

齿轮模锻工艺卡片如表 5-4 所示。

表 5-4 齿轮模锻工艺卡片

<table>
<tr><td>零件名称</td><td>齿轮</td><td colspan="2">材料</td><td colspan="3">18CrMnTi</td><td>每锻坯可制数量</td><td>1</td></tr>
<tr><td>锻件质量/kg</td><td>5.22</td><td rowspan="3">工艺要求</td><td>始锻温度/℃</td><td>1 200</td><td rowspan="2">火次</td><td rowspan="2">1</td><td rowspan="2">选用设备/t</td><td rowspan="2">2</td></tr>
<tr><td>坯料质量/kg</td><td>6.3</td><td>终锻温度/℃</td><td>800</td></tr>
<tr><td>下料规格/mm</td><td>φ80×160</td><td>冷却方式</td><td colspan="3">空冷</td><td>热处理方法</td><td>正火</td></tr>
</table>

锻件图

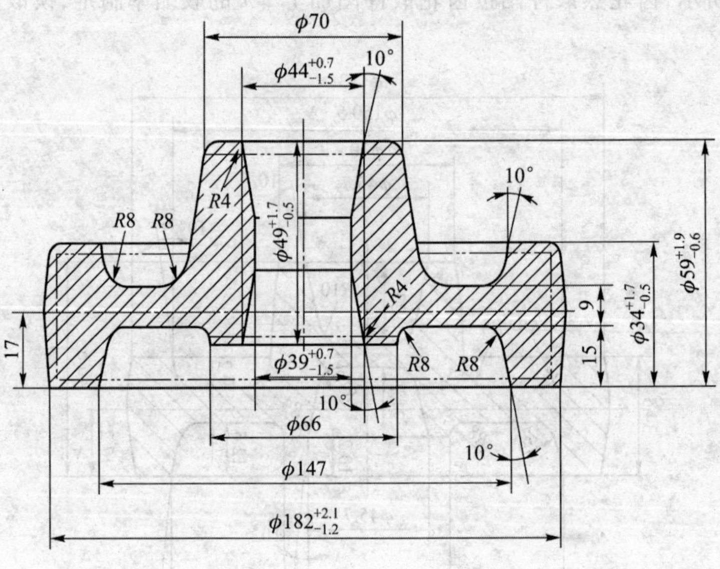

序号	工序名称	变形过程简图
1	下料	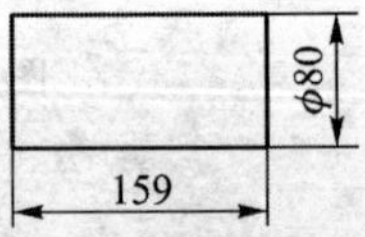
2	模锻 镦粗—终锻—切边、冲孔	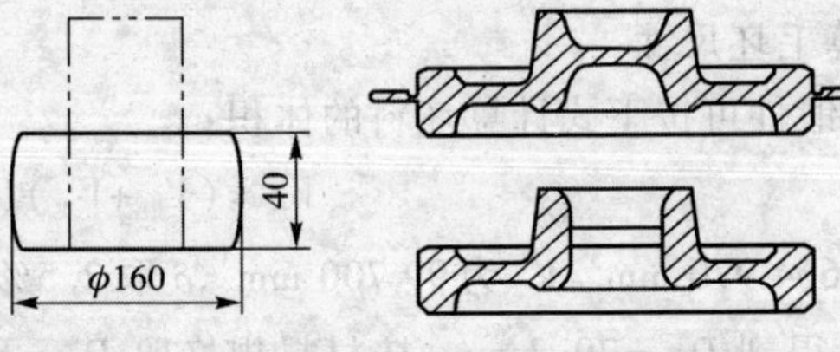
3	精整	

思考与练习

1. 模锻的锻造特点是什么？

2. 锤上模锻设置预锻锻造的目的是什么？

3. 预锻型腔和终锻型腔的主要区别是什么？

4. 锤上模锻时，长轴类锻件一般需哪些工步？短轴类锻件一般需哪些工步？

5. 模锻中设置制坯模膛的目的是什么？

6. 模锻件的主要缺陷有哪些？

7. 如图5-13所示的齿轮锻件，材料为40Cr，采用大批量生产方式，试分析零件的结构，选择锻造方法，并制定模锻工艺规程。

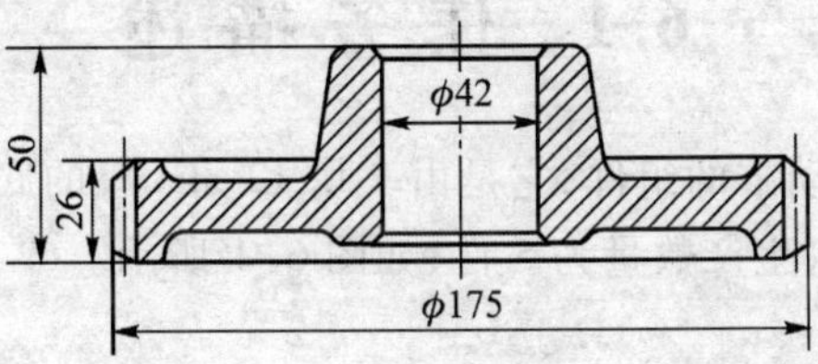

图5-13 齿轮

学习情境六

制动缸座的手弧焊焊接生产

6.1 任务描述

制动缸座是用来固定制动缸的组件，它是由一块 12 mm 厚的底板和两块 10 mm 厚的筋板组焊而成，钢板材质为 Q235-A，生产数量为 5 件，如图 6-1 所示。

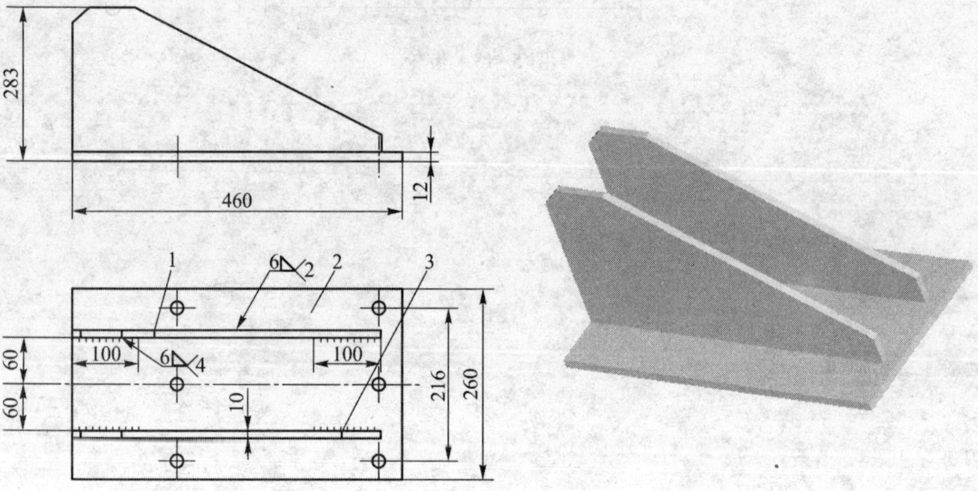

图 6-1　制动缸座

1、3—筋板（Q235-A）；2—底板（Q235-A）

【知识点】

◎ 焊接生产的特点及焊接方法的分类。

◎ 焊接电弧的概念。

◎ 焊接接头的组织和性能。

◎ 手弧焊焊机电源种类。

◎ 焊条的组成与作用。

◎ 焊缝形式及代号。

◎ 焊接结构工艺性。
◎ 手弧焊焊接工艺规范。

【技能点】

◎ 手弧焊焊机电源的选用。
◎ 焊材的选用。
◎ 焊接电流的选择。
◎ 焊接层数及焊接速度的确定。
◎ 手弧焊基本操作——引弧、运条及熄弧。

6.2 任务分析

在本情境中,通过对制动缸座焊接件的分析确定了该组件采用手弧焊焊接方法来进行生产,因此在学习过程中,应深刻理解焊接工程的基本理论,掌握手弧焊焊接方法的特点与应用,能够正确理解焊缝形式及代号,学会手弧焊焊机电源、焊材的选用以及焊接电流的选择和焊接层数、焊接速度的确定,掌握手弧焊的基本操作,并了解焊接件的结构工艺性等。

6.3 相关知识

一、焊接生产的特点及方法分类

焊接是利用加热或同时加压,并借助于金属原子的结合与扩散,使分离的两部分金属牢固地、永久地结合起来的成型工艺。

1. 焊接生产的特点

(1) 节省金属材料与工时。在金属结构制造中,用焊接代替铆接,一般可以节省金属材料15% ~20%;用焊接代替铆接来制造运输设备,不但可减轻自重,还可提高运输效率。铆接工序较多,一般需要几个人同时操作,若用焊接代替铆接,便可节省大量的工时与劳动力。

(2) 以小拼大,化大为小。在制造大型结构或复杂的机器零部件时,可以用化大为小、化复杂为简单的办法来准备坯料,然后用逐次装配焊接的方法拼小成大。此外,还可以采用焊接和铸造、锻造组成的复合工艺,用小型铸、锻设备生产大的零部件,以减轻铸、锻工作量并降低成本。

(3) 焊接接头具有良好的力学性能和密封性。

(4) 能够制造双金属结构,使材料的性能得到充分的利用。用焊接方法可以制造复合层容器,或用轧制的复合钢板(如不锈钢复层和低合金基层钢板)制造容器,还可以用焊接方法对不同的材料零件进行对焊、摩擦焊、钎焊以及具有特殊性能表面层要求的堆焊等,以满足高温高压设备、化工设备和切削刀具等特殊性能要求,节省贵重金属材料。

焊接技术在机器制造、造船工业、车辆工业、建筑工程、电力设备生产、航空及航天工业等领域应用十分广泛。

但焊接技术也存在一些不足之处,例如焊接结构不可拆卸,给维修带来了不便;焊接结构中会存在焊接应力和变形；焊接接头的组织性能往往不均匀，并会产生焊接缺陷等。

2. 焊接方法分类

焊接方法种类很多，新的焊接方法及焊接技术亦不断涌现。按焊接过程中加热程度和工艺特点的不同，焊接方法可以分为三大类（主要焊接方法的分类如图 6-2 所示）：

（1）熔焊　将工件焊接处局部加热到熔化状态，形成熔池（通常还加入填充金属），冷却结晶后形成焊缝，被焊工件结合为不可分离的整体。常见的熔焊方法有气焊、电弧焊、电渣焊、等离子弧焊、电子束焊、激光焊等。

（2）压焊　在焊接过程中无论加热与否均需要加压的焊接方法。常见的压焊有电阻焊、摩擦焊、冷压焊、扩散焊、爆炸焊等。

（3）钎焊　采用熔点低于被焊金属的钎料（填充金属），熔化之后填充接头间隙，并与被焊金属相互扩散实现连接。钎焊过程中被焊工件不熔化，且一般没有塑性变形。

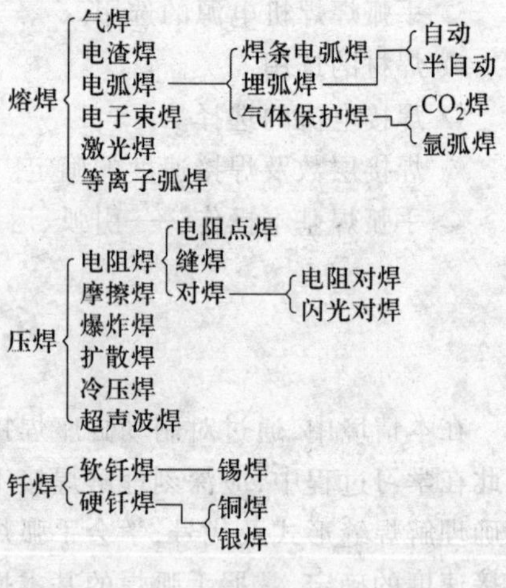

图 6-2　主要焊接方法分类图

二、手弧焊

利用电弧作为热源的熔焊方法称为电弧焊，简称弧焊。手弧焊（也称焊条电弧焊）是用手工操纵焊条进行焊接的电弧焊方法，是常用的焊接方法之一。它具有以下优点：

（1）使用的设备比较简单、轻便，价格相对便宜。手弧焊所使用的交流和直流焊机都比较简单，焊接操作时不需要复杂的辅助设备，只需配备简单的辅助工具（如焊钳、焊接电缆、面罩、敲渣锤、钢丝刷和焊条保温筒等）。因此，购置设备的投资少，而且维护方便。这是其广泛应用的原因之一。

（2）不需要辅助气体防护。焊条不但能提供填充金属，而且在焊接过程中能够产生保护熔池以及使焊接处避免氧化的保护气体，且具有较强的抗风能力。

（3）操作灵活，适应性强。手弧焊适用于焊接单件或小批量的产品，以及短的、不规则的、空间任意位置的及其他不易实现机械化焊接的焊缝。通常焊条能够达到的地方都能进行焊接。

（4）应用范围广，适用于大多数工业用的金属和合金的焊接。选用合适的焊条后，手弧焊不仅可以焊接碳素钢、低合金钢；而且还可以焊接高合金钢及有色金属；不仅可以焊接同种金属，而且可以焊接异种金属；还可以进行铸铁焊补和各种金属材料的堆焊等。

除了上述优点外，它还具有以下的缺点：

（1）对焊工操作技术要求高，焊工培训费用高。手弧焊的焊接质量，除靠选用合适的焊条、焊接工艺参数和焊接设备外，主要靠焊工的操作技术和经验来保证，即手弧焊的焊接质量在一定程度上取决于焊工的操作技术和水平。因此必须经常进行焊工培训，所需要的培训费用很大。

（2）劳动条件差。手弧焊主要靠焊工的手工操作和眼睛观察来完成焊接，焊工的劳动强度大，并且始终处于高温烘烤和有毒的烟尘环境中，劳动条件比较差，因此要加强劳动保护。

（3）生产效率低。手弧焊主要依靠手工操作，焊接工艺参数选择范围较小。另外，焊接时要经常更换焊条，并要经常进行焊道熔渣的清理，与自动焊相比，其焊接生产率低。

(4) 不适于特殊金属以及薄板的焊接。由于活泼金属(如 Ti、Nb、Zr 等)和难熔金属(如 Ta、Mo 等)对氧的污染非常敏感，焊条的保护作用不足以防止这些金属的氧化，保护效果不够好，焊接质量达不到要求，所以不能采用手弧焊；对于低熔点金属(如 Ti、Nb、Zr 及其合金等)，由于电弧的温度远高于其熔点，所以也不能采用手弧焊焊接。另外，手弧焊的焊接工件厚度一般在 1.5 mm以上，1 mm 以下的薄板不适于手弧焊。

1. 焊接电弧

电弧是所有电弧焊接方法的能源，在焊接领域中，电弧焊始终占据着主导地位，就是因为电弧能有效而又简便地把电能转换成焊接过程所需要的机械能和热能。

1) 焊接电弧的形成

电弧并不是一般的燃烧现象，它是在一定条件下，电荷通过两电极间气体空间的一种导电过程，或者说是一种气体放电现象，见图 6-3。

当焊接电源输出端的两极，即电极与工件短路时，表面局部凸出部位首先接触，接触区有电流通过，金属熔化并形成液态小桥，小桥爆断后金属受热汽化，使电极与工件分离，在极小的间隙内以及电源电压的作用下，会形成强大的电场强度，电子在电场的作用下自阴极逸出形成"电子发射"。阴极电子快速向阳极运动，与中性粒子相撞并使其电离，分离成电子和正离子，而正离子向阴极运动，形成电弧放电过程。

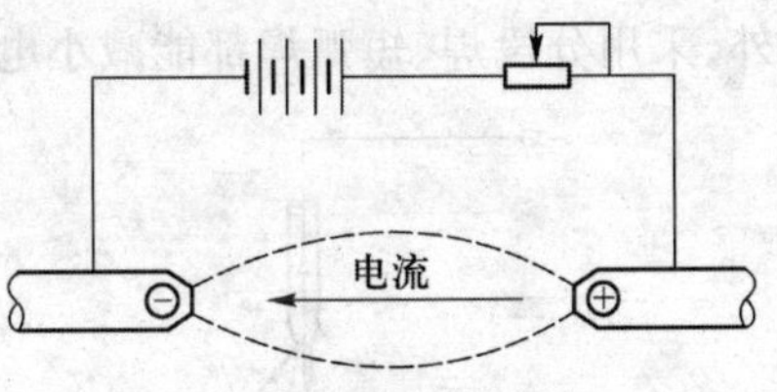

图 6-3 电弧示意图

2) 电弧的焊接特性

(1) 电弧的温度及分布

焊接电弧是能量比较集中的热源，用于熔化母材和填充金属。焊接电弧电压在整个弧长上的分布是不均匀的。焊接电弧分成三个区域，靠近阴极一段极小的长度(10^{-5} ~ 10^{-6} mm)为阴极压降区，靠近阳极一段极小的区域(10^{-3} ~ 10^{-4} mm)为阳极压降区。中间部分为弧柱区。在这三个区域中，阴极压降区和阳极压降区由于受到电极材料、导热性能、熔点和沸点的限制，温度较低。一般阴极区的温度最低，可达 2 400 K 左右；阳极区的温度可达 2 600 K 左右；弧柱区的温度在 5 000 ~ 50 000 K范围内。但是弧柱区的热量不能直接用来对焊条和工件加热，只有一少部分热量通过辐射传给焊条和工件。因此，焊接时熔化母材和填充金属的热量主要来自于阴极压降区和阳极压降区，弧柱辐射的热量只居次要地位。

(2) 电弧静特性曲线

电弧静特性又称静态伏安特性，是指在电极材料、气体介质和弧长一定的情况下，电弧稳定燃烧时焊接电流与电弧电压变化的关系，其形状如图 6-4 所示。在常规的手工电弧焊电流范围内，电弧电压几乎不随焊接电

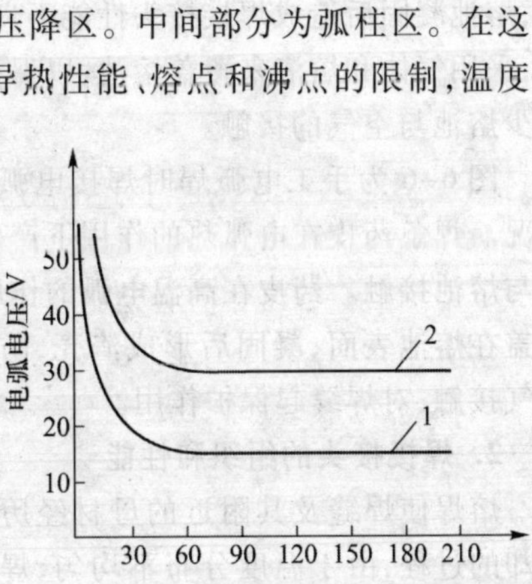

图 6-4 电弧静特性曲线

1—弧长 $L=2$ mm；2—弧长 $L=5$ mm

流变化，即电弧的伏安特性为平特性。当弧长增加时，电弧电压亦增加，即伏安特性向上平移。

焊接电弧开始引弧时的电压(电焊机空载电压)一般为 50 ~ 90 V。电弧稳定燃烧时的电压称为工作电压，一般为 15 ~ 35 V，弧长为 2 ~ 4 mm。

(3) 电弧的偏吹

电弧是由电离气体构成的软性导体，受外力作用时极易发生偏摆。电弧偏离电极轴向的现象称为偏吹。电弧偏吹经常使电弧燃烧不稳定，影响焊缝成形和焊接质量。在焊接过程中，电弧受侧向气流干扰以及焊条药皮局部脱落都能引起电弧偏吹。

采用直流焊接时，由焊接电流产生的磁场作用所引起的电弧偏吹称为磁偏吹。焊接电缆接到工件的位置偏于一侧或电弧附近具有铁磁性物体等都能引起电弧偏吹，如图 6-5a 和图 6-5b 所示。焊接电流越大，磁偏吹越严重。交流焊接时，由于交流电产生的涡流磁通与焊接电流产生的磁通互相抵消，因此交流焊接时磁偏吹较小。手工电弧焊时，为了抵消电弧磁偏吹的影响，操作时可将焊条向磁偏吹的方向倾斜，如图 6-5c 所示，同时压低电弧进行焊接，就可减小磁偏吹。另外，采用分段焊、短弧焊都能减小电弧磁偏吹。

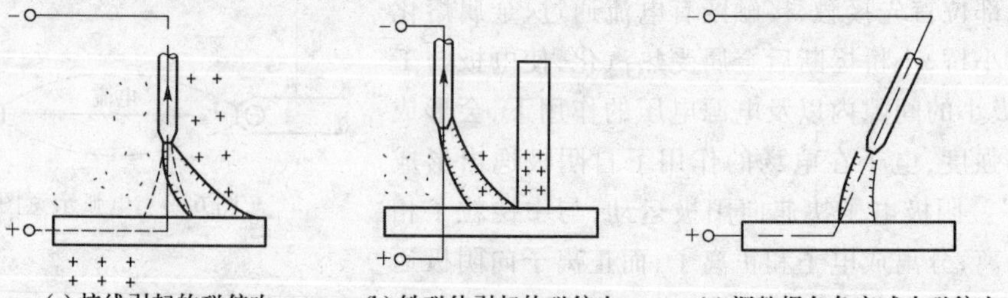

图 6-5 电弧的磁偏吹

3) 电弧各熔池的保护

在电弧的作用下，高温金属与空气中的氧和氮等会发生化学反应，造成熔池金属氧化和氮化，熔池凝固后造成焊接接头性能不良。手工电弧焊时，采用气体和熔渣来覆盖熔池，以保护电弧和熔池，减少熔池与空气的接触。

图 6-6 为手工电弧焊时焊接电弧和熔池的保护情况。焊条药皮在电弧热的作用下产生气体，阻止空气与熔池接触。药皮在高温电弧的作用下形成熔渣，覆盖在熔池表面，凝固后形成渣壳，防止熔池金属与空气接触，对焊缝起保护作用。

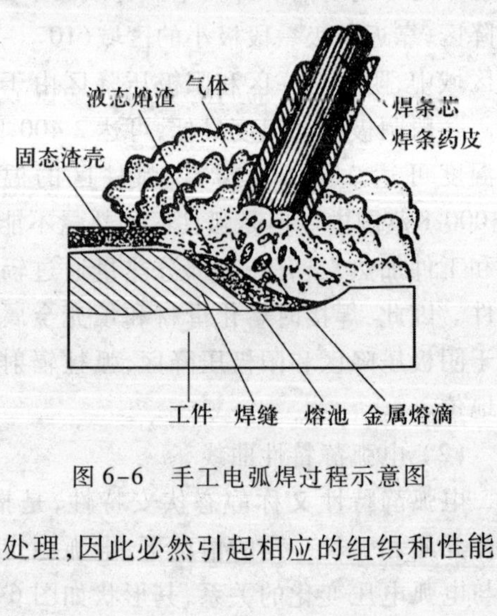

图 6-6 手工电弧焊过程示意图

2. 焊接接头的组织和性能

熔焊使焊缝及其附近的母材经历了一个加热和冷却的过程，由于温度分布不均匀，焊缝经历了一次复杂的冶金过程，焊缝附近区受到了一次不同规范的热处理，因此必然引起相应的组织和性能的变化，直接影响焊接质量。

1) 焊接热循环和焊接接头的组成

焊接热循环是指在焊接热源作用下，焊接接头上某点的温度随时间变化的过程。焊接时，焊接接头不同位置上的点所经历的焊接热循环是不同的。离焊缝越近的点，被加热的温度越高；反之，越远的点，被加热的温度越低。

在焊接热循环中，影响焊接质量的主要参数是加热速度、最高加热温度、高温（1 100 ℃以上）停留时间以及冷却速度等。对于冷却速度，起关键作用的是从800 ℃到500 ℃的冷却速度。焊接热循环的主要特点是加热速度和冷却速度都很快（100 ℃/s以上，甚至更高）。因此，对于淬硬倾向较大的钢材，焊后会产生马氏体组织，引起焊接裂纹。

受热循环的影响，焊缝附近的母材组织和性能发生变化的区域称为焊接热影响区。熔焊焊缝和母材的交界线叫做熔合线，熔合线两侧有一个很窄的焊缝与热影响区的过渡区，叫做熔合区，该区域的母材金属部分熔化，故也叫做半熔化区。因此，焊接接头由焊缝、熔合区和热影响区组成。

2）焊缝金属的组织和性能

焊缝金属是由母材和焊条（丝）熔化形成的熔池冷却结晶而形成的。焊缝金属在结晶时，以熔池和母材金属的交界处的半熔化金属晶粒为晶核，沿着垂直于散热面方向反向生长，成为柱状晶，最后这些柱状晶在焊缝中心相接触并停止生长。由于焊缝组织是铸态组织，故晶粒粗大、成分偏析、组织不致密。但由于焊丝本身的杂质含量低以及合金化作用，焊缝的化学成分优于母材，所以焊缝金属的力学性能一般不低于母材。

3）熔合区和热影响区的组织和性能

现以低碳钢为例，根据焊接接头的温度分布曲线讨论熔合区与热影响区的组织性能变化，其中，热影响区按加热温度的不同可划分为熔合区、过热区、正火区、部分相变区等区域，如图6-7所示。

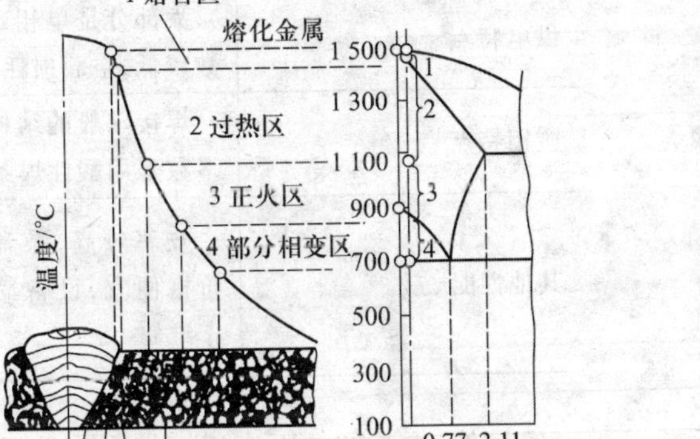

图6-7 低碳钢焊接接头的组织

（1）熔合区　温度处于液相线与固相线之间，是焊缝金属到母材金属的过渡区域，宽度只有0.1～0.4 mm。焊接时，该区域内液态金属与未熔化的母材金属共存，冷却后，其组织为部分铸态组织和部分过热组织，化学成分和组织极不均匀，是焊接接头中力学性能最差的薄弱部位。

（2）过热区　温度在固相线至1 100 ℃之间，宽度约为1～3 mm。焊接时，该区域内奥氏体晶粒严重长大，冷却后得到晶粒粗大的过热组织，塑性和韧度明显下降。

（3）正火区　温度在1 100 ℃～A_{c3}之间，宽度约为1.2～4.0 mm。焊后空冷，使该区内的金属相当于进行了正火处理，故其组织为均匀而细小的铁素体和珠光体，力学性能优于母材。

（4）部分相变区　相当于加热到A_{c1}～A_{c3}温度区间。珠光体和部分铁素体发生重结晶，转变成细小的奥氏体晶粒。部分铁素体不发生相变，但晶粒有长大趋势。冷却后晶粒大小不均，因而其力学性能比正火区稍差。

综上所述，熔合区和过热区是焊接接头的薄弱部分，对焊接质量有严重的影响，应尽可能减少这两个区域的范围。

焊接热影响区的大小与焊接方法、焊接参数等工艺有关。在保证焊透的条件下，提高焊速、减小焊接电流,都能缩小焊接热影响区。

3. 手弧焊设备

手弧焊的主要设备是弧焊机,按产生电流的不同可分为如下三种:

(1) 交流弧焊机 是一种特殊的降压变压器,具有结构简单、噪声小、成本低等优点,但电弧稳定性较差。该焊机既适于酸性焊条焊接,又适于碱性焊条焊接。

(2) 直流弧焊机 分为焊接发电机(旋转式)与弧焊整流器(整流式)两种。交、直流弧焊电源的性能比较请见表6-1。

(3) 逆变式焊机 是近几年发展起来的新一代焊接电源,它从电网获取三相380 V交流电,经整流滤波成直流,然后经逆变器变成频率为2 000~30 000 Hz的交流电,再进行单相全波整流和滤波输出。逆变式焊机具有体积小、重量轻、节约材料、高效节能、适应性强等优点,是更新换代的设备,已逐渐取代目前的整流弧焊机。

表6-1 交、直流弧焊电源性能比较

电源种类	交流弧焊电源	直流弧焊电源	
	弧焊变压器	弧焊整流器	弧焊发电机
电弧特征	电弧稳定性较差,磁偏吹少	电弧稳定性好,容易发生磁偏吹	
供电特点	大部分是单相,功率因数较低,空载损耗小	大多数是三相,功率因数较高	
应用特点	焊接一般的结构件,大多数采用酸性焊条	焊接较重要的结构件,一般采用碱性焊条	
其他性能	效率较高,噪音较小,价格便宜,设备简单,便于维修	效率较高,噪声小,但价格昂贵,不利于维修	效率较低,噪声大,价格高,设备较重,不利于维修

另外,再介绍一下直流正接和直流反接的概念。

直流正接:若采用直流焊机,当工件接阳极焊条接阴极时,称为直流正接,此时工件受热较大,适合焊接厚大的工件。

直流反接:当工件接阴极焊条接阳极时,称为直流反接,此时工件受热较小,适合焊接薄小工件。采用交流焊机焊接时,因两极极性不断地交替变化,故不存在正接或反接的问题。

4. 电焊条

1) 焊条的组成及作用

手弧焊所使用的焊接材料由心部的金属焊芯和表面药皮涂层组成。

(1) 焊芯的主要作用

① 焊芯作为导电的电极产生电弧,并传导焊接电流。

② 焊芯熔化后,作为填充金属成为焊缝的一部分。焊条的焊芯采用专门的焊接用钢丝,焊丝中硫磷等杂质的质量分数很低。焊条直径是由焊丝直径来表示的,一般为1.6、2.0、2.5、3.2、4.0、5.0、6.0、8.0等规格(单位mm),长度为300~450 mm。

焊丝的牌号由“焊”字的汉语拼音首字母“H”和一组数字及化学元素符号组成。“H”后的两位数字表示焊丝中平均含碳量的万分之几。焊丝中的合金元素含量在其后用相应的化学元素符号表示，其后的数字表示该元素的平均百分含量，如果没有数字，则表示其含量不超过1‰。焊丝牌号大体相似于合金结构钢的编号方法。常用的牌号有 H08、H08E、H08MnA、H08Mn2SiA 等。

（2）药皮的作用

① 机械保护作用

熔化分解后产生大量的保护气体和氧化物熔渣，以隔绝空气，防止熔滴和熔池金属与空气接触。熔渣凝固后的渣壳覆盖在焊缝表面上，可防止高温金属被氧化，同时又减慢了焊缝金属的冷却速度。

② 冶金处理作用

熔池内的金属在高温下发生剧烈的化学反应，称为冶金反应。通过脱氧、去硫、去磷、去氢等焊接反应，可去除有害的杂质，增加有益的合金元素，从而获得合适的焊缝化学成分。

③ 改善焊条的焊接工艺性能

焊条药皮中含有一定的有利于引弧及稳弧的物质，保证电弧容易引燃且燃烧稳定；通过调整药皮成分，可改变药皮的熔点和凝固点，使焊条药皮的熔化速度略小于焊芯的熔化速度，使焊条末端形成套筒，有利于熔滴向熔池过渡，减少飞溅，提高焊缝的成形质量。

2）焊条的种类及型号

① 按药皮成分分类，可分为盐基型、石墨型、低氢型、纤维素型、氧化铁型、钛铁矿型、氧化钛钙型、氧化钛型等。

② 按熔渣酸碱性分类，可分为酸性焊条和碱性焊条。

酸性焊条：熔渣中以酸性氧化物（如 SiO_2、MnO_2 等）为主，氧化性强，合金元素烧损大，故焊缝的塑性和韧度不高，且焊缝中氢含量高，抗裂性差。但酸性焊条具有良好的工艺性，对油、水、锈不敏感，交、直流电源均可使用，广泛用于一般结构件的焊接。

碱性焊条（又称低氢焊条）：药皮中以碱性氧化物（如 CaO 等）和萤石（如 CaF_2）为主，并含较多铁合金，脱氧、除氢、渗金属作用强，与酸性焊条相比，其焊缝金属的含氢量较低，有益元素较多，有害元素较少，因此焊缝的力学性能和抗裂性好。但碱性焊条工艺性较差，电弧稳定性差，对油污、水、锈较敏感，抗气孔性能差，一般要求采用直流焊接电源，主要用于焊接重要的钢结构或合金钢结构。

③ 按焊条用途分类，可分为结构钢焊条、不锈钢焊条、堆焊焊条、耐热钢焊条、低温钢焊条、铸铁焊条、铜及铜合金焊条、铝及铝合金焊条、镍和镍合金焊条等。

④ 按焊条性能分类，可分为底层焊条、立向下焊条、低尘低毒焊条、水下焊条、重力焊条等。

在《焊接材料产品样本》中，手弧焊焊条分为十大类：结构钢焊条（特征字母 J）、钼和铬钼耐热钢焊条（特征字母 R）、低温钢焊条（特征字母 W）、不锈钢焊条（特征字母 G、A）、堆焊焊条（特征字母 D）、铸铁焊条（特征字母 Z）、铜及铜合金焊条（特征字母 T）、镍和镍合金焊条（特征字母 Ni）、铝和铝合金焊条（特征字母 L）、特殊用途焊条（特征字母 Ts）。

3）焊条药皮类型及特点

焊条药皮由一定数量及用途的矿物质、铁合金、化工材料等组成。根据药皮材料中主要成分的不同，焊条药皮分为不同的类型。不同药皮类型的焊条具有不同的操作工艺性能及特点。焊条药皮的主要类型及特点见表 6-2。

表 6-2 焊条药皮的主要类型及特点

药皮类型	国标型号	统一牌号	电流种类	主要特点
钛铁矿型	E××00	J××0	交流或直流	熔渣流动性好,脱渣容易,焊缝成形较好,电弧吹力较强,适合于全位置焊接
钛钙型	E××03	J××3	交流或直流	熔渣流动性好,熔深适中,飞溅少,焊缝金属的塑性、韧性、抗裂性较好
高纤维素钠型	E××10		直流反接	电弧吹力大,熔深较深,熔化速度快,熔渣少,适合于全位置焊,可进行向下立焊
高纤维素钾型	E××11	J××5	交流或直流反接	电弧稳定,直流反接时熔深较浅;其他性能同 E××10
高钛钠型	E××12		交流或直流正接	电弧稳定,飞溅小,焊缝波纹美观,熔深较小,适合于短焊缝;塑性及抗裂性较差,适合于焊低碳钢薄板
高钛钾型	E××13	J××1	交流或直流	电弧比 E××12 稳定,焊缝成形比 E××12 好
铁粉钛型	E××14		交流或直流	熔敷效率较高,焊缝波纹整齐,适用于全位置焊接;用于一般的低碳钢焊接
低氢钠型	E××15	J××7	直流反接	药皮碱度较高,熔渣流动性好,焊缝波纹较粗,抗裂性能及机械性能好,用于焊接重要的低碳钢、低合金钢
低氢钾型	E××16	J××6	交流或直流	药皮在 E××15 的基础上添加了稳弧剂,电弧稳定;其他性能同 E××15
铁粉低氢型	E××18	J××6Fe	交流或直流反接	药皮在 E××15 的基础上添加了 20% ~ 40% 的铁粉,电弧稳定,飞溅较小,工艺性能好
氧化铁型	E××20	J××4	交流或直流正接	电弧吹力较大,熔化速度快,脱渣性好,焊缝略带凹度,飞溅稍大,适用于平焊及平角焊
铁粉钛钙型	E××23	J××2	交流或直流	熔敷效率较高,适用于平焊及平角焊;其他性能同 E××03
铁粉钛型	E××24	J××1 Fe××	交流或直流	药皮较厚,适用于平焊及角焊;其他性能同 E××03
铁粉氧化铁型	E××27	J××4 Fe××	交流或直流正接	药皮在 E××20 的基础上添加了铁粉,熔敷效率较高,电弧吹力大,适用于平焊、角焊大电流焊接
铁粉低氢型	E××28	J××6 Fe××	交流或直流反接	药皮与 E××16 相似,添加大量铁粉。熔敷效率较高,电弧稳定,焊缝成形美观
特殊型	E××00	J××0	交流或直流	药皮类型无规定

4）几种焊条型号说明实例

（1）结构钢焊条

J 5 0 7

- 7——低氢钠型药皮，直流
- 50——焊缝金属抗拉强度不低于 500 MPa
- J——结构钢焊条

（2）耐热钢焊条

R 3 4 7

- 7——低氢钠型药皮，直流
- 4——同一等级焊缝化学成分中的不同牌号
- 3——焊缝金属主要化学成分 Cr 1%～2%，Mo 0.5%～1%
- R——耐热钢焊条

（3）不锈钢焊条

A 1 1 7

- 7——低氢钠型药皮，直流
- 1——同一等级焊缝化学成分中的不同牌号
- 1——焊缝金属主要化学成分 Cr 18%，Ni 8%
- A——奥氏体不锈钢焊条

5）焊条的选用

在确保焊接结构安全、可靠的前提下，根据钢材的化学成分、力学性能、使用条件及结构特点等选择焊条。

（1）根据母材的力学性能和化学成分选择焊条。对于结构钢的焊接，一般要求焊缝金属与母材具有同等强度，因此，可按结构钢的强度来选择焊条。但并不是焊缝强度比母材强度越高越好，如果过高，则往往有害，一般是等于或略高于母材即可。有的焊接接头则不要求焊缝与母材具有同等强度，这时应选用抗拉强度较低的焊条，保证焊缝有良好的塑性和韧性。对于合金结构钢，一般不要求焊缝金属的合金成分与母材相同或相近；当母材是耐热钢、耐腐蚀钢时，要求焊缝金属的成分与母材相同或相近。如果母材中含有硫、磷等杂质时，应选用抗裂性较好的焊条。

（2）根据焊件的使用特点及工作条件选择焊条。在承受动载荷或冲击载荷的情况下，要保证焊缝金属的抗拉强度，同时对焊缝的冲击韧度和延伸率也要有较高的要求，此时低氢碱性焊条是首选；对于接触腐蚀介质的焊件，应根据介质的性质及腐蚀特征选用相应的不锈钢焊条或耐蚀性焊条；对于在高温或低温环境下工作的焊件，应选用相应的耐热钢或低温钢焊条。

（3）根据焊件的结构特点和受力状态选择焊条。结构形状复杂、刚性较大的焊件在焊接时容易产生裂纹。因此，必须选用抗裂性较好的低氢型焊条；对焊接部位难以清理干净的焊件，应选用氧化性较强，对铁锈、氧化皮、油污不敏感的酸性焊条，以免产生气孔等缺陷；对于焊接部件由于受到一些条件的限制而不能翻转的场合，应选用适合于全位置焊接的焊条。

（4）根据焊接现场和设备情况选择焊条。

（5）在狭小或通风条件较差的场合应选用酸性焊条或低尘焊条；如果没有直流焊机，应选用交、直流两用的焊条；对于一些焊前需要预热或焊后需要热处理的焊件，有时可选用特殊焊条来简化工艺。

三、焊接结构工艺性

焊接结构工艺性是指在一定的生产规模条件下如何选择零件加工和装配的最佳工艺方案，因而焊接件的结构工艺性是焊接结构设计和生产中一个比较重要的问题，是经济原则在焊接结构生产中的具体体现。

在焊接结构的生产制造中，除考虑使用性能之外，还应考虑焊接工艺的特点及要求，才能保证在较高的生产率和较低的成本下获得符合设计要求的产品。

焊接结构工艺性一般包括焊接件材料的选择、焊接方法的选择、焊缝的布置和焊接接头及坡口形式设计等几个方面。

1. 焊接结构的材料选择

随着焊接技术的发展，工业上常用的金属材料一般均可焊接，但材料的焊接性不同，焊后接头质量的差别就很大。因此，应尽可能选择焊接性良好的焊接材料来制造焊接构件。特别是优先选用低碳钢和普通低合金钢等材料。

2. 焊接方法的选择

焊接方法选择的主要依据是材料的焊接性、工件的结构形式、厚度和各种焊接方法的适用范围、生产率等。选择焊接方法时应遵循以下原则：

(1) 焊接接头使用性能及质量要符合要求，例如点焊、缝焊都适于薄板结构焊接，但缝焊能焊出有密封要求的焊缝；又如氩弧焊和气焊都能焊接铝合金，但氩弧焊的接头质量高。

(2) 提高生产率，降低成本。若板材为中等厚度时，选择手弧焊、埋弧焊和气体保护焊均可；如果是平板长直焊缝或大直径环焊缝，且批量生产，则应选择埋弧焊；如果是不同空间位置的短曲焊缝，且单件或小批量生产，则采用手弧焊为好。

(3) 可行性。要考虑现场是否具有相应的焊接设备，野外施工时是否有电源等。

3. 焊接接头的工艺设计

焊接接头的工艺设计包括焊缝的布置、接头的形式和坡口的形式等。

1) 焊缝的布置

焊缝位置对焊接接头的质量、焊接应力和变形以及焊接生产率均有较大的影响，因此在布置焊缝时，应考虑以下几个方面。

(1) 焊缝的布置尽可能分散，如图 6-8 所示。焊缝集中分布容易使金属过热，组织恶化，材料的力学性能降低，同时焊接应力增大，甚至引起裂纹。两条焊缝的间距一般要求大于三倍或五倍的板厚。

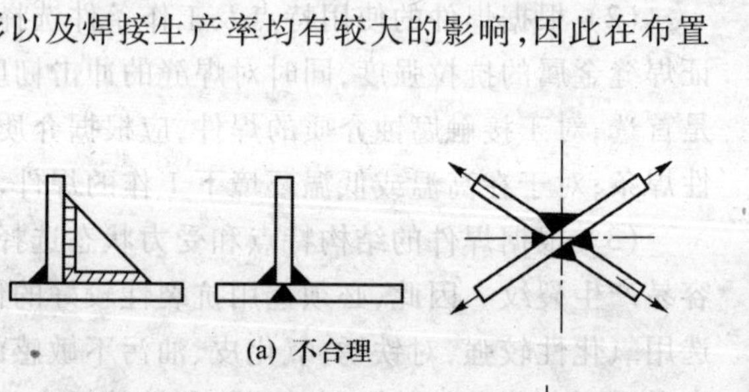

(a) 不合理

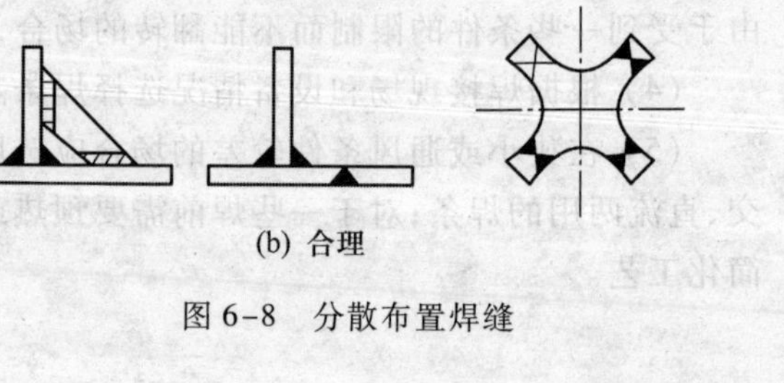

(b) 合理

图 6-8 分散布置焊缝

(2) 焊缝应尽量避开最大应力和应力集中部位，如图 6-9 所示，以防止焊接应力与外加应力相互叠加，造成过大的应力而开裂。当不可避免时，应附加刚性支承，以减小焊缝承受的应力。

(3) 尽可能对称分布焊缝，如图 6-10 所

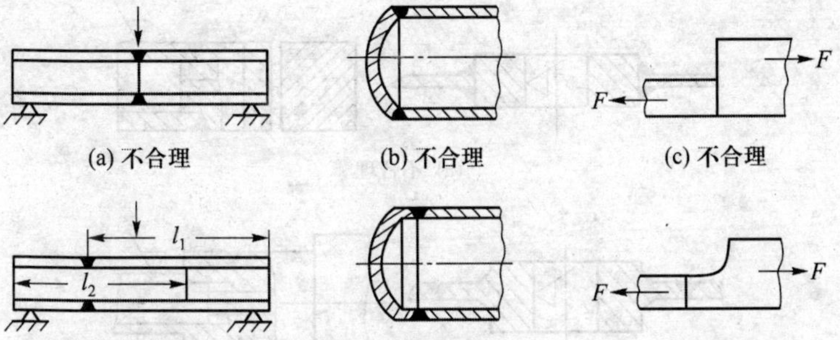

(a) 不合理　(b) 不合理　(c) 不合理

(d) 合理　(e) 合理　(f) 合理

图 6-9　焊缝避开最大应力集中部位

示。焊缝的对称布置可以使各条焊缝的焊接变形相互抵消,对减小梁柱结构的焊接变形有明显的效果。

(4) 尽量减少焊缝数量。采用型材、管材、冲压件、锻件和铸钢件等作为被焊材料。这样不仅能减小焊接应力和变形,还能减少焊接材料的消耗,提高生产率。如图 6-11 所示的箱体构件,如采用型材或冲压件(图 6-11b)进行焊接,则可较板材(图 6-11a)减少两条焊缝。

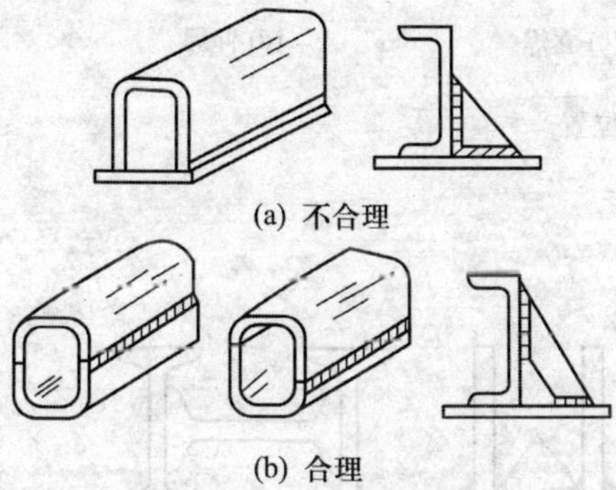

(a) 不合理

(b) 合理

图 6-10　对称分布焊缝

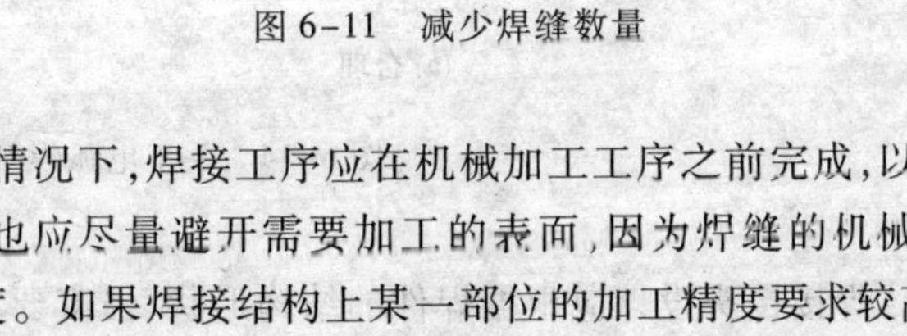

(a)　(b)

图 6-11　减少焊缝数量

(5) 焊缝应尽量避开机械加工面。一般情况下,焊接工序应在机械加工工序之前完成,以防止焊接损坏机械加工表面。此时焊缝的布置也应尽量避开需要加工的表面,因为焊缝的机械加工性能不好,且焊接残余应力会影响加工精度。如果焊接结构上某一部位的加工精度要求较高,又必须在机械加工完成之后进行焊接时,则应将焊缝布置在远离加工面处,以避免焊接应力和变形对已加工表面精度的影响,如图 6-12 所示。

(6) 焊缝位置应便于施焊,以保证焊缝质量。焊缝可分为平焊缝、横焊缝、立焊缝和仰焊缝四种形式,如图 6-13 所示。其中,施焊操作最方便、焊接质量最容易保证的是平焊缝,因此在布置焊缝时应尽量保证焊缝能在水平位置。

除焊缝空间位置外,还应考虑各种焊接方法所需要的施焊操作空间。图 6-14 所示为考虑手工电弧焊施焊空间时对焊缝的布置要求。

2) 接头的设计

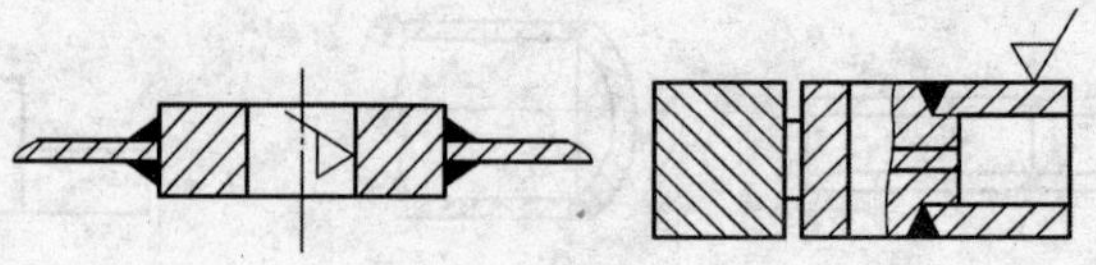

(a) 不合理

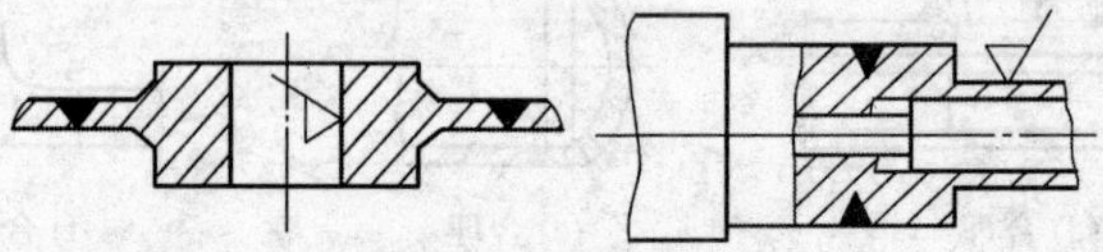

(b) 合理

图 6-12 焊缝远离机械加工表面

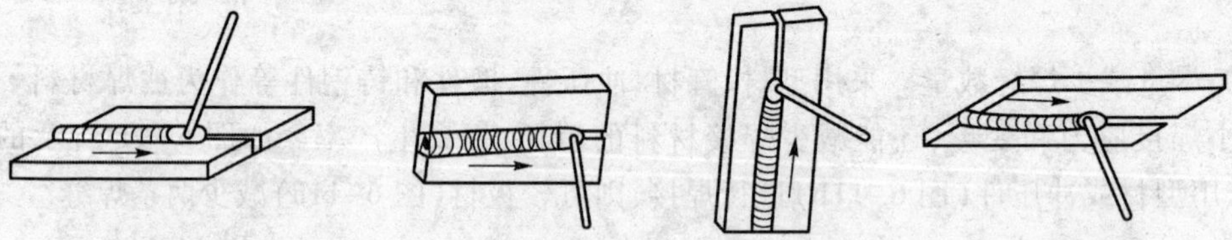

(a) 平焊 (b) 横焊 (c) 立焊 (d) 仰焊

图 6-13 焊缝的空间位置

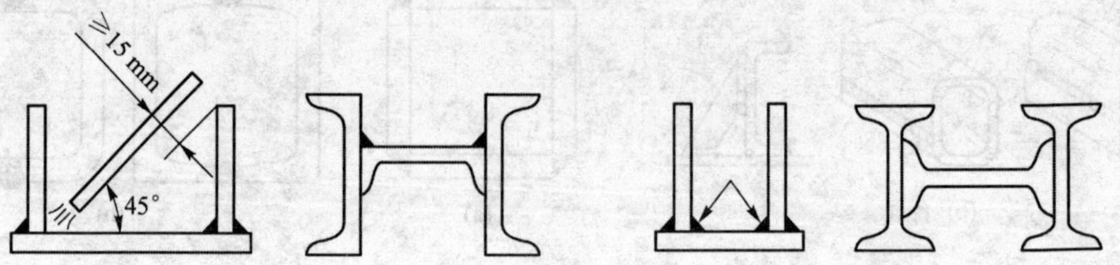

(a) 合理 (b) 不合理

图 6-14 手工电弧焊对操作空间的要求

焊接接头设计应根据焊件的结构形状、强度要求、工件厚度、焊后变形大小、焊条消耗量、坡口加工难易程度、焊接方法等因素综合考虑决定。主要包括接头形式和坡口形式等，如图 6-15 所示。

(1) 焊接接头形式 根据施焊金属件的空间位置，常见的焊接接头形式有：对接接头、搭接接头、角接接头和 T 形接头等。其中对接接头受力均匀，是应用最多的接头形式，常用于重要的受力焊缝。搭接接头因两工件不在同一平面内，受力时将产生附加弯矩，而且消耗金属量大，一般应避免采用。但这种接头不需开坡口，装配尺寸要求不高，常用于一些受力不大的平面连接与空间构架连接，可节省工时。角接接头与 T 形接头受力情况都比对接接头复杂，但接头成直角或一定角度时，必须采用这种接头形式。

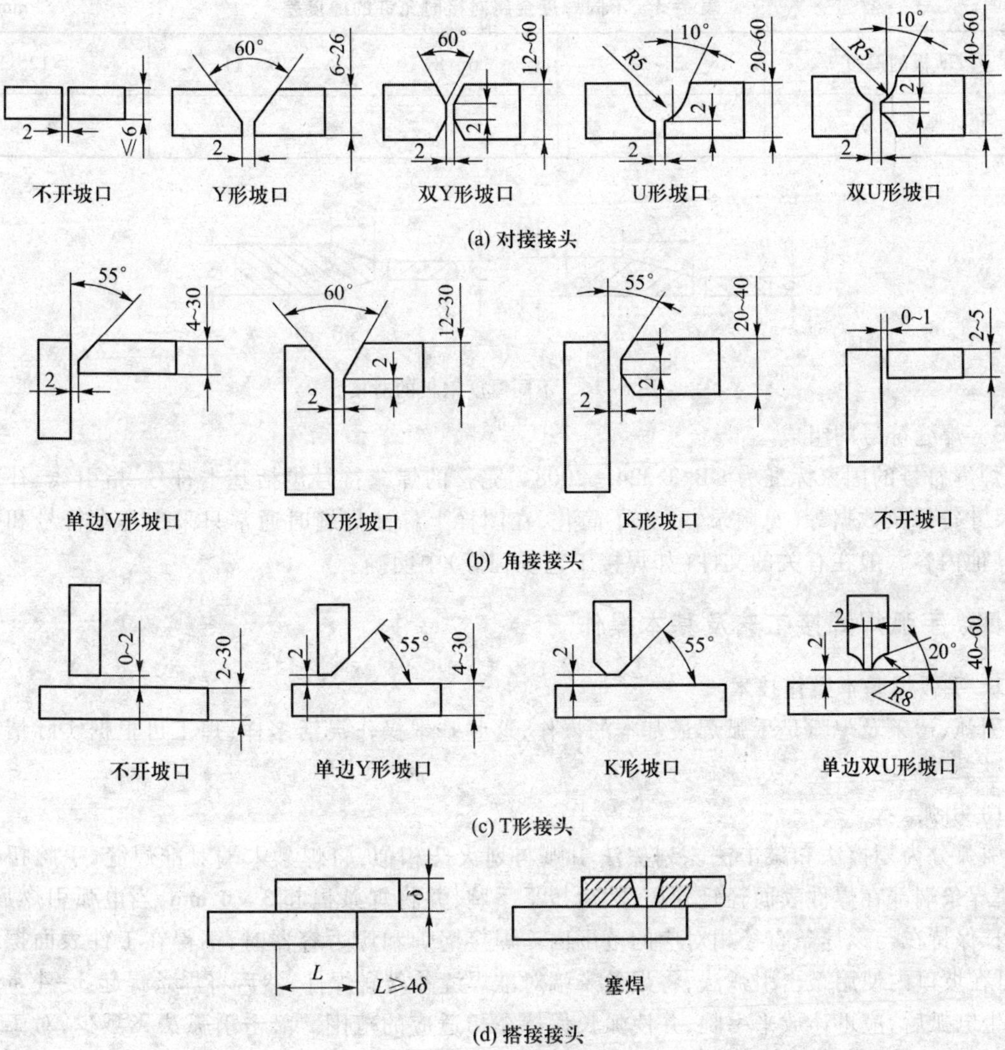

图 6-15 手弧焊焊接接头及坡口形式

(2) 焊接坡口形式　手工电弧焊焊接板厚 6 mm 以下的对接接头时，一般可不开坡口而直接焊成。板厚较大时，为保证焊件能够焊透，常将焊件接头边缘加工成一定形状的坡口。手工电弧焊常采用的坡口形式有：不开坡口（I 形坡口）、Y 形坡口、双 Y 形坡口、U 形坡口等，不同的接头有各种形式的坡口，其选择的主要依据是焊件的厚度和采用的焊接方法（图 6-15）。坡口除保证焊透外，还能起到调节母材金属和填充金属比例的作用，由此可以调整焊缝的性能。接头处钢板厚度最好相等，这样焊接时受热均匀，容易保证质量。不同厚度金属对接时，如果两板的厚差 $\delta_1-\delta$ 不超过表 6-3 的规定，则接头的基本形式和尺寸应按厚板选取；如 $\delta_1-\delta$ 超过表中规定值的上限，或双面超过 $2(\delta_1-\delta)$ 时，则应在较厚的板上加工出单面或双面斜边，如图 6-16 所示。

表 6-3 不同厚度金属对接时允许的厚度差 mm

较薄板的厚度	2 ~ 5	6 ~ 8	9 ~ 11	≥12
允许厚度差 $\delta_1-\delta$	1	2	3	4

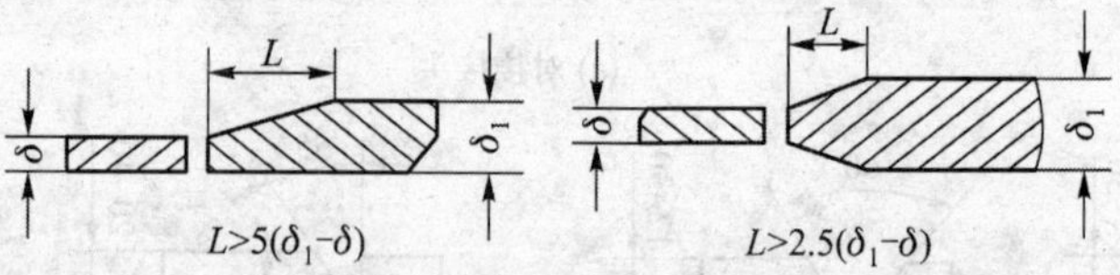

图 6-16 不同厚度钢板的对接

3）焊缝符号的组成

焊缝符号的国家标准为 GB/T 324—2008。完整的焊缝符号包括基本符号、指引线、补充符号、尺寸符号及数据等（见附录）。为了简化，在图样上标注焊缝时通常只采用基本符号和指引线，其他内容一般在有关的文件（如焊接工艺规程等）中明确。

四、手弧焊焊接工艺及基本操作

1. 手弧焊基本操作技术

引弧、运条及熄弧是手弧焊最基本的操作，这些基本操作灵活多样，焊工可根据实际情况适当调整。

1）引弧

引弧分为划擦法和敲击法。划擦法引弧与划火柴相似，将焊条末端对准焊缝，手腕扭转一下，使焊条端部在焊件表面轻轻划擦，然后扭平手腕，并将焊条提起 3 ~ 4 mm，当电弧引燃后，便将弧长保持在与该焊条直径相对应的范围内。焊接锅炉和压力容器时，不得在工件表面擦划引弧，可在坡口内使用敲击引弧法，将焊条末端对准焊缝并敲碰焊件，然后将焊条提起 3 ~ 4 mm，但在产生电弧后，应迅速放平手腕，并使弧长保持在相适应的范围。敲击引弧法飞溅少，对工件损害小。为保证顺利引弧，焊接电源的空载电压（引弧电压）应是电弧电压的 1.8 ~ 2.25 倍，电弧稳定燃烧时所需的电弧电压（工作电压）为 29 ~ 45 V。

2）运条

电弧引燃后，为了保证获得均匀一致的焊缝，焊条在焊接过程中，必须进行必要的运动，运条可分为三个基本动作：为了维持所要求的电弧长度，焊条需朝熔池方向逐渐送给；为获取一定宽度的焊缝，焊条需进行横向摆动；为使熔池金属形成焊缝，焊条需沿焊接方向直线移动。在焊接过程中，根据焊缝位置、接头形式、焊件厚度、焊条直径以及焊接电流等因素，可采用各种不同的横向摆动方法，见表 6-4。

表 6-4 常用的运条方法及适用范围

序号	运条示意图	名称	适用范围
1	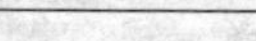	直线运条法	3 ~ 5 mm 厚度不开坡口对接平焊、多层焊的第 1 层焊道以及多层多道焊

续表

序号	运条示意图	名称	适用范围
2		圆圈形运条法	正环形摆动方式适用于厚板平焊；斜环形摆运方式适用于填角焊和开坡口的横焊
3	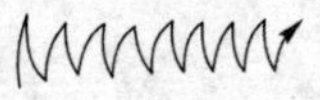	月牙形运条法	适用于厚钢板焊接，例如平、立、仰焊对接接头
4	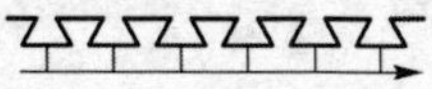	直线往复式运条法	薄板焊、间隙较大的多层焊打底
5	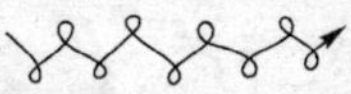	八字形运条法	厚焊件对接接头平焊
6	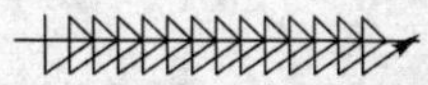	三角形运条法	角接接头（仰焊、立焊）、开坡口的对接接头（横焊）

3）熄弧

熄弧相当重要，直接关系到焊缝强度。收弧时应将熔池填满，拉灭电弧时注意不要把工件表面擦伤，常用以下几种方法。

（1）划圈收弧法　电弧移至焊缝终端时，焊条进行圆圈运动，直至填满弧坑后再熄弧，适用于厚板。

（2）回焊收弧法　当电弧移至收弧处时，稍作停留，接着回焊一小段后再熄弧，此法适用于碱性焊条。

（3）反复熄弧-收弧法　当电弧移至焊缝终端时，进行多次熄弧和引弧动作，直到弧坑填满为止，此法适用于大电流或薄板焊接。

4）操作技术

不论哪种位置焊缝的焊接，都应当通过保持正确的焊条倾角和运条动作将熔池温度控制在一定的范围内，使熔池金属熔合良好，冶金反应完全。在焊接过程中要仔细观察并控制熔池的形状与大小，根据熔池的变化情况，不断地调整焊条角度和运条动作，从而控制熔池的温度，保证焊接的质量。控制熔池形状与大小是手弧焊的技术要点。图 6-17 所示为不同接头形式平焊时的焊条角度。

2. 焊接工艺规范

焊接工艺规范是指制造焊件时有关的加工和实践要求的细则文件，它可以保证由熟练工操作时焊接质量的再现性。焊接工艺规范包括焊条型号（牌号）、焊条直径、焊接电流、坡口形状、焊接层数等工艺参数的选择。其中有些已在前面述及。下面仅就焊条直径、焊接电流和焊接层数等的选择问题进行简述。

（1）焊条直径的选择　由工件厚度、接头形式、焊缝位置和焊接层数等因素确定。选用较大直径的焊条时能提高生产率，但用过大直径的焊条，就会造成未焊透及焊缝成形不良。当工件较厚时，一般采用较大直径的焊条，但在厚板的对接接头坡口内的第一层焊接时，要选用较细的焊条。平焊时，由于允许使用较大的焊接电流，焊条的直径可选得大些，焊接接头形式不同，选用的焊条直径也应有所不同。立焊、横焊和仰焊时，宜选用较小直径的焊条。对于根部不要求完全焊透的不开坡口的角接、搭接、对接及 T 形接头的焊缝可参照表 6-5 选取焊条直径，对于要求完全均匀焊透的角接、对接及 T 形接头，在焊接底层时应采用小直径的焊条，即使是厚板的焊接，最

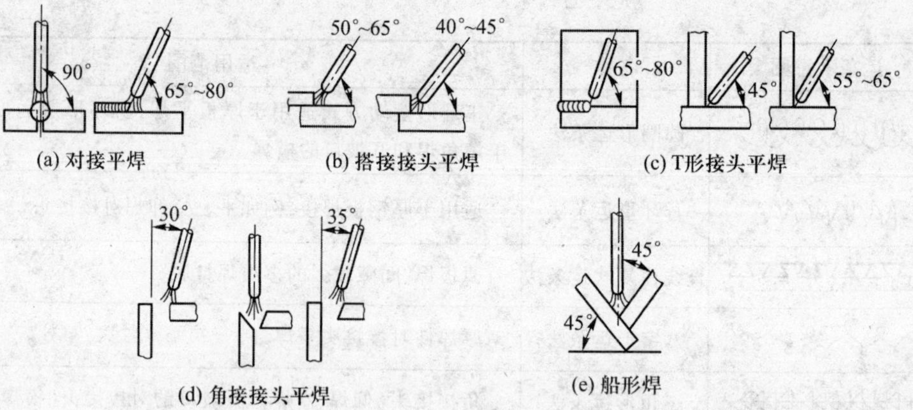

图 6-17　不同接头形式的焊条角度示意图

好也采用 $\phi3.2$ 以下的焊条，这样才能保证焊透及良好的背面成形。

表 6-5　焊条直径与板厚的关系

工件厚度/mm	≤4	4~10	10~14	≥14
焊条直径/mm	ϕ≤板厚	ϕ3~4	ϕ4~5	ϕ≥4

（2）焊接电流的选择　焊接电流是影响焊接质量最关键的因素。增大焊接电流能提高生产率，但电流过大，易造成焊缝咬边和烧穿等缺陷；焊接电流过小，使生产率降低，并易造成夹渣、未焊透等缺陷。因此，应选择适当的焊接电流。电流的大小主要根据焊条类型、焊条直径、焊件厚度、焊缝的空间位置、接头形式、焊道层次等因素选取。在使用结构钢焊条进行平焊时，焊接电流可通过以下经验公式进行初选：

$$I=Kd$$

式中，I——焊接电流，A；

d——焊条直径，mm；

K——经验系数。

K 和 d 的关系见表 6-6。

立焊、横焊、仰焊的焊接电流应比平焊时小 10%~15%；使用碱性焊条时焊接电流要比使用酸性焊条时略小。当然，在实际焊接中，焊接电流还要由焊工根据焊缝成形、熔池变化、焊条熔化及飞溅情况来判断。

表 6-6　焊接电流经验公式与焊条直径的关系

焊条直径/mm	ϕ1.6	ϕ2~2.5	ϕ3.2	ϕ46
经验系数	20~25	25~30	30~40	40~50

（3）电弧长度和焊接速度　电弧长度一般不超过 2~4 mm，操作时碱性焊条的电弧长度比酸性焊条的电弧长度要短些。焊接速度以保证焊缝尺寸符合设计图样的要求为准。

（4）焊接层数　厚件、易过热的材料焊接时，常采用开坡口、多层多道焊的方法，每层焊缝的厚度以3～4mm为宜。

（5）电源种类和极性　直流电源的电弧稳定，飞溅少，焊缝质量好。在焊接重要结构件时一般选用直流焊接。采用碱性焊条施焊或焊接薄板时，应采用直流反接，酸性焊条应采用直流正接。

6.4 任务实施

对于图6-1所示的组件，所用材料为Q235-A，焊缝为角焊缝，焊角为6 mm，由于内侧施焊空间不足，只能在两端各焊100 mm。焊接时选用直径为3.2 mm、牌号为J422的焊条，焊接电流为110～140 A。

1. 施焊前的准备

（1）准备好施焊工件，预先制作好底板和筋板（可采用气割方法制作，详见学习情境七）。

（2）熟悉组件的焊接工艺、焊缝尺寸要求，选择好施焊方法（本组件采用手弧焊）。

（3）划线，按图样尺寸要求，在底板上划出筋板的定位线。

（4）准备好工具及防护用品，检查调整设备（交流焊机型号为BX-500），使其导线、电缆接触良好，如有漏电之处，应立即拉下电源开关，通知电工修理。焊钳应绝缘可靠，禁止私自触动。焊机要求有可靠而牢固的接地或接零。

（5）检查施焊工地的零件堆放是否安全，施焊件支撑是否可靠平稳。

（6）为保证焊接质量，清除焊缝边缘10 mm范围内的油、锈、水分等污物。

（7）调整好焊接规范，尽量采用水平和船形位置施焊。

2. 焊接工艺

以两层三道形式焊接，打底焊时，焊接电流稍大些，保证顶角处焊透，熔合良好。盖面焊焊接下面的焊道时，电弧对准打底焊道的下沿；焊上面的焊道时，电弧对准打底焊道的上沿，保证熔池与母材和打底焊道熔合良好。焊接工艺参数如表6-7所示。

表6-7　焊接工艺参数

焊接层次	焊条直径/mm	焊接电流/A
打底焊	3.2	120～140
盖面焊	3.2	110～130

思考与练习

一、选择题

1. 焊缝一次结晶组织晶粒越细，则________。

（A）综合力学性能越好　　（B）综合力学性能越差　　（C）抗烈性能越差

2. 焊接区的氮主要来源于________。

(A) 空气 (B) 药皮中的高价氧化物 (C) 焊件表面上的铁锈

3. 手弧焊时，焊接区内充满了大量气体，气体主要来源于________。

(A) 焊条药皮 (B) 空气 (C) 高温蒸发产生的金属蒸气

4. 焊接电弧是一种________现象。

(A) 燃料燃烧 (B) 化学反应 (C) 气体放电

5. 手工电弧焊时，电弧电压与________的变化成正比。

(A) 焊接电流 (B) 电弧长度 (C) 焊接速度

6. 碱性焊条的熔渣内多含有________、氧化镁、氧化钾、氧化钠等碱性氧化物。

(A) 二氧化硅 (B) 氧化钙 (C) 三氧化二铁

7. 氟化氢中毒主要产生于使用________的手弧焊，焊条药皮中含有萤石和石英，在电弧高温作用下形成氟化氢气体。

(A) 碱性焊条 (B) 酸性焊条 (C) 耐热钢焊条

二、填空题

1. 焊接接头的基本形式有四种，即________、________、________和________。
2. 焊缝符号由________、________、补充符号和焊缝尺寸符号、指引线组成。
3. 手弧焊时，防止或减弱焊接电弧偏吹的最有效、最简单的方法是________和________。
4. ________、________及________是手弧焊最基本的操作方法。
5. 焊接方法分为________、________和________三大类。
6. 手工电弧焊引弧的方法一般有两种，即________法和________法。

三、简答题

1. 焊接电弧是怎样一种现象？电弧中各区的温度有多高？
2. 低碳钢焊缝热影响区包括哪几个部分？简述其组织性能。
3. 焊条药皮有哪些作用？
4. 简述焊条选用的原则。
5. 手工电弧焊有哪些工艺特点？

学习情境七

柴油机缸体裂纹的补焊

7.1 任务描述

由于铸造缺陷，柴油机缸体在铸造生产时在图 7-1 所示的 1 处产生了裂纹，为了消除裂纹缺陷，使之成为合格产品，在生产中常常采用补焊工艺。缸体的材质为球墨铸铁。

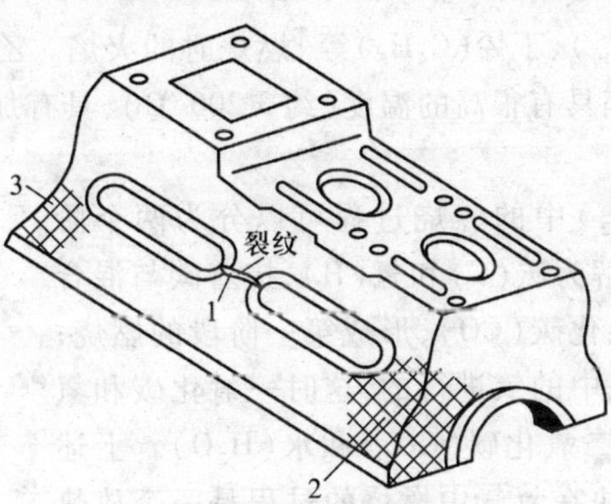

图 7-1　柴油机缸体

【知识点】

◎ 气焊和气割的特点、原理。

◎ 气焊焊接材料。

◎ 气焊设备及工具。

◎ 气焊和气割工艺参数。

【技能点】

◎ 气焊焊材的选用。

◎ 气焊和气割工具的选用。

7.2 任务分析

通过对柴油机缸体的材料分析，采用气焊方法修补这一裂纹。首先在裂纹处用气割的方法割出剖口，然后进行气焊修复。在本情境的学习中，学生应掌握气焊与气割的基本知识，掌握气焊焊接方法的特点与应用，了解气焊设备与工具，学会气焊工艺参数的确定，了解气割原理及其应用等。

7.3 相关知识

气焊与气割是利用可燃气体与助燃气体混合燃烧产生的气体火焰作为热源，进行金属材料的焊接或切割。

一、焊接、切割的火焰分类

气焊和气割的气体火焰包括氧-乙炔焰、氢氧焰及液化石油气体[丙烷(C_3H_8)含量为50%~80%，此外还有丁烷(C_4H_{10})、丁烯(C_4H_8)等]燃烧时的火焰。乙炔与氧混合燃烧形成的火焰称为氧-乙炔焰。氧-乙炔焰具有很高的温度(约3 200 ℃)，具有加热集中的特点，因此是气焊、气割中主要采用的火焰。

乙炔(C_2H_2)在氧气(O_2)中的燃烧过程可以分为两个阶段：乙炔在加热作用下被分解为碳(C)和氢(H)，接着碳与混合气中的氧发生反应生成一氧化碳(CO)，形成第一阶段的燃烧；第二阶段的燃烧是依靠空气中的氧进行的，这时一氧化碳和氢气分别与氧发生反应，生成二氧化碳(CO_2)和水(H_2O)。上述的反应会释放出热量，即乙炔在氧气中燃烧的过程是一个放热的过程。

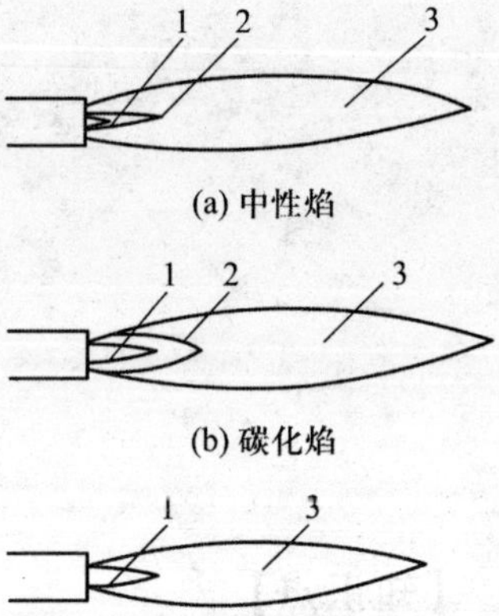

图 7-2 氧-乙炔焰的构造和形状

1—焰芯 2—内焰 3—外焰

根据氧和乙炔混合比的不同，氧-乙炔火焰可分为中性焰、碳化焰和氧化焰三种类型，其构造和形状如图7-2所示。

1. 中性焰

中性焰是氧与乙炔的体积比值为1.1~1.2的混合气燃烧形成的气体火焰。中性焰在第一燃烧阶段既无过剩的氧又无游离的碳。中性焰有三个显著区别的区域，分别为焰芯、内焰和外焰，如图7-2a所示。

(1) 焰芯 中性焰的焰芯呈尖锥形，色白而明亮，轮廓清楚。焰芯由氧气和乙炔组成，焰芯外表分布一层由乙炔分解所生成的碳素微粒，由于炽热的碳粒发出明亮的白光，因而有明亮而清楚的轮廓。

在焰芯内部进行着第一阶段的燃烧。焰芯虽然很亮，但温度较低(800~1 200℃)，这是由于乙炔分解而吸收了部分热量的缘故。

(2) 内焰 内焰主要由乙炔的不完全燃烧产物，即来自焰芯的碳和氢气与氧气燃烧的生成物一氧化碳和氢气所组成。内焰位于碳素微粒层外面，呈蓝白色，有深蓝色线条。内焰处在焰芯前 2 ~ 4 mm 部位，燃烧激烈，温度最高，可达 3 100 ~ 3 150 ℃。气焊时，一般就利用这个温度区域进行焊接，因而称其为焊接区。

由于内焰中的一氧化碳（CO）和氢气（H_2）能起还原作用，所以焊接碳钢时都在内焰区进行，即将工件的焊接部位放在距焰芯尖端 2 ~ 4 mm 处。内焰中一氧化碳的含量为 60% ~ 66%，氢气的含量为 30% ~ 34%。由于对许多金属的氧化物具有还原作用，所以焊接区又称为还原区。

（3）外焰　处在内焰的外部，其颜色从里向外由淡紫色变为橙黄色。在外焰，来自内焰燃烧生成的一氧化碳和氢气与空气中的氧充分燃烧，即进行第二阶段的燃烧。外焰燃烧的生成物是二氧化碳和水。

外焰温度为 1 200 ~ 2 500 ℃。由于二氧化碳（CO_2）和水（H_2O）在高温时容易分解，所以外焰具有氧化性。

中性焰应用最为广泛，一般用于焊接碳钢、紫铜和低合金钢等。

中性焰的温度是沿着火焰轴线而变化的，如图 7-3 所示。中性焰温度最高处在距离焰芯尖端 2 ~ 4 mm 的内焰的范围内，此处温度最高可达 3 150 ℃，离此处越远，则火焰温度越低。

此外，火焰在横断面上的温度是不同的，断面中心温度最高，越向边缘，温度就越低。

中性焰的焰芯和外焰的温度较低，而内焰不但温度最高还具有还原性，可以改善焊缝金属的性能，因此，采用中性焰焊接和切割大多数金属及其合金时都是利用内焰。

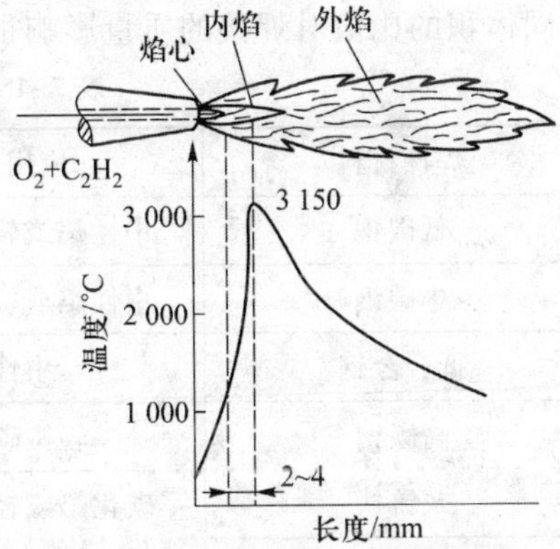

图 7-3　中性焰的温度分布情况

2. 碳化焰

碳化焰是氧与乙炔的体积的比值小于 1.1 时的混合气燃烧形成的气体火焰，因为乙炔有过剩量，所以燃烧不完全。碳化焰中含有游离碳，具有较强的还原作用和一定的渗碳作用。

碳化焰可分为焰芯、内焰和外焰三部分，如图 7-2b 所示。碳化焰的整个火焰比中性焰长而柔软，而且随着乙炔的供给量的增多，碳化焰也变得越长、越柔软，其挺直度也就越差。当乙炔的过剩量很大时，由于缺乏使乙炔完全燃烧所需要的氧气，火焰开始冒黑烟。

碳化焰的焰芯较长，呈蓝白色，由一氧化碳（CO）、氢气（H_2）和碳素微粒组成。碳化焰的外焰特别长，呈橘红色，由水蒸气、二氧化碳、氧气、氢气和碳素微粒组成。

碳化焰的温度为 2 700 ~ 3 000 ℃。由于碳化焰中有过剩的乙炔，且可以分解为氢气和碳，因此在焊接碳钢时，火焰中游离状态的碳会渗到熔池中去，增高焊缝的含碳量，使焊缝金属的强度提高而塑性降低。此外，过多的氢还会进入熔池，使焊缝产生气孔和裂纹。因而，碳化焰不能用于焊接低碳钢及低合金钢。但乙炔过剩轻微的碳化焰应用较广，可用于焊接高碳钢、中合金钢、高合金钢、铸铁、铝和铝合金等材料。

3. 氧化焰

氧化焰是氧与乙炔的体积的比值大于 1.2 时的混合气燃烧形成的气体火焰，氧化焰中有过剩的氧，在尖形焰芯外面形成了一个有氧化性的富氧区，其构造和形状如图 7-2c 所示。

氧化焰由于火焰中含氧较多,氧化反应剧烈,使焰芯、内焰、外焰都缩短,其中内焰很短,几乎看不到。氧化焰的焰芯呈淡紫蓝色,轮廓不明显;外焰呈蓝色,火焰挺直,燃烧时发出急剧的"嘶嘶"声。氧化焰的长度取决于氧气的压力和火焰中氧气的比例,氧气的比例越大,则整个火焰就越短,噪声也就越大。

氧化焰的温度可达 3 100 ~ 3 400 ℃。由于氧气的供应量较多,使整个火焰具有氧化性。如果焊接一般碳钢时,采用氧化焰就会造成熔化金属的氧化和合金元素的烧损,使焊缝金属氧化物和气孔增多并增强熔池的沸腾现象,从而较大地降低焊接质量。所以,一般材料的焊接,绝不能采用氧化焰。但在焊接黄铜和锡青铜时,可以利用具有轻微氧化性的氧化焰,生成的氧化物薄膜覆盖在熔池表面,可以阻止锌、锡的蒸发。氧化焰的温度很高,在火焰加热时为了提高效率常使用氧化焰。气割时,通常会使用氧化焰。

4. 各种火焰的适用范围

以上叙述的中性焰、碳化焰和氧化焰,因其性质不同,适用于焊接不同的材料。氧与乙炔的不同体积的比值对焊接的质量影响很大。各种金属材料气焊时火焰种类的选择详见表 7-1。

表 7-1 各种金属材料气焊时火焰的选择

焊件材料	应用火焰	焊件材料	应用火焰
低碳钢	中性焰或轻微碳化焰	铬镍不锈钢	中性焰或轻微碳化焰
中碳钢	中性焰或轻微碳化焰	紫铜	中性焰
低合金钢	中性焰	锡青铜	轻微氧化焰
高碳钢	轻微碳化焰	黄铜	氧化焰
灰铸铁	碳化焰或轻微碳化焰	铝及其合金	中性焰或轻微碳化焰
高速钢	碳化焰	铅、锡	中性焰或轻微碳化焰
锰钢	轻微氧化焰	蒙乃尔合金	碳化焰
镀锌铁皮	轻微碳化焰	镍	碳化焰或轻微碳化焰
铬不锈钢	中性焰或轻微碳化焰	硬质合金	碳化焰

二、气焊

1. 气焊的特点

气焊是利用气体火焰作热源的一种熔焊方法。它借助于可燃气体与助燃气体混合燃烧产生的气体火焰,将接头部位的母材和焊丝熔化,使被熔化的金属形成熔池,冷却凝固后形成牢固的接头,从而使两焊件连接成一个整体。气焊常用氧气和乙炔混合燃烧的火焰进行焊接,故又称为氧乙炔焊。图 7-4 所示为气焊设备的示意图。

1) 气焊的优点

(1) 设备简单,操作方便,成本低,适应性强,在无电力供应的地方可方便地焊接;

(2) 可以焊接薄板、小直径薄壁管;

(3) 焊接铸铁、有色金属、低熔点金属及硬质合金时质量较好。

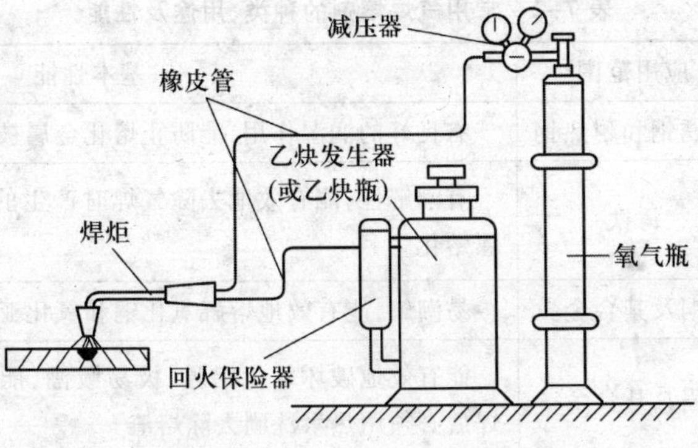

图 7-4 气焊设备示意图

2）气焊的缺点

（1）火焰温度低，加热分散，热影响区宽，焊件变形大和过热严重，接头质量不如焊条电弧焊容易保证；

（2）生产率低，不宜焊较厚的金属；

（3）难以实现自动化。

2. 气焊焊接材料

1）焊丝

气焊用的焊丝在气焊中起填充金属的作用，与熔化的母材一起形成焊缝。因此焊缝金属的质量在很大程度上取决于焊丝的化学成分和质量。对气焊丝的一般要求是：

（1）焊丝的熔点等于或略低于被焊金属的熔点；

（2）焊丝所焊焊缝应具有良好的力学性能，焊缝内部质量好，无裂纹、气孔、夹渣等缺陷；

（3）焊丝的化学成分应基本上与焊件相符，无有害杂质，以保证焊缝有足够的力学性能；

（4）焊丝熔化时应平稳，不应有强烈的飞溅或蒸发；

（5）焊丝表面应洁净，无油脂、油漆和锈蚀等污物。

常用的气焊丝有碳素结构钢焊丝、合金结构钢焊丝、不锈钢焊丝、铜及铜合金焊丝、铝及铝合金焊丝以及铸铁焊丝等。焊接低碳钢和结构钢时的焊丝牌号及用途为：H08 和 H08A 用于焊接一般的工件；H08Mn 和 H08MnA 用于焊接要求较高的工件；H15A 用于焊接中等强度的工件；H15Mn 用于焊接高强度的工件。焊丝直径一般为 2～4 mm，气焊时根据焊件厚度来选择。为了保证焊接接头的质量，焊丝直径和焊件厚度不宜相差太大。铸铁焊接用焊丝的型号、化学成分可参见国家标准。

2）气焊熔剂

气焊熔剂是气焊时的助熔剂。气焊熔剂熔化反应后，能与熔池内的金属氧化物或非金属夹杂物相互作用生成熔渣，覆盖在熔池表面，使熔池与空气隔离，因而能有效防止熔池金属的继续氧化，改善焊缝的质量。气焊熔剂主要在气焊铸铁、不锈钢、耐热钢、铜和铝等金属材料时使用，气焊低碳钢时不必使用气焊熔剂。我国气焊熔剂的牌号有 CJ101、CJ201、CJ301 及 CJ401 四种。其中 CJ101 为不锈钢和耐热钢气焊熔剂，CJ201 为铸铁气焊熔剂，CJ301 为铜及其合金气焊熔剂，CJ401 为铝及其合金气焊熔剂。常用气焊熔剂的种类、用途及性能见表 7-2。

表 7-2 常用气焊熔剂的种类、用途及性能

熔剂型号	代号	应用范围	基本性能
熔剂 101	CJ101	不锈钢和耐热钢	有良好的润湿作用,能防止熔化金属被氧化,焊后熔渣易清除
熔剂 201	CJ201	铸铁	有潮解性,能有效地去除气焊时产生的硅酸盐和氧化物,加速金属熔化
熔剂 301	CJ301	铜及其合金	易潮解,能有效地熔解氧化铜和氧化亚铜,防止熔化金属氧化
熔剂 401	CJ401	铝及其合金	能有效地破坏氧化铝膜,极易吸潮,能在空气中引起铝腐蚀,故焊后必须用热水洗刷去除熔渣

3. 气焊设备及工具

气焊设备及工具主要有氧气瓶、乙炔瓶、液化石油气瓶、减压器、焊炬及输气胶管等。

1) 氧气瓶、乙炔瓶、液化石油气瓶

氧气瓶、乙炔瓶、液化石油气瓶是分别贮存和运输氧气、乙炔、液化石油气的压力容器。氧气瓶外表涂天蓝色,瓶体上用黑漆标注“氧气”字样;乙炔瓶外表涂白色,并用红漆标注“乙炔”字样。液化石油气瓶外表面涂银灰色漆并用红漆标注“液化石油气”字样。

2) 减压器

氧气瓶内的氧气压力最高达 15 MPa,乙炔瓶内的乙炔压力最高达 1.5 MPa,而气焊工作时氧气的压力一般为 0.1 ~ 0.4 MPa,乙炔的压力最高不超过 0.15 MPa,因此必须要有一种调节装置将气瓶内的高压气体降为工作时的低压气体,并保证工作时压力稳定,这种调节装置叫做减压器,又称压力调节器。

减压器按用途不同可分为氧气减压器、乙炔减压器、液化石油气减压器等;按构造不同可分为单级式和双级式两类;按工作原理不同可分为正作用式和反作用式两类。目前常用的是单级反作用式减压器,其工作原理如图 7-5 所示。

3) 焊炬

焊炬是气焊时用于控制气体混合比、流量及火焰并进行焊接的工具。焊炬按可燃气体与氧气混合的方式不同,可分为射吸式焊炬(也称低压焊炬)和等压式焊炬两类。现在常用的是射吸式焊炬(图 7-6),等压式焊炬可燃气体的压力和氧气的压力相等,不能用于低压乙炔,所以目前尚未广泛使用。

对于新使用的射吸式焊炬,必须检查其射吸情况,即接上氧气胶管,拧开氧气阀和乙炔阀,将手指轻轻按在乙炔进气管接头上,若感到有一股吸力,则表明射吸能力正常,若没有吸力,甚至氧气从乙炔接头上倒流,则表明射吸能力不正常,要禁止使用。

4) 输气胶管

氧气瓶和乙炔瓶中的气体须用橡皮管输送到焊炬或割炬中。根据 GB/T 9448—1999《焊接与切割安全》标准规定,氧气管为黑色,乙炔管为红色。通常氧气管内径为 8 mm,乙炔管内径为 10 mm,氧气管与乙炔管强度不同,氧气管允许工作压力为 1.5 MPa,乙炔管为 0.3 MPa。连接于焊炬的胶管长度不能短于 5 m,但太长了会增加气体流动的阻力,一般在 10 ~ 15 m 为宜。用于焊炬的橡皮管要防止油污及漏气,并严禁互换使用。

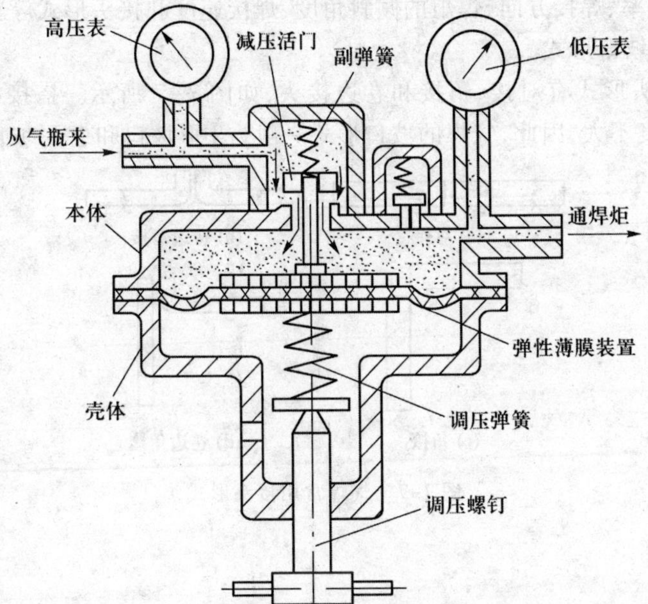

图 7-5 单级反作用式减压器工作原理

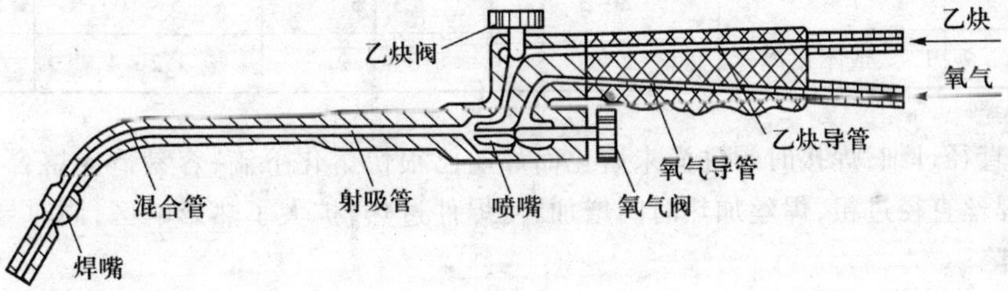

图 7-6 射吸式焊炬

5）其他辅助工具

（1）护目镜 气焊时使用护目镜主要是保护焊工的眼睛不受火焰亮光的刺激，以便在焊接过程中能够仔细地观察熔池的金属，又可防止飞溅的金属微粒溅入眼睛。护目镜的镜片颜色及其深浅应根据焊工的需要和被焊材料的性质选用。颜色太深或太浅都会妨碍对熔池的观察，影响工作效率，一般选用 3～7 号的黄绿色镜片。

（2）点火枪 使用手枪式点火枪点火最为安全方便。当用火柴点火时，必须把划着的火柴从焊嘴的后面送到焊嘴或割嘴上，以免手被烧伤。

此外，还有清理工具，例如钢丝刷、手锤、锉刀；连接和启闭气体通路的工具，例如钢丝钳、铁丝、皮管夹头、扳手等以及清理焊嘴的通针。

4. 气焊工艺参数

气焊工艺参数是保证焊接质量的主要技术依据，主要包括焊丝的型号、牌号及直径、气焊熔剂、火焰的性质及能率、焊接方向、焊炬的倾斜角度、焊接速度和接头形式等。

1）接头形式和坡口形式

气焊常用的接头形式有对接、角接和卷边接头，如图 7-7 所示。搭接和 T 形接头用得少。适宜气焊的工件厚度不大，因此，气焊的坡口形式一般为 I 形坡口和 V 形坡口。

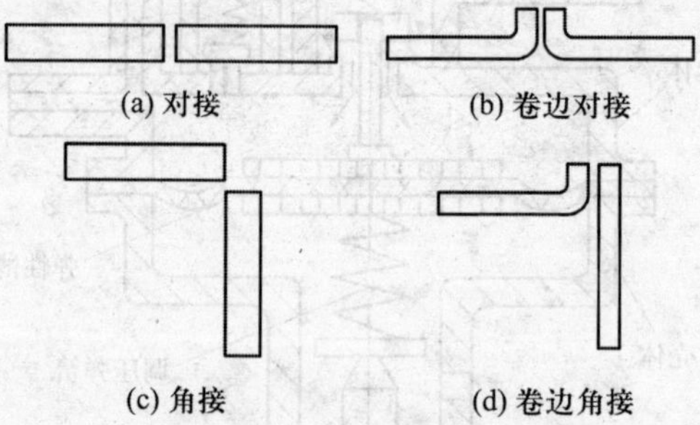

图 7-7 气焊常用接头形式

2）焊丝

焊丝型号、牌号的选择应根据焊件材料的力学性能或化学成分，焊丝直径主要根据焊件的厚度来决定，如表 7-3 所示。

表 7-3 焊丝直径与焊件厚度的关系 mm

焊件厚度	1 ~ 2	2 ~ 3	3 ~ 5	5 ~ 10	10 ~ 15
焊丝直径	1 ~ 2 或不用焊丝	2 ~ 3	3 ~ 3.2	3.2 ~ 4	4 ~ 5

若焊丝直径过细，焊接时焊件尚未熔化而焊丝已很快熔化下滴，容易造成熔合不良等缺陷；相反，如果焊丝直径过粗，焊丝加热时间增加，使焊件过热，扩大了热影响区，同时导致焊缝产生未焊透等缺陷。

3）气焊熔剂

气焊熔剂的选择要根据焊件的成分及其性质而定。一般碳素结构钢在气焊时不需要气焊熔剂，而不锈钢、耐热钢、铸铁、铜及铜合金、铝及铝合金气焊时，则必须采用气焊熔剂。

4）火焰性质的选择

一般来说，需要尽量减少元素的烧损时，应选用中性焰；若需要增碳及还原气氛时，应选用碳化焰；当母材含有低沸点元素［如锡（Sn）、锌（Zn）等］时，需要生成覆盖在熔池表面的氧化物薄膜，以阻止低熔点元素蒸发，则应选用氧化焰。总之，火焰性质的选择应根据焊接材料的种类和性能。

由于气焊焊接质量和焊缝金属的强度与火焰种类有很大的关系，因此在整个焊接过程中应不断地调节火焰成分，保持火焰的性质，从而获得质量好的焊接接头。不同金属材料的气焊所采用的焊接火焰的性质可参照表 7-1。

5）火焰能率的选择

火焰能率指单位时间内可燃气体（乙炔）的消耗量，单位为 L/h。火焰能率的物理意义是单位时间内可燃气体所提供的能量。

火焰能率的大小是由焊炬型号和焊嘴号码的大小来决定的。焊嘴号越大,火焰能率也越大。所以火焰能率的选择实际上是确定焊炬的型号和焊嘴的号码。火焰能率的大小主要取决于氧、乙炔混合气体中氧气的压力和流量(消耗量)及乙炔的压力和流量(消耗量)。流量的粗调通过更换焊炬型号和焊嘴号码实现;流量的细调通过调节焊炬上的氧气调节阀和乙炔调节阀来实现。

火焰能率应根据焊件的厚度、母材的熔点和导热性及焊缝的空间位置来选择。例如焊接较厚的焊件、熔点较高的金属以及导热性较好的铜、铝及其合金时,就要选用较大的火焰能率,才能保证焊件焊透;反之,在焊接薄板时,为防止焊件被烧穿,火焰能率应适当减小。平焊缝可比其他位置焊缝选用稍大的火焰能率。在实际生产中,在保证焊接质量的前提下,应尽量选择较大的火焰能率。

6）焊接方向

气焊时,按照焊炬和焊丝的移动的方向,可分为左向焊法和右向焊法两种。

左向焊时焊丝和焊炬从焊缝的右端向左端移动,焊丝在焊炬前面,火焰指向焊件的待焊部分。其特点是操作简单方便,适于焊接薄板和熔点较低的工件。

右向焊时焊丝与焊炬从焊缝的左端向右端移动,焊丝在焊炬后面,火焰指向焊件的已焊部分。其特点是焊接过程中火焰始终笼罩着已焊的焊缝金属,使熔池冷却缓慢,有助于改善焊缝的金属组织,并且热量集中,熔深大,适用于焊接厚度较大、熔点及导热性较好的工件,但操作较难掌握。

7）焊嘴倾斜角

焊嘴的倾斜角是指焊嘴中心线与焊件平面之间的夹角。详见图 7-8。焊嘴的倾斜角度的大小主要是由焊嘴的大小、焊件的厚度、母材的熔点和导热性以及焊缝空间位置等因素综合决定的。当焊嘴倾斜角大时,因热量散失少,焊件得到的热量多,升温就快;反之,热量散失多,焊件受热少,升温就慢。

低碳钢气焊时,焊嘴的倾斜角度与工件厚度的关系如图 7-8 所示。一般说来,在焊接厚度大、母材熔点较高或导热性较好的金属材料时,焊嘴的倾斜角要选得大一些;反之,焊嘴的倾斜角可选得小一些。

焊嘴的倾斜角度在气焊的过程中还应根据施焊情况进行变化。例如在焊接刚开始时,为了迅速形成熔池,焊嘴的倾斜角度可为 80°～90°;当焊接结束时,为了更好地填满弧坑,避免焊穿或使焊缝收尾处过热,应将焊嘴适当地提高,焊嘴倾斜角度逐渐减小,并使焊嘴对准焊丝或熔池,交替地进行加热。

在气焊过程中,焊丝对焊件表面的倾斜角一般为 30°～40°,与焊嘴中心线的角度为 90°～100°,如图 7-9 所示。

8）焊接速度

焊接速度应根据焊工的操作熟练程度而定。在保证焊接质量的前提下,应尽量提高焊接速度,以减少焊件的受热程度并提高生产率。一般说来,对于厚度大、熔点高的焊件,焊接速度要慢些,以避免产生未熔合的缺陷;而对于厚度薄、熔点低的焊件,焊接速度要快些,以避免产生烧穿和使焊件过热而降低焊接质量。

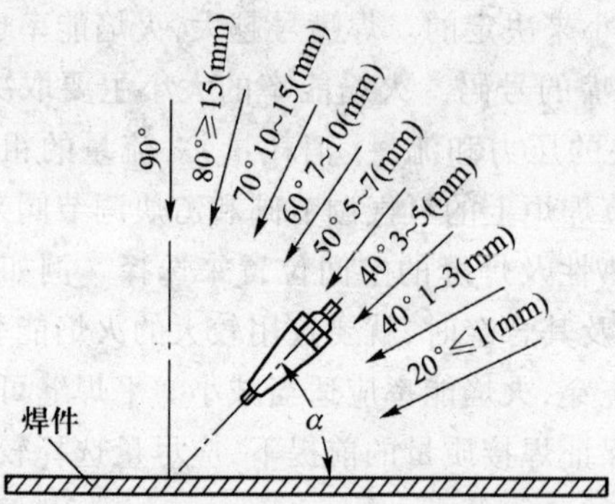

图 7-8 焊嘴倾角与工件厚度的关系

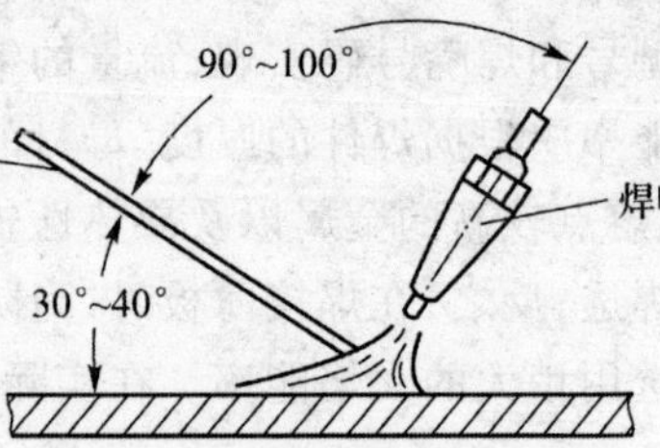

图 7-9 焊嘴与焊丝的相对位置

三、气割

氧气切割(简称气割)是利用气体火焰的能量将金属分离的一种加工方法,是生产中钢材分离的重要手段。气割技术几乎是和焊接技术同时诞生的一对相互促进、相互发展的“孪生兄弟”,构成了钢铁的一裁一缝。气割可分为手工气割、半自动气割和自动气割(数控气割)三类。手工气割适应性好,但气割精度低,切口质量差;半自动气割适应性广,可以进行直线和圆周形、斜面以及 V 形坡口等形状的气割,其切口质量较好;自动气割切口质量最好,效率最高,能完成复杂形状的气割下料。

1. 气割原理

气割是利用气体火焰的热能将工件切割处预热到燃烧温度,然后喷出高速切割氧流,使其燃烧并放出热量,从而实现切割。氧气切割过程为预热—燃烧—吹渣,其实质是铁在纯氧中的燃烧过程,而不是金属的熔化过程。气割所用的设备,除割炬代替焊炬外,其余与气焊的相同。割炬有射吸式和等压式两种,射吸式割炬的构造原理,如图 7-10 所示。割炬的割嘴有环形(组合式)和梅花形(整体式)两种。

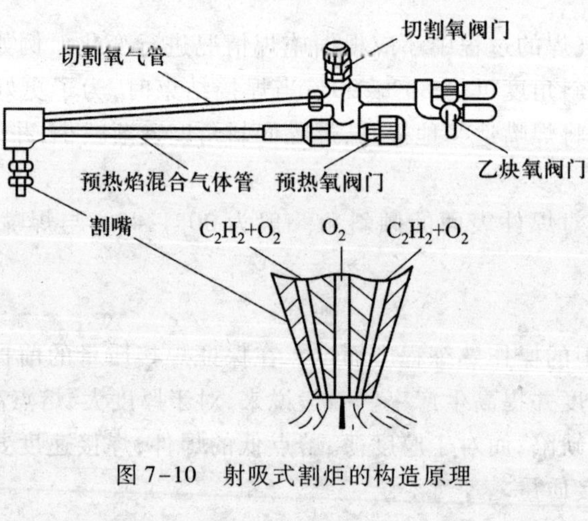

图 7-10 射吸式割炬的构造原理

2. 氧气切割金属材料的条件

（1）金属材料的燃点必须低于其熔点，这是保证切割是在燃烧过程中进行的基本条件。否则，金属将先熔化，变为熔割过程，使割口过宽而不整齐。

低碳钢燃点为1 350 ℃，熔点为1 500 ℃，很适合切割。随着含碳量的增加，燃点上升，熔点下降，大约含碳量超过0.7%后，燃点即高于熔点，所以，高碳钢不适合切割。铸铁燃点高于熔点，而且产生的SiO_2黏度大，流动性差，切割气流很难把它吹除，因此切割困难。

（2）燃烧生成的金属氧化物的熔点应低于金属本身的熔点，同时流动性要好。若不具备这一条件，就会在表面形成固态氧化物，阻碍氧流与下层金属的接触，使切割过程不能正常运行。例如，铝的熔点为660 ℃，而Al_2O_3的熔点高达2 050 ℃；铬的熔点是1 550 ℃，而Cr_2O_3的熔点则为1 990 ℃。所以，对不锈钢、铝就不能用氧气切割。

（3）金属燃烧时能放出大量的热，而且金属本身的导热性要低，这是为了保证下层金属有足够的预热程度，使切割过程能持续进行。

符合以上条件的有纯铁、低碳钢、中碳钢和普通低合金钢。而高碳钢、铸铁、高合金钢及铜、铝等有色金属及其合金均难以进行氧气切割，必须采用其他切割方法，例如等离子弧切割。

3. 气割的主要工艺参数

气割工艺参数主要包括割炬型号和切割氧压力、气割速度、预热火焰能率、割嘴与工件间的倾斜角、割嘴到工件表面的距离等。

（1）割炬型号和切割氧压力　被割件越厚，则割炬型号、割嘴号码、氧气压力也越大；割件较薄时，切割氧压力可适当降低。切割氧的压力不能过低，也不能过高。若切割氧压力过高，则切割缝过宽，切割速度降低，不仅浪费氧气，同时还会使切口表面粗糙，甚至还将对割件产生强烈的冷却作用。若氧气压力过低，会使气割过程中的氧化反应减慢，切割的氧化物熔渣吹不掉，在割缝背面形成难以清除的熔渣黏结物，甚至不能将工件割穿。

除上述切割氧的压力对气割质量的影响外，氧气的纯度对氧气消耗量、切口质量和气割速度也有很大的影响。氧气纯度降低，会使金属氧化过程缓慢，切割速度降低，同时氧的消耗量增加。图7-11为氧气纯度对气割时间和氧气消耗量的影响曲线，在氧气纯度为97.5%～99.5%的范围内，氧气纯度每降低1%，气割1 m长的割缝时气割时间将增加10%～15%，氧气消耗量将增加25%～35%。

（2）气割速度　一般气割速度与工件的厚度和割嘴形式有关，工件越厚，气割速度越慢；相反，气割速度应越快。气割速度由操作者根据割缝的后拖量自行掌握。所谓后拖量是指在氧气切割的过程中，在切割面上的切割氧气流轨迹的始点与终点在水平方向上的距离，如图7-12所示。

在气割时，后拖量总是不可避免的，尤其气割厚板时更为显著。合适的气割速度应使切口产生的后拖量比较小。若气割速度过慢，会使切口边缘不齐，甚至产生局部熔化现象，割后清渣也比较困难；若气割速度过快，会造成后拖量过大，使割口不光洁，甚至造成割不透。

总之，合适的气割速度可以保证气割质量，并能降低氧气的消耗量。

（3）预热火焰能率　预热火焰的作用是把金属工件加热至金属在氧气中燃烧的温度，并始终保持这一温度，同时还使钢材表面的氧化皮剥离和熔化，便于切割氧流与金属接触。

气割时，预热火焰应采用中性焰或轻微氧化焰。碳化焰因有游离碳的存在，会使切口边缘增碳,所以不能采用。在切割过程中,要注意随时调整预热火焰,防止火焰性质发生变化。

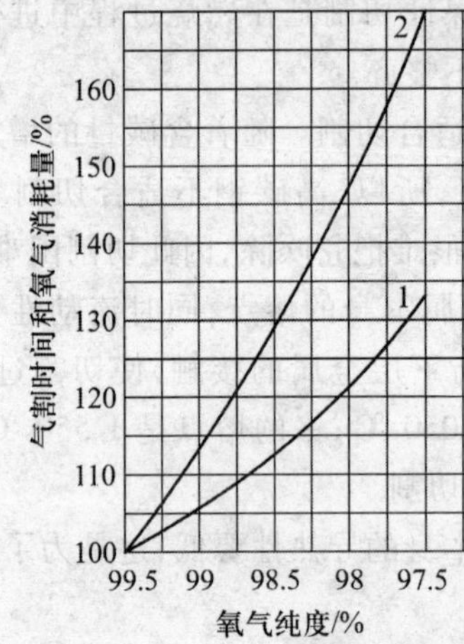

图 7-11 氧气纯度对气割时间和氧气消耗量的影响

1—气割时间;2—氧气消耗量

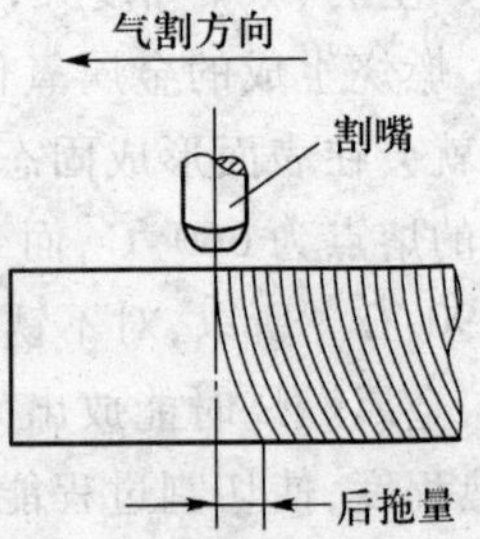

图 7-12 后拖量示意图

预热火焰能率的大小与工件的厚度有关,工件愈厚,火焰能率应愈大,但在气割时应防止火焰能率过大或过小的情况发生。在气割厚钢板时,由于气割速度较慢,为防止割缝上缘熔化,应相应地使火焰能率降低,若此时火焰能率过大,会使割缝上缘产生连续珠状钢粒,甚至熔化成圆角,同时还会造成割缝背面的粘附熔渣增多而影响气割质量。在气割薄钢板时,因气割速度快,可相应地增加火焰能率,但割嘴应离工件远些,并保持一定的倾斜角度,若此时火焰能率过小,使工件得不到足够的热量,就会使气割速度变慢,甚至使气割过程中断。

(4) 割嘴与工件间的倾角　割嘴倾角的大小主要根据工件的厚度来确定。一般气割 4 mm 以下的钢板时,割嘴应后倾 25°~45°;气割 4~20 mm 的钢板时,割嘴应后倾 20°~30°;气割 20~30 mm 的钢板时,割嘴应垂直于工件;气割大于 30 mm 的钢板时,开始气割时应将割嘴前倾 20°~30°,待割穿后再将割嘴垂直于工件进行正常切割,当快割完时,割嘴应逐渐向后倾斜 20°~30°。割嘴与工件间的倾角如图 7-13 所示。

割嘴与工件间的倾角对气割速度和后拖量产生直接的影响,如果倾角选择不当,不但不能提高气割速度,反而会增加氧气的消耗量,甚至造成气割困难。

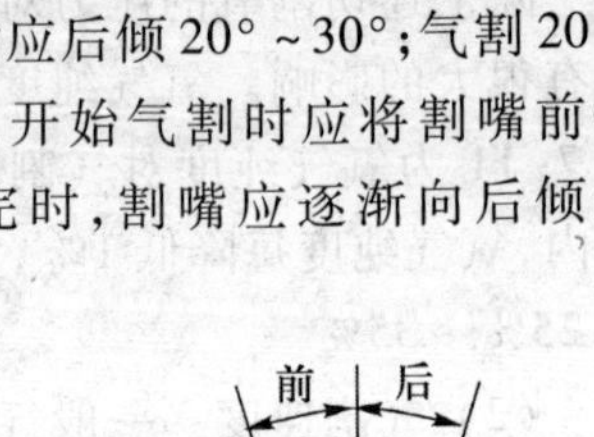

图 7-13 割嘴与工件间的倾角示意图

(5) 割嘴离工件表面的距离　通常火焰焰芯到工件表面的距离应保持在 3~5 mm 的范围内,这样,加热条件最好,而且渗碳的可能性也最小。如果焰芯触及工件表面,不仅会引起割缝上缘熔化,还会使割缝渗碳的可能性增加。

一般来说,切割薄板时,由于切割速度较快,火焰可以长些,割嘴离开工件表面的距离可以大些;切割厚板时,由于气割速度慢,为了防止割缝上缘熔化,预热火焰应短些,割嘴到工件表面的距离应适当小些,这样,可以保持切割氧流的挺直度和氧气的纯度,使切割质量得到提高。

7.4 任务实施

通过对柴油机缸体裂纹的分析(图 7-1),此裂纹的补焊须采用加热减应区法,其焊接工艺如下:

(1) 焊前用钢丝刷、砂纸、锤刀等将裂纹处油污清理干净,并使焊缝处于水平位置。

(2) 由于焊件较大,用两把焊炬操作,一把用于补焊,另一把由专人负责加热。加热减应区见图 7-1 中的 2、3 位置。

(3) 焊炬为 H01-12 型、5 号焊嘴、中性焰。采用铸铁焊丝,焊丝为 401A,气焊熔剂为 CJ201。

(4) 先用一把焊炬加热图 7-1 中的 2 处,随 2 处温度的升高,1 处裂纹间隙会逐渐扩大,待间隙扩大到 1.5 mm 时,立即用另一把焊炬加热 1 处,并用气焊火焰开坡口。由于厚度较厚,开成 U 形坡口。

(5) 当补焊处加热至红热状态时,撒上气焊熔剂,在焊接时应用焊丝不断地搅动熔池,以便使熔渣浮在熔池表面,焊丝不应伸入火焰太深,以免大段熔化,降低熔池的温度,产生白口。同时,2 处仍需继续加热,以维持一定的温度,同时可对 3 处适当地加热,但对其他各处要严禁加热。补焊完毕后,应对补焊处和加热减应区同时冷却,同步收缩。

(6) 焊接应一次完成,中途不得中断,否则,会使铸铁白口化。

这样,由于应力很少,就不会引起新的裂纹,使得补焊的质量较好。

思考与练习

一、选择题

1. 氧气瓶一般应______放置,并必须安放稳固。

(A) 水平　　(B) 倾斜　　(C) 直立　　(D) 倒立

2. 气焊高碳钢时,应采用______火焰进行焊接。

(A) 碳化焰　　(B) 中性焰　　(C) 轻微碳化焰　　(D) 氧化焰

3. 气焊纯铜,应采用______火焰进行焊接。

(A) 碳化焰　　(B) 中性焰　　(C) 轻微碳化焰　　(D) 氧化焰

4. 气焊焊接黄铜时由于______的蒸发,会使人感到头昏。

(A) 水　　(B) 锰　　(C) 锌　　(D) 一氧化碳

5. 用气焊补焊灰铸铁时焊缝质量______。

(A) 较差　　(B) 最好　　(C) 较好

6. 氧气瓶、乙炔气瓶、减压器等均应采取防止冻结措施,一旦冻结,应用______解冻。

(A) 浸热水的棉布盖上　　(B) 明火烘烤　　(C) 棍棒敲打

二、简答题

1. 根据什么区分氧乙炔焰的三种不同性质的火焰?

2. 金属气割的条件有哪些？
3. 气割按操作方式分哪几类？它们各有什么特点？
4. 气焊有哪些特点？
5. 简述常用气焊熔剂的种类、用途及性能。
6. 什么是火焰能率？

学习情境八

液化气钢瓶的 CO_2 气体保护焊生产

8.1 任务描述

液化气钢瓶是特种设备，在国民经济各个领域和人民群众生活中有广泛的使用，其制造质量对确保液化气钢瓶的使用安全具有重要的意义。液化气钢瓶是由底座、瓶体(上、下封头)、阀座、护罩和瓶阀组成的，如图 8-1 所示，钢瓶的使用环境温度为-40～60 ℃，公称工作压力为 2.1 MPa，上、下封头的材质为 HP295。

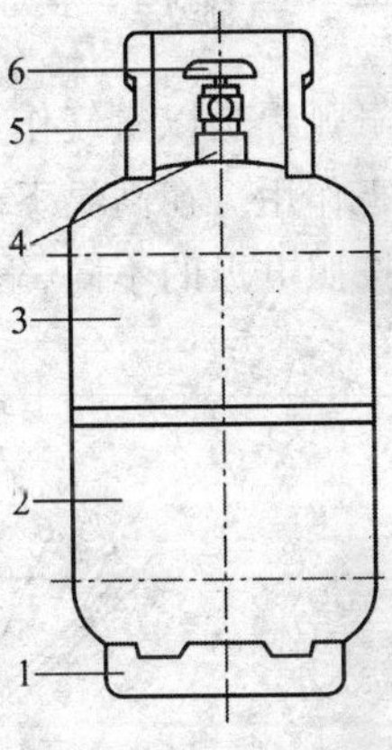

图 8-1　液化气钢瓶

1—底座；2—下封头；3—上封头；4—阀座；5—护罩；6—瓶阀

【知识点】

◎ 气体保护焊的概念、特点及分类。

◎ CO_2 气体保护焊的冶金原理。

◎ CO_2 气体保护焊的工艺参数。

◎ 埋弧焊、电子束焊、等离子弧焊和激光焊的特点。

◎ 焊接应力与变形。

◎ 预防和减少焊接应力与变形的工艺措施。

◎ 常用金属材料的焊接性。

◎ 常见焊接缺陷产生的原因分析及预防措施。

【技能点】

◎ CO_2 气体保护焊焊材的选用。

◎ 焊接电流、电弧电压、焊接速度、气体流量等的选择。

◎ 焊接质量的检验。

8.2 任务分析

对液化气钢瓶结构及其工艺性进行分析。钢瓶的瓶体由上、下封头组成，中间有一条环焊缝，焊缝采用带垫板的单面自动焊工艺；阀座焊接在上封头上，用以装配瓶阀，阀座为下托式焊接结构，采用外部单面 CO_2 气体保护焊焊接方式，材料为 20 号优质碳素钢，具有良好的可焊性；护罩、底座的材料为 Q235-A 普碳钢，护罩与上封头采用手弧焊焊接工艺，即不可拆卸连接。护罩的作用一是保护瓶阀，二是便于提携；底座用手弧焊焊接在下封头上，底座的作用是使钢瓶稳定直立，底座上钻有小孔，便于排除积水，防止底座和下封头腐蚀生锈。手弧焊焊接方法已在学习情境六中介绍过，这里不再重复。本情境重点介绍气体保护焊的有关知识及焊接工艺参数的选用；了解其他焊接方法的特点及应用，同时掌握预防和减少焊接应力与变形的工艺措施；掌握常用金属材料的焊接性和常见焊接缺陷产生的原因及预防措施。

8.3 相关知识

气体保护电弧焊（简称气体保护焊）是用外加气体作为电弧介质并保护电弧和焊接区的电弧焊。按照保护气体的不同，气体保护焊分为两类：一类是使用惰性气体作为保护，称为惰性气体保护焊，例如氩弧焊、氦弧焊、混合气体保护焊等；另一类是使用 CO_2 气体作为保护，简称 CO_2 焊。

一、氩弧焊

氩弧焊是以氩气作为保护气体的电弧焊，氩气是惰性气体，可保护电极和熔化金属不受空气的有害作用。在高温下，氩气与金属既不发生反应，也不溶入金属中。

按照电极的不同，氩弧焊分为熔化极氩弧焊和非熔化极氩弧焊两种，如图 8-2 所示。

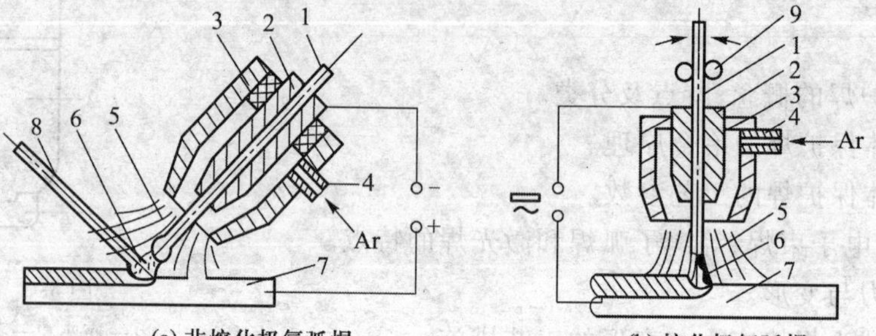

(a) 非熔化极氩弧焊　　(b) 熔化极氩弧焊

图 8-2　氩弧焊示意图

1—电极或焊丝；2—导电嘴；3—喷嘴；4—进气管；5—氩气流；6—电弧；7—工件；8—填充焊丝；9—送丝辊轮

1. 钨极氩弧焊

常以高熔点的钍钨棒作为电极，焊接时，钍钨极不熔化（也称非熔化极氩弧焊），只起导电和产生电弧的作用。电弧在非熔化极和工件之间燃烧，在焊接电弧周围流过一种不与金属起化学反应的惰性气体（氩气），形成一个保护气罩，使钨极端头、电弧、熔池及已处于高温的金属不与空气接触，防止氧化和吸收有害气体，从而形成致密的焊接接头，其力学性能非常好。焊接钢材时，多采用直流电源正接，减少钨极的烧损；焊接铝、镁及其合金时，采用反接，此时工件作为阴极，有“阴极破碎”的作用，能消除氧化膜，使焊缝成形美观。

进行钨极氩弧焊时需要加填金属，该金属可以是焊丝，也可以在焊接接头中填充金属条或采用卷边接头。为防止钨合金熔化，钨极氩弧焊焊接电流不能太大，所以一般适用于焊接厚度小于

4 mm 的薄板件。

2. 熔化极氩弧焊

焊丝通过丝轮送进;用导电嘴进行导电;在母材与焊丝之间产生电弧使焊丝和母材熔化,并用惰性气体(氩气)保护电弧和熔融金属来进行焊接。熔化极氩弧焊用焊丝作电极,焊接电流大,母材熔深大,生产率高,适于焊接中厚板。为了使焊接电弧稳定,通常采用直流反接。

熔化极氩弧焊和钨极氩弧焊的区别是:熔化极氩弧焊用焊丝作电极,并被不断地熔化填入熔池,冷凝后形成焊缝。随着熔化极氩弧焊技术的应用,保护气体已由单一的氩气发展为多种混合气体,例如 Ar(80%)+CO_2(20%)的富氩保护气,通常将前者称为熔化极惰性气体保护焊(MIG),将后者称为熔化极活性气体保护焊(MAG)。从操作方式来看,目前应用最广的是半自动熔化极氩弧焊和富氩混合气保护焊,其次是自动熔化极氩弧焊。

3. 氩弧焊的特点

(1) 用氩气作为保护气可焊接化学性质活泼的非铁金属及其合金或具有特殊性能的钢,例如不锈钢等;

(2) 电弧稳定,飞溅小,表面无熔渣,焊缝成形美观,焊接质量好;

(3) 电弧在气流下燃烧,热量集中,可用焊缝周围的气流进行冷却,热影响区小,焊接变形小,适合于薄板焊接;

(4) 明弧可见,操作方便,易于自动控制,可实现各种位置焊接;

(5) 氩气价格较贵,焊件成本高。

另外,与焊条电弧焊相比氩弧焊对人身体的伤害程度要高一些。氩弧焊的电流密度大,发出的光比较强烈,其电弧产生的紫外线辐射约为普通焊条电弧焊的 5~30 倍,红外线约为焊条电弧焊的 1~1.5 倍,在焊接时产生的臭氧含量较高,因此,应尽量选择空气流通较好的地方施工,不然对身体有很大的伤害。

二、CO_2 气体保护焊

CO_2 焊是利用廉价的 CO_2 作为保护气体并依靠焊丝与焊件之间的电弧来熔化金属的焊接方法。CO_2 焊的焊接工艺如图 8-3 所示。

CO_2 气体经焊枪的喷嘴沿焊丝周围喷射,形成保护层,使电弧、熔滴和熔池与空气隔绝。由于在电弧的高温作用下 CO_2 会分解为 CO 和 O_2,使焊缝中的氧气增加,因而具有较强的氧化性,在焊接过程中会引起 Mn、Si 等合金元素的烧损,所以不能焊接易氧化的非铁金属和不锈钢。另外,由于 CO_2 气体冷却能力强,因此熔池凝固快,焊缝中易产生气孔。若焊丝中含碳量高,会引起较强的飞溅,因此需采用含 Si、Mn 等合金元素的焊丝来实现脱氧和渗合金,常用的 CO_2 焊焊丝是 H08Mn2SiA,适用于焊接抗拉强度小于 600 MPa 的低碳钢和普通低合金结构钢。

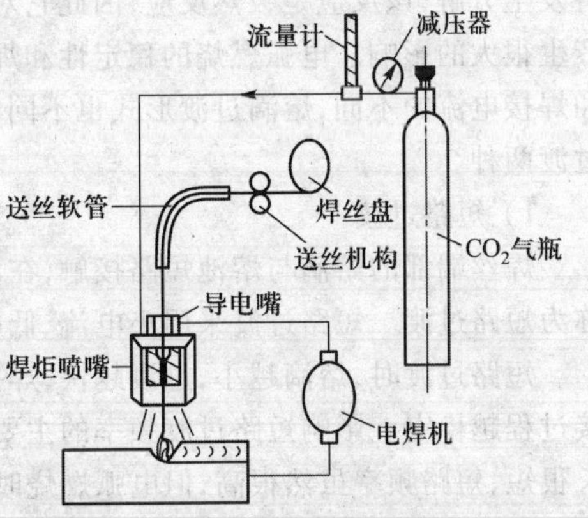

图 8-3 CO_2 气体保护半自动焊示意图

1. CO_2 焊的特点

（1）焊接成本低 CO_2 气体是酿造厂和化工厂的副产品，来源广，价格低，焊接过程消耗的电能也少，其综合成本大概是手工电弧焊的 1/2。

（2）生产效率高 CO_2 气体保护焊使用较大的电流密度（100～300 A/mm^2 左右），焊丝的熔化系数大，母材的熔透深度也相应增大，对 10 mm 以下的钢板可以不开坡口，而对于厚板可以减少坡口加大钝边进行焊接。另外，CO_2 气体保护焊焊接过程中基本上不产生焊渣，因此，焊后不用清渣，节省了许多辅助时间，焊接生产率比手工电弧焊高 1～3 倍。

（3）焊后变形小 CO_2 气体保护焊的电弧热量集中，焊件受热面积小，焊接应力也小，并且 CO_2 气流有冷却作用，因此焊件焊后变形小，特别是薄板的焊接，可以大大减少焊后校正变形的工作量。

（4）焊接电弧可见性良好 CO_2 气体保护焊是采用明弧焊接，在焊接过程中，熔池可见度好，容易对准焊缝和控制熔池熔化以及焊缝成形，对于曲线焊缝的焊接和空间位置焊缝的焊接十分有利，操作也方便，适宜于全位置焊接，并且有利于焊接过程中的机械化和自动化，特别是空间位置的机械化焊接。

（5）抗锈能力强 CO_2 气体保护焊和埋弧焊相比，具有较高的抗锈能力，所以焊前对焊件表面的清洁工作要求不高，可以节省大量的辅助时间。

2. CO_2 气体保护焊的分类

按操作方法分类，CO_2 气体保护焊可分为自动焊及半自动焊两种。对于较长的直线焊缝和规则的曲线焊缝，可采用自动焊；对于不规则的或较短的焊缝，则采用半自动焊，目前生产上应用最多的是半自动焊。

CO_2 气体保护焊按照焊丝直径的不同可分为细丝焊和粗丝焊两种。细丝焊采用的焊丝直径小于 1.6 mm，工艺上比较成熟，适宜于薄板焊接；粗丝焊采用的直径大于或等于 1.6 mm，适用于中厚板的焊接。

3. CO_2 气体保护焊的熔滴过渡

CO_2 气体保护焊焊丝的熔化和熔滴过渡是在 CO_2 气体中进行的，CO_2 气体在电弧热作用下将发生分解，该反应是吸热反应，因此它对电弧有较强的冷却作用，所以对焊丝金属的过渡特点产生很大的影响。电弧燃烧的稳定性和焊缝成形的好坏取决于熔滴过渡的形式。根据焊丝直径和焊接电流的不同，熔滴过渡形式也不同。在实际生产中常用的熔滴过渡形式有短路过渡、颗粒过渡两种。

1）短路过渡

焊丝端部的熔滴与熔池短路接触，在温度和电磁力的作用下使熔滴爆断，这种熔池过渡形式称为短路过渡。短路过渡采用小电流、低电压，电弧小于熔滴直径。

短路过渡时，熔滴越小，过渡越快，焊接过程越稳定，即当电弧电压合适时，短路频率越高，焊接过程越稳定。影响短路过渡频率的主要因素是电弧电压和送丝速度。当电弧电压太低时，弧长很短，短路频率虽然很高，但电弧燃烧时间较短，焊丝端部可能还来不及熔化就插入熔池而发生固体短路，由于短路时电流较大，会造成焊丝爆断，产生严重的飞溅，焊接过程很不稳定。对于直径为 0.8 mm、1.2 mm 和 1.6 mm 的焊丝，电弧电压大约为 20 V 左右，这时短路频率最高，短路过程也比较均匀，焊接时会发出轻微而均匀的“啪啪”声，随着电弧电压的升高，短路频率降低，短路持续时间减少，直至变成自由过渡。此时焊缝成形美观，适宜于焊接薄件。

2）颗粒过渡

当焊接电流较大、电弧电压较高时，会发生颗粒过渡。影响颗粒过渡的主要因素是焊接电流。随着焊接电流的增加，熔滴体积逐渐减小，过渡频率增加，颗粒过渡也由大颗粒向小颗粒过渡，甚至成为喷射过渡。当电弧电压较高、弧长较大而焊接电流较小时，焊丝端部形成的熔滴很不稳定地落入熔池中，这种过渡形式称为大颗粒过渡。发生大颗粒过渡时，焊接过程很不稳定，飞溅较多，焊缝成形不好，在实际生产中应尽量避免。

当进一步增加焊接电流（如 $\phi1.6$ mm 的焊丝，电流达到 400 A 以上）时，熔滴尺寸不是随着电流的增加而增加，反而减小了，过渡频率较高时，称为小颗粒过渡。小颗粒过渡时，飞溅较小，焊丝熔化速度快，熔深较大，焊接效率较高，焊接过程稳定，焊缝成形良好，这种过渡形式适合于焊接中、厚钢板的工件。

对于 $\phi1.6$ mm 的焊丝，当焊接电流超过 700 A 时，会发生喷射过渡，熔滴很小并如水流般从焊丝端部脱落，如射流状冲向熔池，使熔池翻浆，从而使焊缝成形质量不好，应尽量避免采用这种过渡形式。

4. CO_2 气体保护焊焊接工艺参数

正确选择焊接工艺参数是保证焊接质量、提高生产效率的重要条件。CO_2 气体保护焊的工艺参数主要包括焊丝直径、焊接电流、电弧电压、焊接速度、焊丝干伸长度、气体流量、电源极性等。

1）焊丝直径

实心焊丝的 CO_2 气体保护焊焊丝的直径范围较窄，一般在 0.4～5 mm 之间。通常半自动焊多采用直径为 0.4～1.6 mm 的焊丝，而自动焊常采用较粗的焊丝，其直径为 1.6～5 mm。$\phi1.0$ mm以下的焊丝使用的电流范围较窄，通常熔滴过渡以短路过渡为主，很少采用颗粒过渡；而较粗焊丝使用的电流范围较宽，$\phi1.2$～1.6 mm 的焊丝可采用短路过渡和颗粒过渡；$\phi2.0$ mm 以上的焊丝基本上为颗粒过渡。而且焊丝直径主要根据工件的厚度、焊接位置以及效率等要求来选择。焊丝直径的选择见表 8-1。

表 8-1 焊丝直径的选择

焊丝直径/mm	工件厚度/mm	熔滴过渡形式	焊接位置
0.4～0.8	0.4～4	短路过渡	全位置
1.0～1.2	1.5～12	短路过渡	全位置
		细颗粒过渡	平焊、横角焊
1.2～1.6	2～25	细颗粒过渡	平焊、横角焊
		短路过渡	全位置
≥2.0	中厚板	细颗粒过渡	平焊、横角焊

2）电弧电压及焊接电流

电弧电压是焊接工艺中关键的一个参数，它的大小决定了电弧的长短以及熔滴的过渡形式。实现短路过渡的条件之一是保持较短的电弧长度，就焊接工艺而言，短路过渡的一个重要特征就是低电压。

确定电弧电压数值时，要考虑和焊接电流之间的匹配关系。在一定的焊丝直径及焊接电流下，电弧电压若过低，电弧引燃困难，焊接过程不稳定；电弧电压过高，则由短路过渡转变成大颗粒的长弧过渡，焊接过程也不稳定。只有电弧电压与焊接电流匹配得较为合适时，才能获得稳定的焊接过程，并且飞溅小，焊缝成形好。因此 CO_2 气体保护焊焊接前要选择调整好焊接电流和电弧电压这两个参数，并进行合理的配比，否则会大大影响焊接的质量。焊接电流和电弧电压的配比经验公式为

焊接电流<300 A　电弧电压=焊接电流×0.04+16±1.5

焊接电流≥300 A　电弧电压=焊接电流×0.04+20±2.0

式中，±1.5 是电弧电压的微调值，较小参数时选择-1.5，较大参数时选择+1.5；±2.0 也是电弧电压的微调值，较小参数时选择-2.0，较大参数时选择+2.0。

另外，按照经验公式选择、调整好焊接参数后要进行实际试焊。首先验证焊接电流与电弧电压匹配的合适性，然后再试验焊接电流的选择是否合适，并及时进行调整。通常，CO_2 气体保护焊焊接电流是根据钢材厚度、焊层厚度、焊丝直径大小、焊接空间位置等多种因素进行选择的。

3）焊接速度

在焊接电流和电弧电压一定的情况下，焊接速度过快会引起焊缝两侧咬肉，焊接速度过慢则容易产生烧穿和焊缝组织粗大等缺陷，因此为了保证焊缝的质量，需要选择合适的焊接速度。一般半自动焊接时，焊接速度在 20～60 cm/min 之间时比较合适。

4）焊丝干伸长度

由于短路过渡焊接所采用的焊丝都比较细，因此焊丝干伸长度上产生的电阻便成为焊接参数中不可忽视的因素。随着焊丝干伸长度的增加，焊丝上的电阻热增大，焊丝熔化加快，从提高生产率上看这是有利的，但是当焊丝干伸长度过大时，焊丝容易发生过热而成段熔断，飞溅严重，焊接过程不稳定。焊丝干伸长度过小，势必缩短喷嘴与工件间的距离，飞溅金属容易堵塞喷嘴。因此焊丝干伸长度一般应为焊丝直径的 10～20 倍。

5）气体流量

在焊接电流较大、焊接速度较快、焊丝伸出长度较长以及室外作业等情况下，气体流量要适当加大，以使保护气体有足够的挺度，提高其抗干扰的能力。但是，气体流量过大，保护气流的紊流度就会增大，反而将外界空气卷入焊接区，使保护效果变差，甚至在焊缝中引起气孔。一般在 200 A 以下焊接时气体流量为 10～15 L/min，在 200 A 以上焊接时气体流量为 15～25 L/min。

6）电源极性

CO_2 焊在焊接薄板时一般都采用直流反接（反极性），即焊件接阴极，焊丝接阳极。因为采用反极性，飞溅小，电弧稳定，成形较好。直流正接时，在相同的焊接电流下，焊丝熔化速度大大提高，约为反接时的 1.6 倍，而熔深较浅，焊缝余高很大，飞溅增多，因此直流正接主要用于堆焊、铸铁补焊以及大电流、高速 CO_2 焊。

综合以上分析并依据有关公司多年的实践，采用了表 8-2 所示的焊接工艺参数。

表 8-2 焊接工艺参数

板厚/mm	焊丝直径/mm	焊接电压/V	焊接电流/A	气体流量/(L/min)	焊丝干伸长度/mm
1	0.8	17 ~ 18	70 ~ 80	15 ~ 20	10
1.5	1	19 ~ 20	90 ~ 130	15 ~ 20	10
	1.2	19 ~ 20	120 ~ 130	15 ~ 20	10
2	1	19 ~ 20	100 ~ 150	15 ~ 20	10
	1.2	19 ~ 20	130 ~ 150	15 ~ 20	10
3	1.2	21 ~ 24	150 ~ 200	15 ~ 20	10
	1.2	24 ~ 26	200 ~ 250	15 ~ 20	10 ~ 15

三、其他焊接技术简介

随着科学的发展，焊接技术也在不断地向高质量、高生产率、低能耗的方向发展。除了常用的焊接方法以外，其他的焊接方法也越来越广泛地应用到工程上，从而拓宽了焊接技术的应用范围。

1. 埋弧焊

埋弧焊是电弧在焊剂层下燃烧并进行焊接的方法，由于电弧掩埋在焊剂下燃烧，弧光不外露，因此称为埋弧焊。该方法都为自动焊接，因此，又称为焊剂层下自动电弧焊或埋弧自动焊，如图 8-4 所示。埋弧自动焊的特点如下：

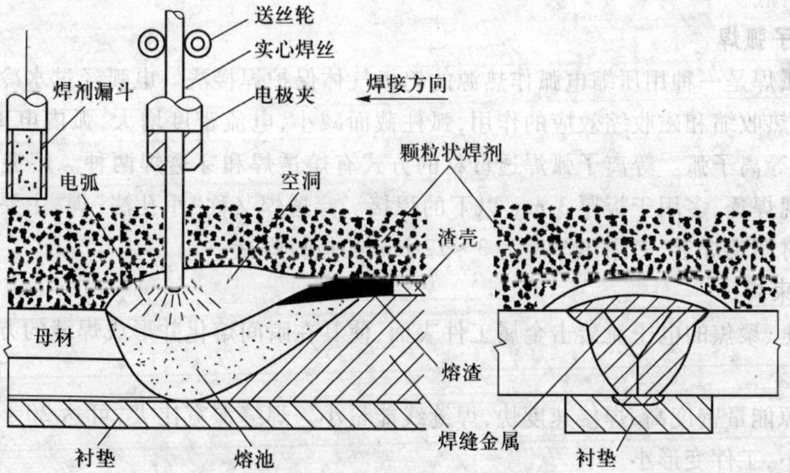

图 8-4 埋弧焊焊缝形成过程示意图

(1) 生产率高。焊接电流比手工电弧焊的大得多，高达 1 000 A，一次熔深大，焊接速度大，且焊接过程可连续进行，无需频繁更换焊条，因此生产率比手工电弧焊高 5 ~ 20 倍。

(2) 焊接质量好。熔渣对熔化金属的保护严密,冶金反应较彻底,且焊接工艺参数稳定,焊缝成形美观,焊接质量稳定。

(3) 劳动条件好。焊接时没有弧光辐射,烟尘小,焊接过程自动进行。

(4) 埋弧自动焊一般只适用于水平位置的长直焊缝和直径 250 mm 以上的环形焊缝,焊接的钢板厚度一般在 6 ~ 60 mm,焊接材料局限于钢、镍基合金、铜合金等,不能焊接铝、钛等活泼金属及其合金。

(5) 设备费用一次性投资较大,因此埋弧自动焊适用于成批生产的中、厚板结构件的长直及环形焊缝的焊接。

埋弧焊的焊接材料包括焊剂和焊丝,焊剂有熔炼焊剂和非熔炼焊剂两大类。熔炼焊剂主要起保护作用,非熔炼焊剂除了具有保护作用外,还可以起到脱氧、去硫、渗合金等冶金处理的作用。我国目前使用的绝大多数焊剂是熔炼焊剂。焊剂牌号用“焊剂”(或大写拼音“HJ”)加三个数字表示,例如“焊剂 431”或“HJ431”。埋弧焊的焊丝是直径 1.6 ~ 6 mm 的实心焊丝,起电极、填充金属以及脱氧、去硫、渗合金等冶金处理的作用。为了获得高质量的埋弧焊焊缝,必须正确地选配焊丝和焊剂。选配的总原则是根据母材金属的化学成分和力学性能进行选择,再根据焊丝选配相应的焊剂。例如,焊接普通结构低碳钢时,选用焊丝为 H08A,配合以 HJ431 焊剂;焊接低合金结构钢时,选用焊丝为 H08MnMo 或 H08Mn2Mo,配合以 HJ250 焊剂;焊接不锈钢时,选用与母材成分相同的焊丝并配合低锰焊剂。

埋弧焊对下料、坡口准备和装配要求较高。装配时,要求用优质焊条点固。由于埋弧焊焊接电流大、熔深大,因此对于厚度在 14 mm 以下的板材,可以不开坡口一次焊成;双面焊时,不开坡口的可焊厚度达 28 mm;当厚度较大时,为保证焊透,最常采用的坡口形式为 Y 形坡口和 X 形坡口。单面焊时,为防止烧穿、保证焊缝的反面成形,应采用反面衬垫,衬垫的形式有焊剂垫、钢垫板或手工焊封底。

2. 等离子弧焊

等离子弧焊是一种用压缩电弧作热源的钨极气体保护焊接法。电弧经过水冷喷嘴孔道时受到机械压缩、热收缩和磁收缩效应的作用,弧柱截面减小,电流密度增大,弧内电离度提高,成为压缩电弧,即等离子弧。等离子弧焊透母材的方式有熔透焊和穿透焊两种。熔透焊主要靠熔池的热传导实现焊透,多用于板厚 3 mm 以下的焊接。穿透焊又称“小孔法”焊,主要靠强劲的等离子弧穿透母材实现焊透,多用于厚度为 3 ~ 12 mm 的板材焊接。

3. 电子束焊

利用高速、聚焦的电子流轰击金属工件表面,使其在瞬间熔化并形成焊缝的方法称作电子束焊,其特点如下:

(1) 热源能量密度高,焊接速度快,焊缝线能量小。焊缝深宽比大,可达 20 : 1 ~ 50 : 1。焊接热影响区小,工件变形小。

(2) 电子束可控性好,焊接规范的调节范围宽且稳定。

(3) 真空保护好,无金属电极污染,保证了焊缝金属的高纯度。

(4) 节能、节材,在大批量或厚板产品生产中,焊接成本是电弧焊的 50% 左右。

(5) 焊接设备复杂,造价高,焊接尺寸受真空室限制,使用维护技术要求高,需注意防护 X 射线。

4. 激光焊

激光焊是将具有高功率密度(10^6 ~ 10^{12} W/cm^2)的聚焦激光束投射在被焊金属材料上,通过光束和被焊材料的相互作用,光能被材料吸收并最终转变为热能,从而使金属材料熔化。激光焊属于高能量密度束流焊接,其焊接速度高,线能量小,因而具有焊点小或焊缝窄、热影响区小、焊接变形小、焊缝平整光滑等特点。另外,聚焦激光束的指向性十分稳定,不受电、磁场及气流的影响,且光束的焦斑位置可预先精确定位,因此激光焊特别适合于精密结构件及热敏感器件的装配焊接。但激光焊设备的造价高,能量置换率低,这是其不足之处。

8.4 任务实施

钢瓶是承受内压的移动式压力容器,在加工中采用深冲压、拉伸工艺和自动焊接技术,因此要求钢材具有较高的抗拉强度、屈服强度和延伸率,要具有良好的可焊性,屈服强度不得大于其抗拉强度的0.8倍,因此,钢瓶主体材料选用气瓶焊接专用钢板HP295,其化学成分及机械性能见表8-3和表8-4。

表8-3 化学成分 %

材料牌号	C	Si	Mn	S	P	Al
HP295	0.13 ~ 0.18	≤0.10	0.7 ~ 1.0	≤0.02	≤0.025	≤0.015

表8-4 机械性能

材料牌号	σ_s/MPa	σ_b/MPa	δ_5/%	冷弯(180°)
HP295	≥295	≥440	≥26	$d=2a$

注:d 为弯心直径;a 为试样厚度。

这里主要介绍液化气钢瓶瓶体的焊接工艺,瓶体是由上、下封头对接组成的,如图8-5所示,其焊接工艺如下:

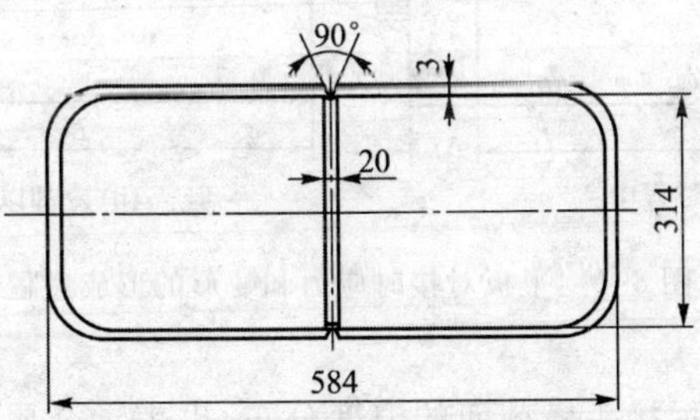

图8-5 液化气钢瓶结构示意图

(1) 施焊前应清除坡口及其母材两侧表面20 mm范围内的氧化物、油污、熔渣及有害杂质。

(2) 为了防止被焊穿,在环焊缝的内壁应设有衬环,其尺寸为 ϕ314×3×20,材质为Q345F。

(3) 对接处的环焊缝焊接采用CO_2气体保护自动焊,焊丝为H08Mn2SiA。施焊时,不得在非焊处引弧。

(4) 焊接工艺参数按表8-5选择。

表 8-5 液化气钢瓶瓶体焊接参数

焊丝直径/mm	焊接电压/V	焊接电流/A	气体流量/(L/min)	焊丝伸出长度/mm
1.2	21 ~ 24	150 ~ 160	15 ~ 20	12 ~ 16

(5) 在全部焊接完成后,钢瓶应进行整体正火或消除应力的热处理,不允许局部热处理。

(6) 检验。对环焊缝进行 100% 的射线透照检验。检验方法按标准 JB/T 4730—2005《承压设备无损检测》或标准 GB/T 17925—1999《气瓶对接焊缝 X 射线实时成像检测》的规定执行。

(7) 水压试验压力为 2.94 MPa,保压 10 min,无渗漏,无可见的异常变形,试验过程中无异常的响声,则认为水压试验合格。

8.5 知识链接

一、焊接应力与变形

构件焊接以后,内部会产生残余应力,同时产生焊接变形。焊接应力和变形的存在会降低结构的使用性能,引起结构形状和尺寸的改变,影响结构精度,甚至会引起焊接裂纹,造成事故,还会影响到焊后机械加工的精度。因此,在设计和制造焊接结构时,必须设法减小焊接应力,防止过量变形。

1. 焊接应力和变形的产生

原因:焊接过程中对焊件的不均匀加热和冷却。下面以平板对接为例分析焊接应力和变形的形成过程,如图 8-6 所示。

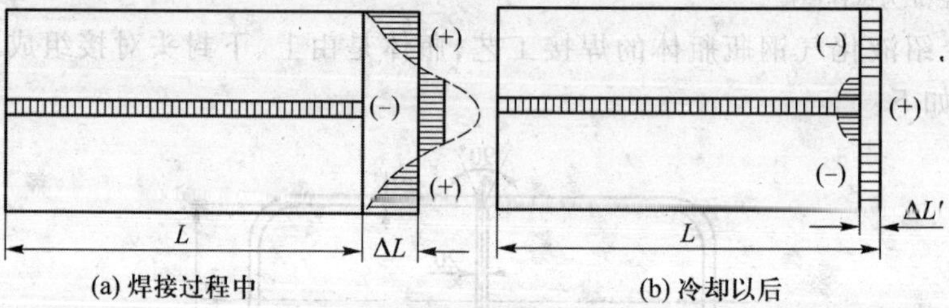

图 8-6 平板对接时应力和变形的形成过程

如图 8-6a 所示,虚线表示接头横截面的温度分布,也表示金属若能自由膨胀时的伸长量分布。实际上接头是个整体,无法进行自由膨胀,平板只能在宽度方向上整体伸长 ΔL,从而使焊缝及邻近区域的伸长受到远离焊缝区域的限制而产生压应力,而远离焊缝区的部位则产生拉应力,当焊缝及邻近区域的压应力超过材料的屈服点时,便会产生压缩的塑性变形,塑性变形量如图 8-6a中虚线包围的空白部分所示。焊后冷却时,金属若能自由收缩,由于焊缝及邻近区域高温时已产生的压缩塑性变形会保留下来,不能再恢复,故会缩至图 8-6b 中的虚线位置,两侧则恢复到焊接前的长度,但这种自由收缩同样无法实现,由于整体作用,平板的端面将缩短至比原始长度短 $\Delta L'$的位置,这样焊缝及邻近区域受拉应力作用,而其两侧受到压应力作用。

平板对焊后的应力：焊缝区产生拉应力，两侧产生压应力，平板整体缩短了 $\Delta L'$。这种在室温下保留在结构中的焊接应力和变形，称为焊接残余应力和变形。

焊接应力和变形是同时存在的，当母材塑性较好且结构刚度较小时，焊接结构在焊接应力的作用下会产生较大的变形而残余应力较小；反之，则变形较小而残余应力较大。

在焊接结构内部，拉应力和压应力总是保持平衡的，当平衡被破坏时（如车削加工），结构内部的应力会重新分布，变形的情况也会发生变化，使得预想的加工精度不能实现。

2. 焊接变形的基本形式

焊接变形的本质是焊缝区的压缩塑性变形，而焊件因焊接接头形式、焊接位置、钢板厚度、装配焊接顺序等因素的不同，会产生各种不同形式的变形。常见的焊接变形的基本形式大致上有五种，参见表8-6。

表 8-6 常见焊接变形的基本形式

变形形式	示意图	产生原因
收缩变形	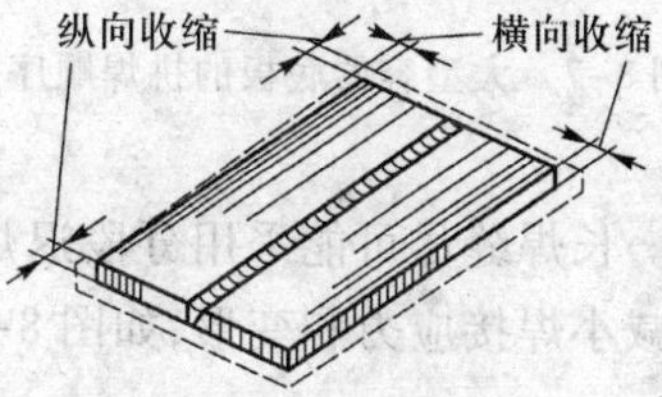	由焊接后焊缝的纵向（沿焊缝长度方向）和横向（沿焊缝宽度方向）收缩引起
角变形	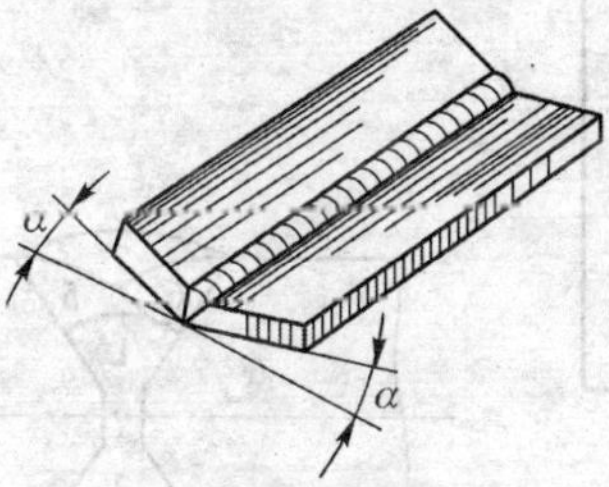	焊缝横截面形状上下不对称，由焊缝横向收缩不均引起
弯曲变形	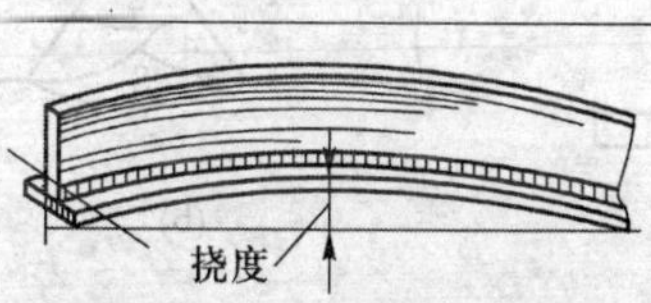	T形梁焊接时，焊缝布置不对称，由焊缝纵向收缩引起
扭曲变形	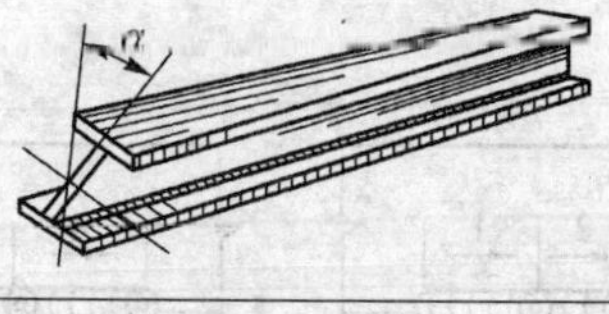	工字梁焊接时，由于焊接顺序和焊接方向不合理引起结构上的扭曲
波浪变形	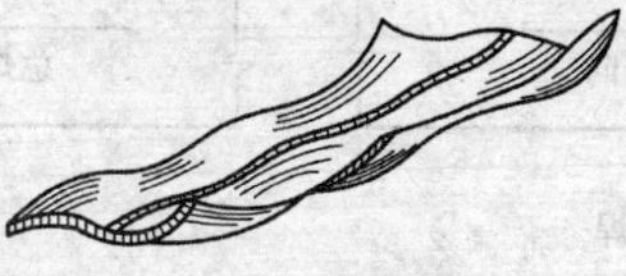	薄板焊接时，焊接应力使薄板局部失稳而引起

3. 预防和减小焊接应力和变形的工艺措施

1）焊前预热

预热的目的是减小焊件上各部分的温差,降低焊缝区的冷却速度,从而减小焊接应力和变形,预热温度一般为 400 ℃以下。

2）选择合理的焊接顺序

(1) 尽量使焊缝能自由收缩,这样产生的残余应力较小。图 8-7 所示为一大型容器底板的焊接顺序,若先焊纵向焊缝 3,再焊横向焊缝 1 和 2,则焊缝 1 和 2 在横向和纵向上的收缩都会受到阻碍,焊接应力增大,焊缝交叉处和焊缝上都极易产生裂纹。

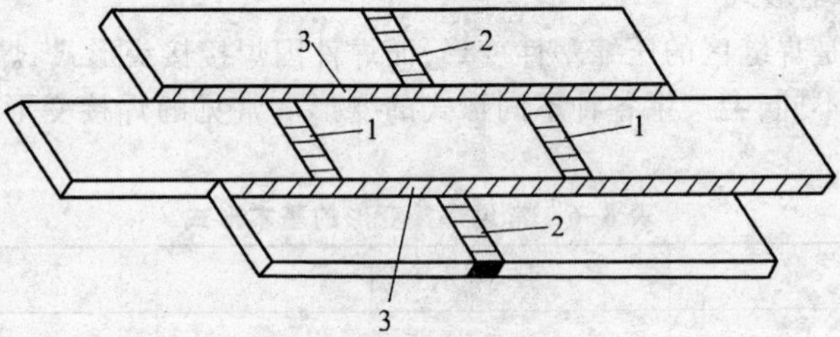

图 8-7 大型容器底板的拼焊顺序图

(2) 采用分散对称焊接工艺。长焊缝尽可能采用分段退焊或跳焊的方法进行焊接,这样加热时间短,温度低且分布均匀,可减小焊接应力和变形,如图 8-8、图 8-9 所示。

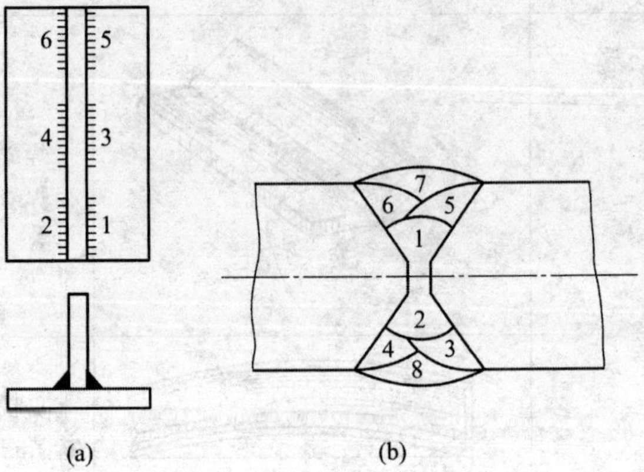

图 8-8 分散对称的焊接顺序

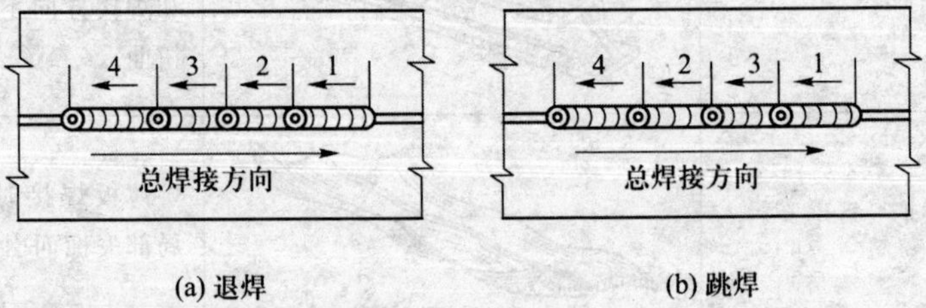

图 8-9 长焊缝的分段焊

3）加热减应区法

铸铁补焊时，在补焊前可对铸件上的适当部位进行加热，以减少焊接时对焊接部位伸长的约束，焊后冷却时，加热部位与焊接处一起收缩，从而减小焊接应力。被加热的部位称为减应区，这种方法叫做加热减应区法，如图 8-10 所示。利用这个原理也可以焊接一些刚度比较大的焊缝。

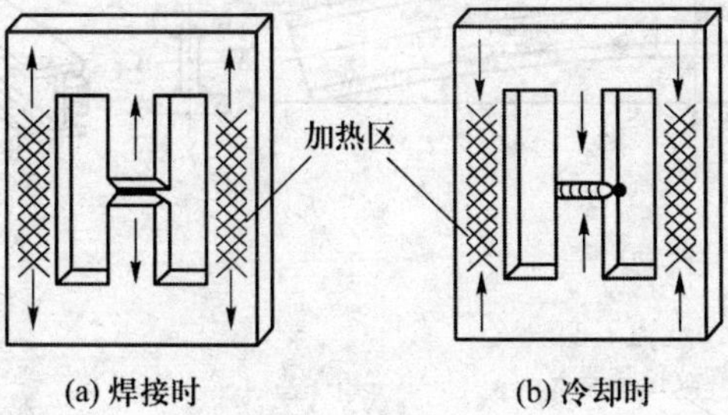

图 8-10　加热减应区法

4）反变形法

焊接前预测焊接变形量和变形方向，在焊前组装时将被焊工件向焊接变形相反的方向进行人为的变形，以达到抵消焊接变形的目的，如图 8-11 所示。

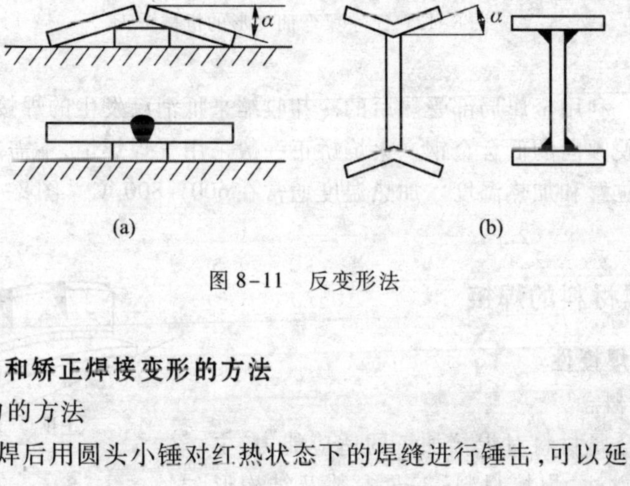

图 8-11　反变形法

4. 消除焊接应力和矫正焊接变形的方法

1）消除焊接应力的方法

（1）锤击焊缝　焊后用圆头小锤对红热状态下的焊缝进行锤击，可以延展焊缝，从而使焊接应力得到一定的释放。

（2）焊后热处理　焊后对焊件进行去应力退火，这对于消除焊接应力具有良好的效果。碳钢或低合金结构钢焊件整体加热到 580～680 ℃，保温一定时间后空冷或随炉冷却，一般可消除 80%～90% 的残余应力。对于大型焊件，可采用局部高温退火的方法来降低应力峰值。

（3）机械拉伸法　对焊件进行加载，使焊缝区产生微量塑性拉伸，可以使残余应力降低。例如，压力容器在进行水压试验时，将试验压力加到工作压力的 1.2～1.5 倍，这时焊缝区发生微量的塑性变形，应力被释放。

2）矫正焊接变形的措施

（1）机械矫正　利用机械力产生塑性变形来矫正焊接变形，如图 8-12 所示。这种方法适用于塑性较好、厚度不大的焊件。

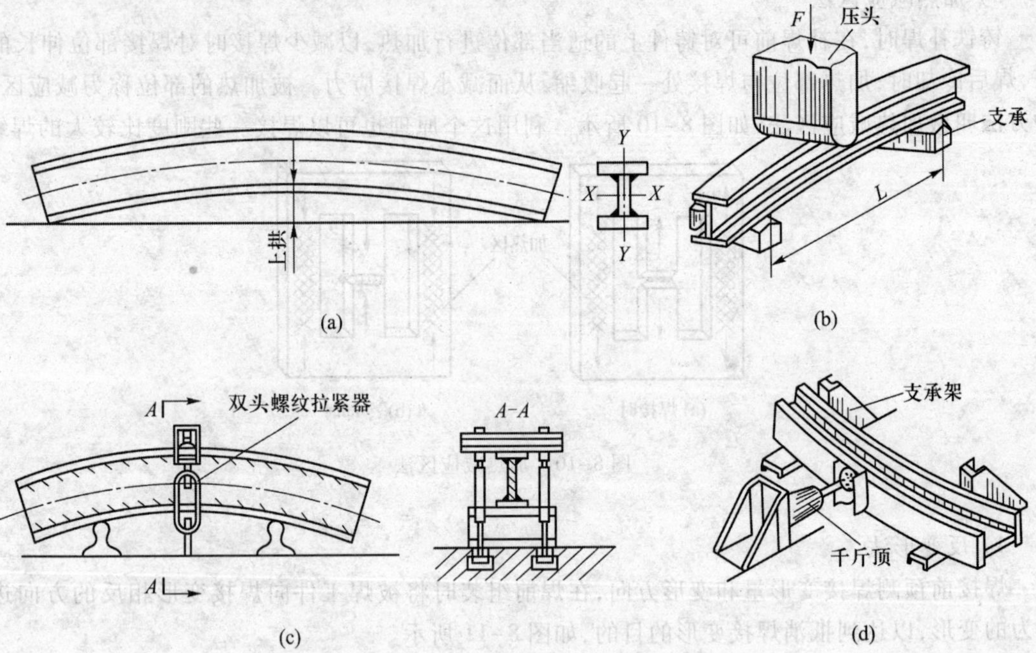

图 8-12 工字梁弯曲变形的机械矫正

（2）火焰矫正　利用金属局部受热后的冷却收缩来抵消已发生的焊接变形。这种方法主要用于低碳钢和低淬硬倾向的低合金钢。火焰矫正一般采用气焊焊炬，不需专门设备，其效果主要取决于火焰加热的位置和加热温度。加热温度通常在 600 ~ 800 ℃。图 8-13 为 T 形梁上拱变形的火焰矫正方法。

二、常用金属材料的焊接

1. 金属材料的焊接性

1）金属焊接性概念

图 8-13 T 形梁变形的火焰矫正

金属焊接性是金属材料对焊接加工的适应能力，主要指在一定的焊接方法、焊接材料、工艺参数及结构形式等条件下，获得优质焊接接头的难易程度。焊接性一般包括两个方面：

（1）工艺焊接性　是指某种材料在给定的焊接工艺条件下，形成完好焊接接头的能力，也可以说是焊接接头产生缺陷的倾向性大小，如裂纹。

（2）使用性能　在给定的焊接工艺条件下，焊接接头在使用条件下安全运行的能力，包括焊接接头的力学性能和其他特殊性能（如耐高温、耐腐蚀、抗疲劳等）。

金属的焊接性是金属材料的一种加工性能。它取决于金属材料的本身性质和加工条件。就目前的焊接技术水平而言，工业上应用的绝大多数金属材料都是可以焊接的，只是焊接的难易程度不同而已。例如化学活泼性很强的钛，其焊接是比较困难的，但自氩弧焊焊接技术比较成熟以后,钛及其合金的焊接结构已在航空业等部门广泛应用了。还有,随着新能源的发展,等离子弧焊接、真空电子束焊接、激光焊接等新的方法相继出现,使得钨、铌、钼、钽等高熔点金属及其合金的焊接成为了可能。

2）钢的焊接性评定

钢是焊接结构中最常用的金属材料,因而评定钢的焊接性显得尤为重要。由于钢的裂纹倾向与其化学成分有密切的关系,因此,可以根据钢的化学成分评定其焊接性的好坏。通常将影响最大的碳作为基础元素,把其他合金元素的质量分数对焊接性的影响折合成碳的相当质量分数,碳的质量分数与其他合金元素的相当质量分数之和称为碳当量,用符号 w_{CE} 表示,它是评定钢的焊接性的一个参考指标。国际焊接学会推荐的碳钢和低合金结构钢的碳当量计算公式为

$$w_{CE}=\left(w_C+\frac{w_{Mn}}{6}+\frac{w_{Cr}+w_{Mo}+w_V}{5}+\frac{w_{Ni}+w_{Cu}}{15}\right)\times 100\%$$

式中,各元素的质量分数都取其成分范围的上限。

碳当量越高,裂纹倾向越大,钢的焊接性就越差。一般认为,$w_{CE}<0.4\%$ 时,钢的淬硬和冷裂倾向不大,焊接性良好;$w_{CE}=0.4\%\sim0.6\%$ 时,钢的淬硬和冷裂倾向逐渐增加,焊接性较差,焊接时需要采取一定的预热、缓冷等工艺措施,以防止产生裂纹;$w_{CE}>0.6\%$ 时,钢的淬硬和冷裂倾向严重,焊接性很差,一般不用于焊接结构。

碳当量公式仅用于对材料焊接性的粗略估算,在实际生产中,应通过直接试验确定。结合实际情况下的结构、应力状况和施焊条件,在试件上焊接,观察试件的开裂情况,并配合必要的接头使用性能试验进行评定。

2. 碳素钢和低合金结构钢的焊接

1）低碳素钢的焊接

由于其含碳量低于0.25%,塑性很好,淬硬倾向小,不易产生裂纹,所以焊接性最好。焊接时,使用任何焊接方法以及最普通的焊接工艺就可获得优质的焊接接头。但由于施焊条件、结构形式不同,焊接时还需注意以下问题:

(1) 在低温环境下焊接厚度大、刚性大的结构时,应该进行预热,否则容易产生裂纹。

(2) 重要结构焊后要进行去应力退火,以消除焊接应力。

低碳钢对焊接方法几乎没有限制,应用最多的是手工电弧焊、埋弧焊、气体保护电弧焊和电阻焊。

2）中碳钢的焊接

含碳量在0.25%～0.60%之间的中碳钢有一定的淬硬倾向,焊接接头容易产生低塑性的淬硬组织和冷裂纹,焊接性较差。中碳钢的焊接结构多为锻件和铸钢件,焊接方法为手工电弧焊。焊接时选用抗裂性好的低氢型焊条(如J426、J427、J506、J507等),焊缝有等强度要求时,选择相应强度级别的焊条。对于补焊或不要求等强度的接头,可选择强度级别低、塑性好的焊条,以防止裂纹的产生。焊接时,应采取焊前预热、焊后缓冷等措施,以减小淬硬倾向及焊接应力。接头处开坡口进行多层焊时,采用细焊条小电流,可以减少母材金属的熔入量,降低裂纹倾向。

3）高碳钢的焊接

高碳钢的含碳量大于0.60%,其焊接特点与中碳钢基本相同,但淬硬和裂纹倾向更大,焊接性更差。一般,这类钢不用于焊接结构,仅在用手工电弧焊或气焊来补焊修理一些损坏件时使

用。焊接时,应注意焊前预热和焊后缓冷。

4）低合金结构钢的焊接

低合金结构钢按其屈服强度可以分为九级:300、350、400、450、500、550、600、700、800(单位为 MPa)。对于强度级别≤400 MPa 的低合金结构钢,$w_{CE}<0.4\%$ 时,焊接性良好,其焊接工艺和焊接材料的选择与低碳钢基本相同,一般不需采取特殊的工艺措施。只有焊件较厚、结构刚度较大及环境温度较低时,才进行焊前预热,以免产生裂纹。对于强度级别≥450 MPa 的低合金结构钢,$w_{CE}>0.4\%$ 时,存在淬硬和冷裂问题,其焊接性与中碳钢相当,焊接时需要采取一些工艺措施。例如焊前预热(预热温度为 150 ℃左右)可以降低冷却速度,避免出现淬硬组织;适当调节焊接工艺参数,可以控制热影响区的冷却速度,保证焊接接头获得优良的性能;焊后热处理能消除残余应力,避免冷裂。

低合金结构钢含碳量较低,对硫、磷控制较严,手工电弧焊、埋弧焊、气体保护焊和电渣焊均可用于此类钢的焊接,其中以手工电弧焊和埋弧焊较为常用。选择焊接材料时,通常从等强度的原则出发,为了提高抗裂性,尽量选用碱性焊条和碱性焊剂,对于不要求焊缝和母材等强度的焊件,亦可选择强度级别略低的焊接材料,以提高塑性,避免冷裂。

3. 不锈钢的焊接

不锈钢中都含有不少于 12% 的铬,还含有镍、锰、钼等合金元素,以保证其耐热性和耐腐蚀性。按组织状态,不锈钢可分为奥氏体不锈钢、铁素体不锈钢和马氏体不锈钢等,其中以奥氏体不锈钢的焊接性最好,广泛用于石油、化工、动力、航空、医药、仪表等部门的焊接结构中,常见的牌号有 1Cr18Ni9、1Cr18Ni9Ti、0Cr18Ni9 等。一般熔焊方法均能用于奥氏体不锈钢的焊接,目前生产上常用的方法是手工电弧焊、氩弧焊和埋弧焊。

4. 铸铁的补焊

铸铁在制造和使用中容易出现各种缺陷和损坏。铸铁补焊是对有缺陷铸铁件进行修复的重要手段,在实际生产中具有很大的经济意义。铸铁的含碳量高,脆性大,焊接性很差,在焊接过程中易产生白口组织和裂纹。因此,在补焊时需采用碳、硅含量高的铸铁焊接材料或镍基合金、铜镍合金、高钒钢等非铸铁焊接材料,也可以在补焊时进行预热、缓冷,使石墨充分析出,或采用钎焊,这样可避免出现白口组织。手工电弧焊和气焊是最常用的铸铁补焊方法。按焊前是否预热可分为热焊法和冷焊法。

5. 非铁金属的焊接

常用的非铁金属有铜、铝及其合金等。由于非铁金属具有许多特殊性能,在工业中应用越来越广泛,其焊接技术也越来越受到重视。

1）铜及铜合金的焊接

铜及铜合金的焊接比低碳钢困难得多,其特点如下:

(1) 难熔合、易变形。铜的导热系数大,焊接时散热快,易产生未焊透或未熔合等缺陷;铜的线胀系数及收缩率都很大,因此,焊接应力大,易变形。

(2) 裂纹倾向大。铜在高温下易氧化,生成的 Cu_2O 与硫生成 Cu_2S,它们与铜形成低熔共晶体分布在晶界上,容易产生热裂纹。

(3) 容易产生气孔。气孔主要是由氢气引起的,液态铜能够溶解大量的氢,冷却凝固时,溶解度急剧下降,来不及逸出的氢气即在焊缝中形成氢气孔。

此外，焊接黄铜时，会产生锌蒸发（锌的沸点仅为 907 ℃），一方面使合金元素损失，造成焊缝的强度、耐蚀性降低，另一方面，锌蒸气有毒，会对焊工的身体造成伤害。

可采用的焊接方法包括：氩弧焊、气焊和手工电弧焊。其中氩弧焊是焊接紫铜和青铜最理想的方法。黄铜焊接常采用气焊，因为气焊时可采用微氧化焰加热，使熔池表面生成高熔点的氧化锌薄膜，以防止锌的进一步蒸发，或选用含硅焊丝，可在熔池表面形成致密的氧化硅薄膜，既可以阻止锌的蒸发，又能对焊缝起到保护作用。

2）铝及铝合金的焊接

铝具有密度小、耐腐蚀性好、塑性高、导电性和导热性优良等优点，因而铝及铝合金在航空、汽车、机械制造、电工以及化学工业中得到了广泛的应用。其具有如下焊接特点：

（1）极易氧化。铝及铝合金表面极易生成一层致密的氧化膜（Al_2O_3），其熔点（2 050 ℃）远远高于纯铝的熔点（657 ℃），在焊接时会阻碍金属的熔合，且由于密度大，容易形成夹杂。

（2）易生成气孔。液态铝可以大量地溶解氢，铝的高导热性又使金属迅速地凝固，因此液态时吸收的氢气来不及析出，极易在焊缝中形成气孔。

（3）易变形、开裂。铝及铝合金的线膨胀系数和结晶收缩率很大，导热性很好，因而焊接应力很大，焊接接头容易产生裂纹。

（4）熔融状态难控制。铝及铝合金高温时强度和塑性极低，很容易产生变形，且高温液态无显著的颜色变化，操作时难以掌握加热温度，容易出现烧穿、焊瘤等缺陷。

可采用的焊接方法包括：氩弧焊、电阻焊、气焊。其中氩弧焊应用最广，电阻焊应用也较多，气焊常用于要求不高的铝及铝合金工件的焊接。

不论采用何种方法焊接铝及其合金，焊前都需清理、去除焊件表面的氧化膜、油污、水分，以利于焊接时的熔合，防止气孔、夹渣等缺陷。清理方法有化学清理和物理清理两种。焊后也必须清埋残留在接头处的焊剂和焊渣，可用清水冲洗、烘干。另外，要防止铝与空气、水分作用，避免腐蚀焊件。

三、常见焊接缺陷的产生原因及预防措施

现代的焊接技术是完全可以保证获得高质量的焊接接头的。然而，一个焊接产品的完成，要经过原材料画线、切割、坡口加工、装配、焊接等多种工序，还要使用多种设备、工艺装备及焊接材料，并受操作者的技术水平等许多因素的影响，因此，极易出现各种各样的焊接缺陷。

1. 常见焊接缺陷

焊接缺陷大致可以分为以下几类：

（1）坡口和装配的缺陷。坡口表面有深的切痕、龟裂或有熔渣、锈、污物。

（2）焊缝形状、尺寸及接头外部的缺陷。主要包括焊缝截面不丰满或加强高过高；焊缝宽度沿长度方向不恒定；满溢；咬边；表面有气孔；表面有裂纹；接头变形和翘曲超过产品允许的范围。

（3）焊缝和接头内部的工艺性缺陷。主要包括气孔、裂纹、未焊透、夹渣、未熔合、接头金属组织的缺陷（过热、偏析等）。

（4）接头的力学性能较差，耐腐蚀性能、物理化学性能不合要求。

（5）接头的金相组织不合要求。

2. 形成原因

焊接接头缺陷产生的主要原因是：

（1）坡口的角度、间隙、错边不符合要求以及沿长度方向不恒定。

（2）焊接规范、坡口尺寸选择不当；运条不当；焊条角度和摆动不正确；焊接顺序不对，收缩余量设置不当等。

（3）焊条选择不当；焊缝表面不净；熔池中溶入过多的 H_2、N_2 及 CO 气体；熔池中含有较多的 S、P 等有害元素，含有较多的 H。

（4）结构刚度大，接头冷却速度太快等。

3. 预防措施

（1）严格执行坡口的制造及装配工艺；

（2）严格执行焊接规范；

（3）严格进行焊接表面的清洗；

（4）严格执行焊接工艺；

（5）严格进行焊接检验。

四、焊接质量检验

1. 焊接检验过程

焊接检验是指从图样设计到产品成形的整个生产过程中所使用的材料、工具、设备、工艺过程和成品质量的检验，分为三个阶段：焊前检验、焊接过程中的检验以及焊后成品的检验。根据对产品是否造成损伤，又可分为破坏性检验和无损探伤两类。

（1）焊前检验。焊前检验包括原材料（如母材、焊条、焊剂等）的检验、焊接结构设计的检查等。

（2）焊接过程中的检验。包括焊接工艺规范的检验、焊缝尺寸的检查、夹具情况和结构装配质量的检查等。

（3）焊后成品的检验。

2. 焊接检验方法

焊后成品检验的方法有很多，常用的有以下几种：

（1）外观检验。焊接接头的外观检验是一种操作简便而又应用广泛的检验方法，是成品检验的一个重要内容，主要用于发现焊缝表面的缺陷和尺寸上的偏差。一般用肉眼观察，并借助标准样板、量规和放大镜等工具进行检验。若焊缝表面出现缺陷，则焊缝内部便有存在缺陷的可能。

（2）致密性检验。对于贮存液体或气体的焊接容器，其焊缝的不致密缺陷（如贯穿性的裂纹、气孔、夹渣、未焊透和疏松组织等）可用致密性试验来发现。致密性检验方法有煤油试验、载水试验、水冲试验等。

（3）受压容器的强度检验。受压容器除进行密封性试验外，还要进行强度试验。常见的有水压试验和气压试验两种，它们都能检验在压力下工作的容器和管道的焊缝致密性。气压试验比水压试验更为灵敏和迅速，同时试验后的产品不需要进行排水处理，对于排水困难的产品尤为适用，但试验的危险性比水压试验大。进行试验时，必须遵守相应的安全技术措施，以防试验过程中发生事故。

（4）物理检验方法。物理检验方法是利用一些物理现象进行测定或检验的方法。材料或工件内部缺陷情况的检查，一般都是采用无损探伤的方法。目前，无损探伤方法主要有超声波探伤、射线探伤、渗透探伤、磁力探伤等。

思考与练习

一、选择题

1. ______是 CO_2 气体保护焊的主要缺点。

（A）气孔　（B）裂纹　（C）飞溅　（D）未焊透

2. 气体保护焊时，保护气体中成本最低的是______。

（A）Ar　（B）CO_2　（C）He　（D）H_2

3. CO_2 气体保护焊焊接薄件时，熔滴应该采用______的形式。

（A）短路过渡　（B）颗粒状过渡　（C）喷射过渡

4. ______适用于不受压焊缝的密封性检查。

（A）水压试验　（B）煤油试验　（C）气密性试验　（D）气压试验

二、简答题

1. 气体保护电弧焊有哪些特点？
2. CO_2 气体保护焊防止飞溅产生的措施有哪些？
3. CO_2 气体保护焊有哪些焊接参数？
4. 金属焊接性包括哪两方面内容？其含义是什么？
5. 什么是埋弧焊？它有何特点？
6. 采用火焰矫正法的实质是什么？
7. 什么是焊接变形？焊接变形的种类有哪些？
8. 试述 Q345（16Mn）钢的焊接性及其焊接工艺特点。

学习情境九

滑动导轨板耐磨性能的优化

9.1 任务描述

车床床身的导轨由于工作时受到刀架和尾座部件等的滑动摩擦,因此必须具备一定的硬度和耐磨性。而车床床身等机床的基础件主要采用铸铁件,其硬度和耐磨性难以达到设计要求,一般需在其上面增加镶钢导轨板。即便是 40Cr 钢材板料的原始硬度也达不到使用要求,40Cr 导轨板简图如图 9-1 所示,因此提高镶钢导轨板的硬度,使其达到 48 ~53 HRC,就成为需要解决的课题。

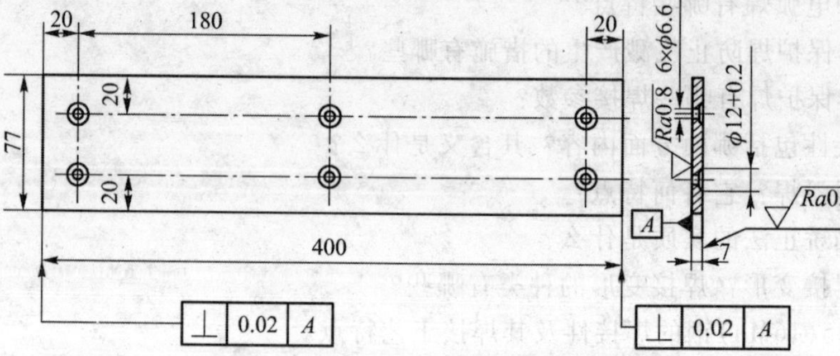

图 9-1　40Cr 导轨板简图

【知识点】

◎ 奥氏体的形成过程和影响因素。

◎ 珠光体的形成过程及组织、性能。

◎ 退火、正火、淬火、回火。

◎ 钢在冷却时的马氏体转变。

◎ 钢在加热、冷却组织转变的实际应用。

【技能点】

◎ 合理选用退火、正火、淬火、回火工艺，提高工件性能。

◎ 淬火变形及减少淬火变形的方法。

9.2 任务分析

由前面所学的 $Fe-Fe_3C$ 相图可知，铁碳合金的基本组织有铁素体、奥氏体、渗碳体、珠光体、莱氏体，不同的组织的机械性能各不相同，即强度、硬度、塑性、韧性各不相同。在不改变工件的形状和整体化学成分的前提下，如能使用一定的工艺手段改变工件内部的显微组织，或改变工件表面的化学成分，就可改善工件的机械性能，满足零件的使用要求。

这种改善材料性能的工艺手段便是热处理，所谓热处理就是将金属工件放在一定的介质中加热到适宜的温度，并在此温度中保持一定时间后又以不同速度冷却的一种工艺。其特点是能改善工件的内在质量，而这通常不是肉眼所能看到的。热处理之所以能使钢的性能发生变化，其根本原因就是铁具有同素异构转变的性质，从而使钢在加热和冷却过程中，发生组织结构的变化。

热处理是机器零件及工具制造过程中的重要工序，它对充分利用金属材料的力学性能、提高产品的质量以及延长使用寿命具有重要的意义。热处理在改善毛坯的工艺性能以利于进行冷、热加工等方面也有良好的作用。零件热处理质量的高低对成品的质量往往具有决定性的影响。

钢的热处理工艺是由加热、保温和冷却三个阶段组成的，热处理的工艺曲线如图 9-2 所示。改善材料性能的热处理工艺手段有多种，包括退火、正火、淬火、回火和表面热处理等。本任务就是根据具体需要选择合适的热处理工艺方案。

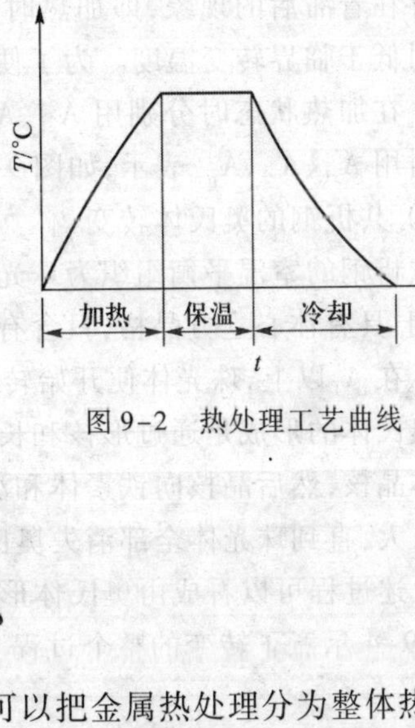

图 9-2 热处理工艺曲线

9.3 相关知识

根据加热条件和特点以及不同的工艺效果和目的，一般可以把金属热处理分为整体热处理、表面热处理和化学热处理三大类。整体热处理的主要特点是对工件整体进行穿透加热；表面热处理是仅对工件表层进行热处理，以改变其组织和性能；化学热处理是将工件置于一定温度的活性介质中保温，使一种或几种元素渗入其表层，以改变其化学成分、组织和性能。

一、钢在加热时的奥氏体转变

1. 奥氏体的形成

碳钢在室温时的组织是由铁素体和渗碳体两个基本相组成的。而钢只有在奥氏体状态下才能通过不同的冷却方式转变成不同的组织，以获得不同的力学性能。所以，钢的热处理加热就是使室温的铁素体和渗碳体组织全部或部分地转变成奥氏体。

奥氏体是钢在高温状态时的组织，即高温相。在许多热处理工艺中，首先将钢加热以获得奥氏体组织，奥氏体的晶粒大小、成分及其均匀程度对钢冷却后的组织和性能有着重要的影响。

钢在加热或冷却至某一温度时发生相转变，这一转变开始或终了的温度称为临界温度或临界点。以铁碳合金为例，在铁碳合金状态图上看到的常用的临界温度有 A_1、A_3、A_{cm} 等。

制定热处理工艺时，加热温度的选定是保证奥氏体转变的先决条件。从铁碳相图得知，任何成分的碳素钢加热到 A_1 以上时，珠光体就向奥氏体转变；但只有当温度升高至 A_3 或 A_{cm} 以上时，钢中的铁素体或二次渗碳体才全部溶入奥氏体。

鉴于钢的热处理是在固态下完成的，共析钢、亚共析钢和过共析钢分别加热到 *PSK* 线、*GS* 线、*ES* 线以上的温度时才能全部得到奥氏体组织。所以在利用铁碳相图的时候. 只涉及铁碳相图的三条主要的线，即 *PSK* 线、*GS* 线、*ES* 线。为了分析问题的方便，通常把 *PSK* 线称为 A_1 线，*GS* 线称为 A_3 线，*ES* 线称为 A_{cm} 线。铁碳相图是在平衡状态（即在极缓慢的条件下加热和冷却）下测得的，而实际的热处理过程中，加热和冷却都不是在极缓慢条件下完成的，其组织的转变就存在着滞后的现象，即加热时高于临界转变温度，冷却时低于临界转变温度。为了便于区别，通常把 A_1、A_3、A_{cm} 在加热状态时分别用 A_{c1}、A_{c3}、A_{ccm} 表示，在冷却状态时用 A_{r1}、A_{r3}、A_{rcm} 表示，如图 9-3 所示。

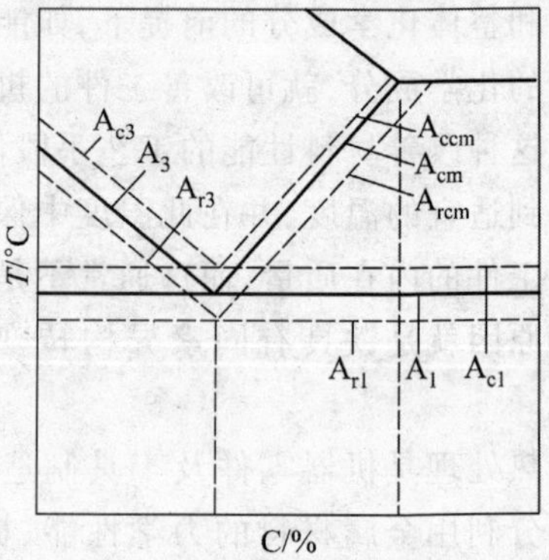

图 9-3 钢在加热和冷却时的临界温度

1）共析钢的奥氏体转变

共析钢的室温平衡组织为珠光体。珠光体是铁素体和渗碳体的两相混合物。其中铁素体是基体相，具有体心立方晶格，只含有极少量的碳；而渗碳体是分散相，具有复杂斜方晶格，含碳量很高。在 A_1 以上，珠光体便开始转变成面心立方晶格的奥氏体。

奥氏体的形成是通过形核和长大两个过程完成的。首先在铁素体和渗碳体的相界面上形成奥氏体晶核，然后晶核向铁素体和渗碳体两方面长大，随着时间的增长，奥氏体晶核不断增多并逐渐长大，直到珠光体全部消失奥氏体转变才告结束。

上述过程可以看成由奥氏体形核、晶核长大、残留渗碳体溶解以及奥氏体均匀化四个阶段组成，图 9-4 示意了转变的整个过程。

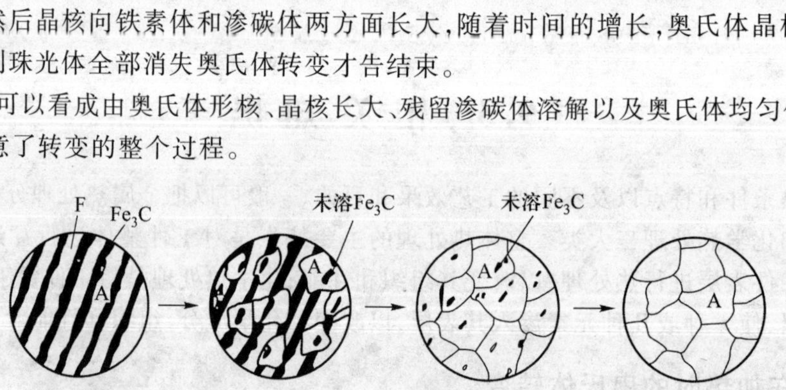

(a) 奥氏体形核 (b) 奥氏体长大 (c) 残余渗碳体溶解 (d) 奥氏体均匀化

图 9-4 珠光体向奥氏体转变的示意图

2）非共析钢的奥氏体转变

亚共析钢在加热到 A_1 以上温度时，完成珠光体向奥氏体的转变，而后继续升高温度，则在铁素体晶界处形成奥氏体晶核，并逐渐长大，当加热温度达到 A_{c3} 以上时，铁素体全部消失，得到单相奥氏体。过共析钢与亚共析钢的奥氏体转变相似，加热到 A_1 以上时，完成珠光体的奥氏体转变，随着温度的继续升高，二次渗碳体不断溶于奥氏体，当加热温度到达 A_{ccm} 以上时，二次渗碳体全部溶解，单相奥氏体即形成。

2. 奥氏体晶粒成长及其影响

钢加热到临界点以上时，奥氏体形成，刚开始时的晶粒是非常细小的，但是随着加热温度的升高或时间的延长就会出现晶粒长大的现象。奥氏体的晶拉长大是一个自发过程，这是因为晶界处原子排列不规则，能量较高，晶粒就相互吞并使晶界面减少，晶粒便不断地长大。

一般结构钢的奥氏体晶粒度按标准分为八级。1～4 级为粗晶粒度，5～8 级为细晶粒度，超过 8 级的为超细晶粒度。图 9-5 为 100 倍下标准晶粒度等级示意图。

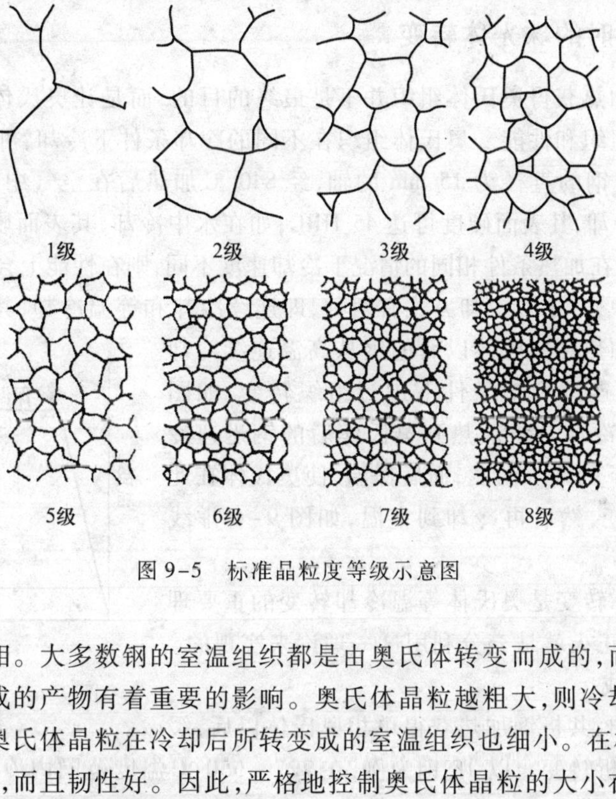

图 9-5 标准晶粒度等级示意图

奥氏体是个高温相。大多数钢的室温组织都是由奥氏体转变而成的，而奥氏体晶粒的大小将对随后冷却转变而成的产物有着重要的影响。奥氏体晶粒越粗大，则冷却后所形成的组织也越粗大；相反，细小的奥氏体晶粒在冷却后所转变成的室温组织也细小。在相同成分和组织条件下，细晶粒不仅强度高，而且韧性好。因此，严格地控制奥氏体晶粒的大小在热处理生产中是一个重要的环节。

3. 影响奥氏体转变速度的因素

奥氏体的形成是依靠原子的扩散，并通过形核和长大过程完成的。凡是影响扩散、形核及长大的因素，都会影响奥氏体的转变速度。

（1）加热温度的影响　加热温度强烈地影响奥氏体的形成速度。温度越高，珠光体向奥氏体转变的孕育期就越短，且奥氏体的形成速度越快，转变所需的时间就越短。这是因为温度越高，奥氏体与珠光体的自由能差越大，转变的推动力就越大；还由于温度越高，原子扩散就越快，奥氏体的形核与长大、渗碳体的溶解及奥氏体的均匀化也进行得越快。

(2) 加热速度的影响 在连续加热时,加热速度对奥氏体形成过程也有重要的影响。加热速度越快,则珠光体的过热度越大,转变开始温度和终了温度就越高,从而使转变在一个温度范围内完成。另外,加热速度越快,转变的孕育期就越短,转变所需的时间也越短。

(3) 钢成分的影响 钢中含碳量对奥氏体的形成速度有很大的影响。钢中含碳量越高,则奥氏体转变速度越快。这是因为含碳量越高,钢中碳化物的数量越多,这必然导致铁素体与碳化物的相界面越大,从而使奥氏体的形核机会越大。同时,奥氏体中碳含量越高,则原子的扩散速度越快,因而奥氏体的形成就越快。

(4) 原始组织的影响 原始组织对奥氏体形成速度影响也很大。在其他条件相同时,细片状珠光体的奥氏体的形成速度比粗片状珠光体的快。细小球状珠光体的奥氏体形成速度比粗大球状珠光体的快。

二、钢在冷却时的珠光体转变

热处理时将钢加热获得奥氏体组织并不是最终的目的,而是让奥氏体组织通过不同的冷却方式获得所需要的组织和性能。奥氏体组织在不同的冷却条件下冷却,可获得不同的力学性能。

例如,材料为45钢的直径为15 mm的轴,经840 ℃加热后在空气中冷却,其表面硬度小于209 HBS;如在油中冷却,其表面硬度可达45 HRC;如在水中冷却,其表面硬度则为56 HRC左右。由此可见,同样的钢,在加热条件相同的情况下冷却速度不同,则在性能上会产生明显的差别。

在热处理工艺中,常用的冷却方式有两种,即连续冷却和等温冷却,其工艺曲线如图9-6所示。连续冷却是将加热到奥氏体以后的钢从高温连续冷却到室温,让奥氏体在连续冷却条件下进行组织转变,如图9-6实线所示。等温冷却是将加热到奥氏体后的钢迅速冷却到 A_1(723 ℃)以下的某一温度,而后保温,使奥氏体在此温度下发生组织转变,然后再冷却到室温,如图9-6虚线所示。

图9-6 两种冷却方式示意图

奥氏体向珠光体转变是奥氏体等温冷却转变的重要理论之一,钢的退火和正火就是充分利用这一理论来实现的。

1. 珠光体的形成

从铁碳相图可知,共析钢加热获得单相奥氏体以后,缓慢冷却时,将发生共析转变。以T8钢为例,在727~550 ℃温度范围内冷却时,将获得呈片状的铁素体和渗碳体组织,称为珠光体类组织。奥氏体向珠光体的转变是碳的重新分布及铁的晶格重组的过程。

2. 珠光体的组织和性能

钢冷却时所发生的转变以及转变后的组织和性能主要取决于钢的冷却速度和转变温度。

当钢从奥氏体状态冷却下来时,由于冷却速度和转变温度的不同,获得的组织和性能也存在很大的差异。根据共析渗碳体的形状,珠光体分为片状珠光体和球化体两种。根据共析渗碳体的粗细,又可分为珠光体、索氏体(细珠光体)和托氏体(极细珠光体)三种。就其实质而言,它们都是同一种组织,只是渗碳体的形状和分散度不同而已。珠光体组织越细,其强度和硬度就越高,同时塑性和韧性也越好。

(1) 珠光体转变 当钢从高温奥氏体状态以极缓慢的速度冷却(随炉缓慢冷却)时,在727～650 ℃之间,奥氏体分解成铁素体和渗碳体的机械混合物。由于分解温度高,所以得到的组织片层粗、强化作用小,强度、硬度低(约为15 HRC),而塑性、韧性好,如图9-7a所示。

(2) 索氏体转变(又称细珠光体转变) 当钢从高温奥氏体状态以较快的速度冷却(从空气中冷却)时,在650～600 ℃之间,奥氏体分解成层片较细的铁素体与渗碳体的机械混合物,称细珠光体或索氏体,用符号"S"表示。由于分解温度降低,故层片变细,其强化作用增大,强度、硬度比粗层片的珠光体高(约为30 HRC),而塑性、韧性比粗层片的珠光体差,如图9-7b所示。

(3) 屈氏体转变(又称极细珠光体转变) 当钢从高温奥氏体状态以更快的速度冷却(如出炉鼓风冷却)时,在600～550 ℃之间,奥氏体分解成层片极细的铁素体与渗碳体的机械混合物,称极细珠光体或屈氏体,用符号"T"表示。由于分解温度更低,故层片极细、极密,其强化作用更大,强度、硬度更高(约为40 HRC),而塑性、韧性更低,如图9-7c所示。

(a) 珠光体 (b) 索氏体 (c) 屈氏体

图9-7 珠光体组织示意图

3. 珠光体转变的实际应用

1) 退火

退火是将钢材或钢件加热到适当的温度并保持一段时间,然后缓慢冷却以获得接近平衡状态组织珠光体的热处理工艺。在机械制造行业,退火通常作为工件制造过程中的预备热处理工序。根据处理的目的和要求的不同,工业上常用的退火工艺有完全退火、球化退火、等温退火、均匀化退火和去应力退火等。各种退火的加热温度范围及工艺曲线见图9-8,应根据工件的技术要求与工艺流程合理地选用。

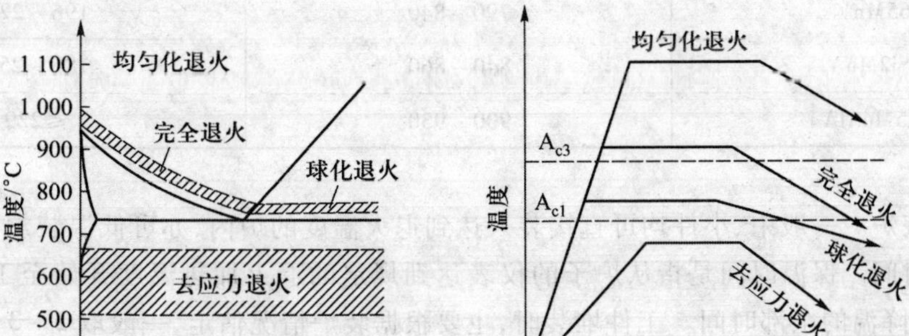

(a) 加热温度范围 (b) 工艺曲线

图9-8 碳钢各种退火工艺的规范示意图

（1）完全退火

完全退火是将钢件加热到临界点 A_{c3} 以上的适当温度，使其完全奥氏体化，并在炉内保温和缓慢冷却的工艺方法。其目的是细化组织、降低硬度、改善切削加工性能以及去除内应力。

完全退火主要应用于中、低碳钢的铸件、焊件以及热锻件、热轧件等。

过共析钢不宜采用完全退火，因为加热到 A_{ccm} 以上再缓冷，二次渗碳体会呈网状分布，并沿奥氏体晶界析出，使钢的韧性大大下降，并有可能在以后的热处理中引起裂纹。另外，由于网状渗碳体的出现，切削加工性能变差，工件表面的粗糙度将受很大的影响。

① 完全退火的工艺曲线见图 9-9。

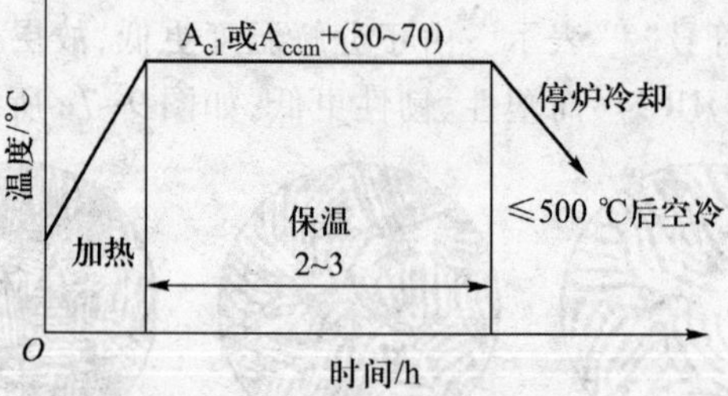

图 9-9　完全退火工艺曲线

② 常用结构钢退火温度与退火后的硬度请参照表 9-1。

表 9-1　常用结构钢的完全退火温度与硬度值

钢号	退火温度/℃	退火后的硬度值/HBW
40Cr	860 ~ 890	≤207
40MnVB	850 ~ 880	≤207
42SiMn	850 ~ 870	≤207
35CrMo	830 ~ 850	197 ~ 229
50CrVA	810 ~ 870	179 ~ 255
65Mn	790 ~ 840	196 ~ 229
60Si2MnA	840 ~ 860	185 ~ 255
38CrMoAlA	900 ~ 930	≤229

③ 工件装炉。一般中、小件均可直接装入达到退火温度的炉内，亦可低温装炉，随炉升温。

④ 保温时间。保温时间是指从炉子的仪表达到规定的退火加热温度开始至工件在炉内停止加热并开始降温的全部时间。工件堆装时，主要根据装炉情况估定，一般取 2 ~ 3 h。

⑤ 工件冷却。保温完成后，一般停电（火）并关闭炉门缓冷至 500 ℃ 即可出炉空冷。对某些合金元素含量较高、按上述方式冷却后硬度偏高的工件，可采用等温冷却方法，即在 650 ℃ 附近保温 2 ~ 4 h 后再炉冷至 500 ℃ 出炉。

（2）不完全退火

不完全退火常用于亚共析钢，主要用于锻造后的结构钢，尤其是含碳量较高的结构钢。不完全退火是将钢件加热到 A_{c1} ~ A_{c3}之间的适当温度，保温后缓慢冷却的工艺方法。主要目的是降低硬度，改善切削加工性能，消除内应力。采用等温退火还可以使片状珠光体球化，为下道工序作组织准备。

不完全退火的目的和完全退火的相同，但转变产物较易控制，能获得均匀的组织，而且比完全退火加热温度低，因此大大缩短了退火时间，一般只需完全退火的一半时间左右。

① 不完全退火工艺曲线见图 9-10。

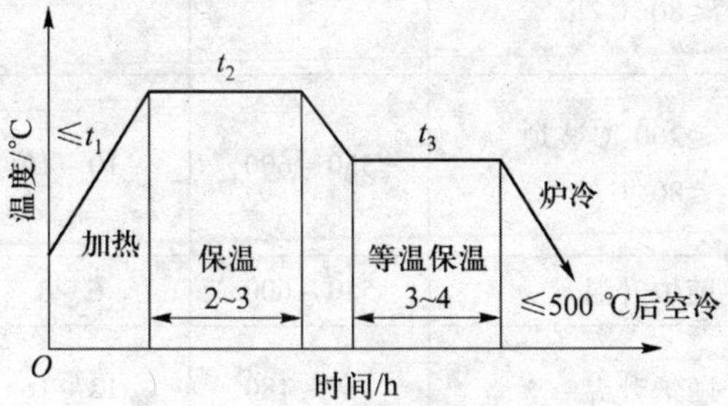

图 9-10　不完全退火工艺曲线

② 常用结构钢工件的不完全退火温度、等温温度及退火后的硬度请参照表 9-2。

表 9-2　常用结构钢工件的不完全退火温度及硬度值

钢号	A_{c1}/℃	A_{c3}/℃	加热温度/℃	等温温度/℃	等温时间/h	退火后硬度/HBS
40Cr	743	782	750	690	8	174
40CrMnMo	735	780	750	675	9	179
50CrVA	752	788	760	675	10	192
$60Si_2Mn$	755	810	760	675	10	212

③ 不完全退火工艺规程。装炉温度、加热速度、保温时间与完全退火工艺相同。

(3) 去应力退火

去应力退火是将工件加热到 A_{c1} 以下的适当温度，保持一定时间后缓慢冷却的工艺方法。其目的是为了去除由于形变加工、机械加工、铸造、锻造、热处理及焊接等产生的残余应力。

① 去应力退火工艺曲线见图 9-11。

② 不同工件去应力退火工艺参数见表 9-3。

③ 去应力退火的温度一般应比最后一次回火温度低 20 ~ 30 ℃，以免降低硬度及力学性能。

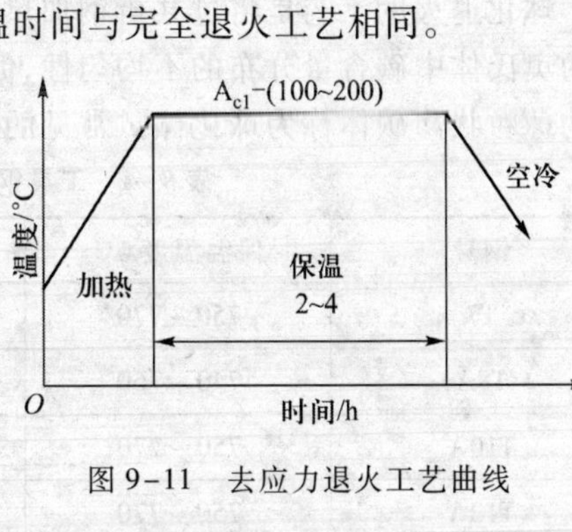

图 9-11　去应力退火工艺曲线

表 9-3 去应力退火工艺及低温时效工艺

类别	加热速度	加热温度/℃	保温时间/h	冷却速度
焊接件	≤300 ℃装炉 ≤100 ~ 150 ℃/h	500 ~ 550	2 ~ 4	炉冷至 300 ℃出炉空冷
消除加工应力	到温装炉	400 ~ 550	2 ~ 4	炉冷或空冷
镗杆、精密轴套(38CrMoAlA)	≤200 ℃装炉 ≤80 ℃/h	600 ~ 650	10 ~ 12	炉冷至 200 ℃出炉(在 350 ℃以上冷却速度≤50 ℃/h)
精密丝杠(1、2 级)(T10)	≤200 ℃装炉 ≤80 ℃/h	550 ~ 600	10 ~ 12	炉冷至 200 ℃出炉(在 350 ℃以上冷却速度≤50 ℃/h)
一般丝杠、主轴(45、40Cr)	随炉升温	550 ~ 600	6 ~ 8	炉冷至 200 ℃出炉
精密丝杠、量检具(T8、T10、CrMn、GCr15)	随炉升温	130 ~ 180	12 ~ 16	空冷(时效多在油浴中进行)

④ 对于薄壁、易变形焊接件,退火温度应低于下限。

⑤ 低温时效要用于工件的半加工之后(如粗磨或第一次精磨之后)。

⑥ 铸铁件低温退火见铸铁件的热处理工艺。

(4) 球化退火

球化退火是使钢中碳化物球状化的一种热处理工艺。

球化退火主要用于共析钢或过共析钢,目的是使二次渗碳体及珠光体中的片状渗碳体球状化,从而降低硬度,提高塑性。在球化退火前,必须先进行正火,将组织中的网状渗碳体破碎,这样才能保证球化退火后组织中所有渗碳体球状化。

球化退火主要作为工具钢、模具钢、轴承钢的预先热处理。通过球化处理可以改善切削加工性能,同时为最终热处理作好组织准备。

球化退火的工艺是将过共析钢加热到 A_{c1} 以上 20 ~ 40 ℃,保留较多的未溶碳化物粒子或较大的奥氏体中碳含量分布的不均匀性,促使球状碳化物形成。在铁素体基体上分布着的细小均匀的球粒状渗碳体称为球化体。常见的工具钢、轴承钢的球化退火温度及硬度值见表 9-4。

表 9-4 工具钢、轴承钢的球化退火温度及硬度值

钢号	保温温度/℃	等温温度/℃	等温时间/h	退火后的硬度/HBS
T7	750 ~ 770	640 ~ 670	2 ~ 3	187
T8A	740 ~ 760	650 ~ 680	2 ~ 3	187
T10A	750 ~ 770	680 ~ 700	2 ~ 3	163 ~ 197
T12A	750 ~ 770	680 ~ 700	2 ~ 3	163 ~ 207
9Mn2V	740 ~ 760	630 ~ 650	3 ~ 4	229
9SiCr	790 ~ 810	700 ~ 720	3 ~ 4	197 ~ 241

续表

钢号	保温温度/℃	等温温度/℃	等温时间/h	退火后的硬度/HBS
CrMn	770~810	680~700	3~4	197~241
CrWMn	780~800	690~710	3~4	207~255
GCr15	790~810	680~710	3~4	207~229
5CrNiMo	760~780	≈610	3~4	197~241
5CrMnMo	850~870	≈680	3~4	197~241
Cr12	850~870	720~750	3~4	207~255
Cr12MoV	850~870	720~750	3~4	207~255
3Cr2W8	850~880	730~750	3~4	207~255
W18Cr4V	850~880	730~750	4~5	207~255
W6Mo5Cr4V2	870~890	740~750	4~5	255
W12CrV4Mo	840~860	720~750	4~5	223~269
1Cr13、4Cr13	860~880	730~750	3~4	149~207

(5) 均匀化退火

为减少钢锭、铸件或锻坯的化学成分的偏析和组织的不均匀性,将其加热到 A_{c3} 以上 150~200 ℃,长时间(10~15 h)保温后缓冷的热处理工艺,称为均匀化退火或扩散退火,目的是为了达到化学成分和组织均匀化。均匀化退火后钢的晶粒粗大,因此一般还要进行完全退火或正火。

常见材料的均匀化退火可参考下列经验数据:

① 碳素钢铸件:950~1 000 ℃。

② 低合金钢铸件:1 000~1 050 ℃。

③ 高合金钢铸件:1 050~1 100 ℃。

④ 高合金钢钢锭:1 100~1 250 ℃。

加热保温后随炉缓冷,通常炉冷至 350 ℃左右出炉。均匀化退火时间较长,能源消耗较多,钢的氧化脱碳严重,故一般只用于重要的高级合金钢锭或大型铸件。

2) 正火

正火是将钢材或钢件加热到临界点 A_{c3} 或 A_{ccm} 以上的适当温度,保持一定时间后在空气中冷却,从而得到珠光体基体组织的热处理工艺。

(1) 正火的主要应用范围

① 为低碳钢和某些低合金结构铸钢及锻件消除应力,作为淬火前的预备热处理。

② 消除网状碳化物,为球化退火作准备。

③ 用于某些碳素钢、低合金钢工件淬火返修之时,可消除内应力和细化组织,以防重新淬火时产生开裂和变形。

④ 作为某些结构件的最终热处理。

(2) 正火的工艺规范

① 常用钢号的正火加热温度及硬度值可参照表9-5。

表9-5 常用钢号的正火加热温度及硬度值

钢号	加热温度/℃	正火后硬度/HBS	备注
08	910~940	≤131	
15	900~950	≤143	
35	860~900	146~197	
45	840~880	170~217	
20Cr	870~900	143~197	渗碳前的预先热处理
20CrMnTi	920~970	160~207	渗碳前的预先热处理
20MnVB	880~900	149~179	渗碳前的预先热处理
40Cr	870~890	179~229	
40MnVB	860~890	159~207	正火后680~720 ℃高温回火
50Mn2	820~860	192~241	正火后630~650 ℃高温回火
40CrNiMoA	890~920	220~270	
38CrMoAlA	930~970	179~229	正火后700~720 ℃高温回火
9Mn2V	860~880		消除网状碳化物
GCr15	900~950		消除网状碳化物
CrWMn	970~990		消除网状碳化物

② 正火保温时间的计算可参照淬火工艺规程。

③ 正火工件的冷却一般为空冷,大件正火也可采用风冷、喷雾冷却等,以获得预期的效果。

3) 正火和退火的目的

退火和正火用于零件毛坯的预先热处理其目的是.

(1) 消除或改善坯料制备时所造成的各种组织缺陷。

(2) 获得有利于切削加工的组织和硬度。

(3) 改善组织中相的形态和分布,细化晶粒,为最终热处理做好组织准备。

退火和正火作为中间热处理工序时的主要目的是:

(1) 消除或降低内应力,以减少后续加工的变形或开裂。

(2) 消除冷作硬化,软化金属,以利于冷塑性变形的继续进行。

4) 正火和退火的正确选用

正火和退火一般来说都属于预先热处理工序,对于有些零件来说,也可能是最后的热处理,其目的是改善组织、细化晶粒、软化组织、消除应力,为后续热处理准备好原始组织。正火比退火生产周期短,操作简便,材料可以获得良好的机械性能,所以在满足钢件加工性能的条件下,应采用正火代替退火,以降低生产成本,提高功效。下面对不同含碳量钢种加以具体分析。

(1) 低碳钢 一般认为,钢的硬度在170~230 HBW 时具有良好的切削加工性能。低碳钢主要应解决塑性过高造成粘刀而不宜切削加工的问题,故应采用正火为宜。通过正火可获得晶粒比较细小的铁素体和数量较多、较细密的珠光体,使组织均匀,硬度适当提高,便于切削。

(2) 中碳钢　为满足切削加工要求,含碳量不超过0.45%的钢选用正火是合适的,正火后硬度一般不超过229 HBS。含碳量超过0.45%的钢和一些合金含量较高的中碳结构钢若选用正火则硬度过高,使切削加工变得困难,故应选择退火。

(3) 高碳钢　从切削加工来看,高碳钢采用退火为宜。亚共析钢进行不完全退火和完全退火,共析和过共析钢均采用球化退火。

三、钢在冷却时的马氏体转变

钢从高温奥氏体状态急冷(淬火)下来,可得到一种碳原子在α铁中过饱和的固溶体,称为马氏体。它具有很高的硬度,而且随着含碳量的增加硬度不断地提高。一般马氏体很脆,延展性很低,几乎不能承受冲击载荷。

1. 马氏体的形成

从铁碳相图中可知,亚共析钢常温下是由铁素体和珠光体所组成的。实际上只有在很缓慢地冷却时(如随炉冷却),才接近铁碳相图中组织变化的规律。随着冷却速度的增加,奥氏体发生分解的温度不断地降低,这样,碳原子的扩散能力不断地减弱,即奥氏体向铁素体和珠光体的转变愈来愈困难,甚至根本来不及进行。在转变过程中,只有γ-Fe向α-Fe的晶格转变,而不发生碳原子的扩散,固溶在奥氏体中的碳转变后原封不动地保留在铁的晶格里。其结果是随着冷却速度的加快,形成的铁素体和渗碳体片层愈来愈细,因此其强度不断地增加。如果快速冷却(即淬火),就会使奥氏体无法向铁素体和珠光体转变,而形成一种马氏体组织。

2. 马氏体的组织和性能

马氏体的结构、性能取决于马氏体的含碳量,根据马氏体的含碳量的不同,可将马氏体分为低碳马氏体(含碳量在0.2%左右)和高碳马氏体(含碳量在1%左右)。低碳马氏体呈板条状,强度较低,塑性、韧性较好;高碳马氏体呈针片状,强度高,塑性、韧性差。

3. 马氏体转变的实际应用

将钢奥氏体化后以适当的速度冷却,使工件在横截面的全部或一定范围内发生马氏体不稳定组织结构转变的热处理工艺称为淬火。淬火可以在很大范围内改变钢的性能,以适应各种零件的不同的性能要求,是使钢强化的主要方法。

1) 钢的淬火工艺

淬火工件的工艺流程如下:

① 一般工件:淬火—清洗—回火—(清洗)—喷砂(或喷丸等)—表面清理—检验。

② 轴类零件及易变形工件:淬火—清洗—回火—(清洗)—校直—去应力处理—喷砂—检验。

2) 淬火加热方式及温度

在一般情况下,亚共析钢的淬火加热温度为A_{c3}以上30~50 ℃;共析钢和过共析钢的淬火加热温度为A_{c1}以上30~50 ℃;合金钢淬火加热温度为A_{c1}或A_{c3}以上50~100 ℃。见图9-12中斜线所示的温度选择区。

(1) 对于碳钢及合金钢工件,一般可直接装入达到淬火温度的炉中加热,或装入比规定淬火

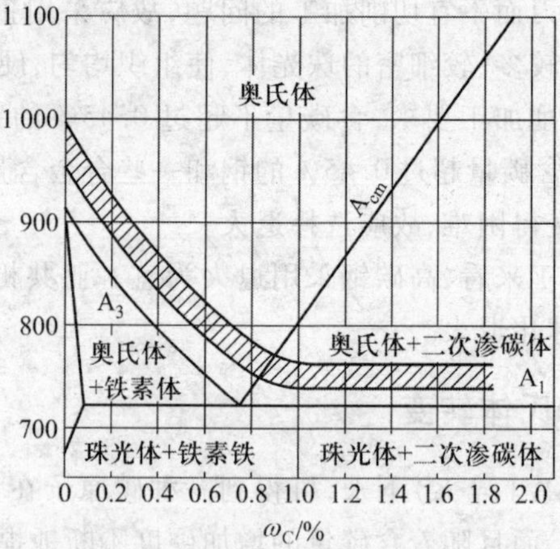

图 9-12 钢的淬火温度范围

温度高 20 ~ 30 ℃的炉中加热。其中亚共析钢一般采用完全奥氏体化淬火，淬火加热温度在 A_{c3} 线以上 30 ~ 50 ℃，共析钢和过共析钢的淬火加热温度在 A_{c1} 线以上 30 ~ 50 ℃。

工件的淬火温度主要取决于钢的临界温度。亚共析钢室温下的平衡组织是珠光体+铁素体。当加热到 A_{c3} 以上时，铁素体才能全部溶于奥氏体中，故淬火温度为 A_{c3}+30 ~ 50 ℃，只有这样，才能在加热时得到单一的奥氏体组织，而在随后的冷却中能得到马氏体组织。若加热到 A_{c1} ~ A_{c3} 之间，则组织为铁素体+奥氏体的混合物，淬火后将得到马氏体与铁素体的混合物，其结果是得到“不完全淬火”组织。由此可见，亚共析钢淬火时，必须加热到 A_{c3} 以上。当然，温度也不能超过太多，否则将使工件出现显著的过热现象，淬火后得到极粗的马氏体，称为“过热组织”。那时，将使工件的机械性能降低，特别是冲击韧性下降，并增加淬火应力。

过共析碳钢平衡状态下的室温组织为珠光体+渗碳体。钢加热到 A_{c1} ~ A_{ccm} 时，其组织为奥氏体+渗碳体，淬火后就可得到马氏体+渗碳体的混合组织。假如加热温度超过 A_{ccm}，过剩的渗碳体就会全部溶解于奥氏体中，提高了奥氏体的合金度和稳定性，但冷却后将会使淬火钢保留大量的残余奥氏体，钢的硬度下降。与此同时，还会使奥氏体晶粒粗大，致使机械性能变坏。此外，还会增加钢的淬火应力并容易造成表面脱碳。过共析碳钢作为工具用钢，淬火后将保留一部分未溶碳化物，这对提高耐磨性反而是有利的。总之，过共析钢淬火时加热温度不得超过 A_{ccm}。一般过共析钢多用于制造高硬度和耐磨的工件，可通过不完全淬火来获得马氏体+渗碳体的混合组织。

（2）高碳高合金钢及形状复杂的工件应作预热处理。

3）淬火介质和冷却方法

淬火的目的是获得马氏体或下贝氏体组织。为了得到马氏体组织，淬火的冷却速度必须大于临界冷却速度。理想的冷却介质是使工件既能淬火成为马氏体，又不致引起太大的内应力，使工件产生变形和开裂。常用的淬火冷却介质有：水、盐水、碱水、油、碱浴、盐浴以及一些新型介质。

水和油是常用的冷却介质。水在 650 ~ 600 ℃范围内的冷却能力较大，在 300 ~ 200 ℃范围的冷却能力也不低，因此水淬很容易造成工件变形和开裂。在工业上一般采用 10% 食盐水溶液，以加快其冷却速度。

各种矿物油作为淬火介质的优点是，在 300 ~ 200 ℃范围内冷却能力低，有利于减少工件的变形和开裂倾向;缺点是,在 650 ~ 550 ℃范围内冷却能力较低,不利于钢的淬硬。所以油一般只作为合金钢的淬火介质。

为了减少零件淬火时的变形,工业上常用盐溶液、盐浴和碱浴作为淬火介质。它们主要用于分级淬火和等温淬火。

确定好淬火介质后,还应选择合理的淬火冷却方法,以保证既能实现淬火的目的,又能最大限度地减少变形和防止开裂。常用的淬火方法有单液淬火、双液淬火、分级淬火以及等温淬火、光亮淬火、延迟淬火等。冷却方法应根据工件的批量大小以及材料、形状、尺寸、技术要求等进行综合分析而确定。

单液淬火是指钢件奥氏体化后在一种介质中冷却。这种淬火方法操作简单,易于实现机械化,适用于形状简单的工件。缺点是水淬时变形、开裂倾向大,油淬时冷却速度小,淬透直径小,大件无法淬透。

双液淬火是指钢件加热保温后先浸入一种冷却能力强的介质,在钢件还未到达该淬火介质温度之前取出并即刻浸入另一种冷却能力较弱的介质中冷却。工业上常采用先水后油的双液淬火法,这种方法虽然产生的应力小,减少了变形和开裂的可能性,但难于操作,而且这种方法仅适用于小件。

分级淬火是钢件加热保温后,迅速放入温度稍高于 M_s(过冷奥氏体向马氏体转变的开始温度)点的恒温盐浴或碱溶液中保温一定时间,待钢件内外层温度均匀并和介质同温后取出空冷,以获得马氏体组织。这种淬火方法能有效地减小热应力和组织应力,降低工件的变形和开裂倾向。但由于盐溶液或碱溶液的冷却能力较小,故此法只适用于截面尺寸较小的工件。一般常用于直径小于 10 ~ 12 mm 的碳钢刀具或直径小于 20 ~ 30 mm 的合金钢刀具。

等温淬火是将钢件加热并奥氏体化后,快冷到贝氏体转变温度区间(260 ~ 400 ℃)等温,并保温一段时间,使奥氏体转变为贝氏体。等温淬火大大降低了钢件的内应力,适用于处理形状复杂和精度要求较高的小型工件,例如弹簧、螺栓、小型齿轮、轴以及工具、模具等。此外,还可用于高合金钢较大截面零件的淬火。

4. 淬火钢的回火

回火是将淬火钢加热到 A_{c1} 以下某一温度,保温一定时间,然后冷却到室温的热处理工艺。回火的目的是减少或消除内应力。通过回火可以减小或消除工件在淬火时所产生的内应力,防止工件在使用过程中由内应力的作用而引起变形和开裂。通过回火还可以提高钢的韧性,适当地调整钢的强度和硬度,使工件具有较好的力学性能。另外,回火可使钢的组织稳定,从而保证工件在使用过程中尺寸稳定。

1)淬火钢在回火时组织与性能的变化

钢淬火后的组织是马氏体及少量的残余奥氏体,它们都是不稳定的组织,有自发向稳定组织转变的趋势。在室温时,由于原子的活动能力较弱,这种转变趋势较慢,但随着温度的升高,原子的活动能力增强,加速了组织的转变。出于组织的变化,钢的性能也会发生变化。

随着回火温度的升高,淬火钢在回火时的组织转变可分为四个阶段:第一阶段(80 ~ 200 ℃)为马氏体的分解,第二阶段(200 ~ 300 ℃)为残余奥氏体的分解,第三阶段(300 ~ 400 ℃)为马氏体分解完成和渗碳体的形成,第四阶段(400 ℃以上)为渗碳体的聚集长大。

在 400 ℃以上时,随着回火温度的升高,颗粒状态的渗碳体不断长大,回火温度越高,渗碳体的颗粒越粗大。通常把这种状态下的渗碳体和铁素体组成的混合物称为回火索氏体。回火索氏体组织具有良好的综合力学性能。

2）回火的分类及应用

回火后的组织和力学性能随着回火温度的变化而变化。在实际生产中，根据回火温度范围的不同可分为三类：

（1）低温回火（150～250 ℃）

低温回火后得到回火马氏体组织，共性能特点是：具有较高的硬度和耐磨性，同时还具有一定的韧性。低温回火主要适用于各种工具、滚动轴承、渗碳件以及表面淬火件。

（2）中温回火（350～500 ℃）

中温回火后得到回火托氏体组织，其性能特点是：具有较高的弹性极限、屈服强度以及适当的韧性和硬度。中温回火主要用于各种弹簧零件和模具。

（3）高温回火（500～600℃）

高温回火后得到回火索氏体，其性能特点是：具有良好的综合力学性能，即足够的强度和较高的韧性。在生产中，通常将淬火后再高温回火称为调质处理。调质处理广泛用于汽车、拖拉机、机床等机械中的重要结构件，例如各种轴、齿轮、连杆、高强度螺栓等。

调质钢与正火钢相比，不仅强度高，而且塑性、韧性好，这是由于调质钢的组织是回火索氏体，其渗碳体呈球粒状，而正火后得到珠光体，其渗碳体呈薄片状。因此，调质处理以后的钢的力学性能要好于正火后的钢，对于一些重要的零件均应采用调质处理。

9.4 任务实施

一、热处理工序安排

如前所述，根据热处理的作用可分为预备热处理和最终热处理两大类。预备热处理包括退火、正火、时效和调质，这类热处理的目的是改善切削加工性能，消除内应力并为最终热处理做好组织准备。其中退火、止火一般安排在机加工的粗加工前；调质常安排在粗加工之后和半精加工之前；时效可安排在机械加工之前或加工过程中。最终热处理包括淬火、回火等，这类热处理的主要目的是为了提高零件材料的硬度和耐磨性，使零件达到设计使用的性能要求，一般安排在精加工前。可以看出，在零件的整个加工过程中，热处理都穿插于其间。

根据以上原则，在导轨板的加工工序中应合理地安排热处理工序，以保证具备良好的机械加工工艺性和满足产品最终的使用要求。因含碳量不超过 0.45%，故预备热处理选择正火，最终热处理选择淬火。

导轨板的加工工序为：（下料）—正火、校直、时效—（机加工）—淬火、校直、时效、回火、喷砂—检查—（机加工）—喷砂—（粘接在床身导轨处）。

二、热处理工序设计

1. 正火

对下料板进行正火、校直、时效，校直后平面度≤1 mm。

根据表 9-5 常用钢号的正火加热温度及硬度值,40Cr 的正火温度选择为 870 ℃,通过正火后材料的硬度为 179 ~ 229 HBS,具有良好的加工工艺性。

2. 淬火、回火

1）淬火

淬火前将孔加工至图样要求的尺寸,其余各部留有 1.2 mm 的加工余量,所有表面粗糙度 $Ra \leqslant 3.2\ \mu m$。

在一般情况下,亚共析钢的淬火加热温度为 A_{c3} 以上 30 ~ 50 ℃,合金钢的淬火加热温度为 A_{c1} 或 A_{c3} 以上 50 ~ 100 ℃。通过查阅有关手册,40Cr 钢的 A_{c3} 为 782 ℃,因此淬火加热温度选择为 830 ~ 860 ℃。

淬火加热时间常根据工件的有效厚度用经验公式确定,此处不详述。

如前所述,油一般可作为合金钢的淬火介质,此处选择油冷。

2）回火

淬火钢的回火温度应根据机械性能要求来确定。在生产中,通常是按对工件的硬度要求来选择回火温度的。不同的回火温度可以得到不同的工件硬度。通过查阅有关手册,当材料 40Cr 的硬度要求为 48 ~ 53 HRC 时,回火温度应选择为 280 ~ 320 ℃。

回火需保温一段时间,目的是使工件表面与心部温度均匀一致,保证组织转变的充分进行,以便应力得到充分消除。回火时间亦可查有关手册。

3）淬火、回火处理工艺

图 9-13 所示为材料的淬火及回火工艺。

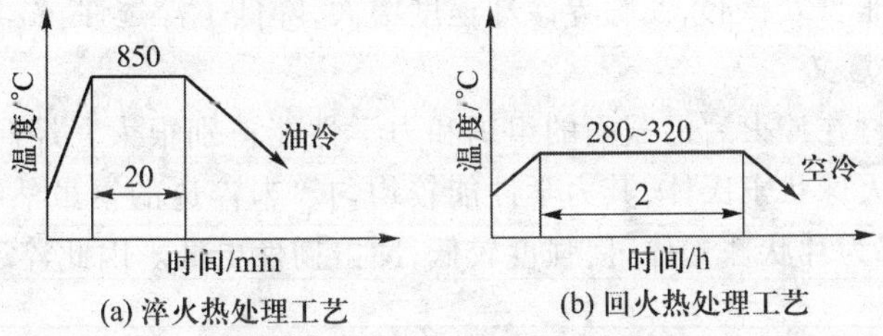

图 9-13　淬火及回火工艺曲线

淬火后需对工件进行校直,并用回火定型胎将工件卡平后再装炉回火。工件在回火定型胎中的安装如图 9-14 所示,需用螺栓穿孔拧紧成一排平放在定型胎中,如此可同时校正平弯和立弯。

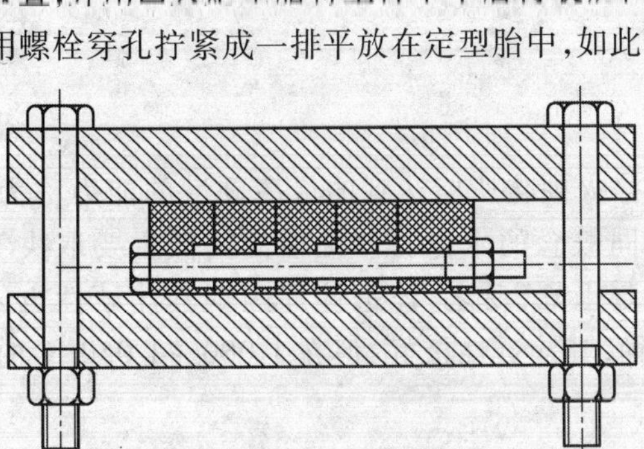

图 9-14　工件装夹在回火胎中的示意图

3. 喷砂

消除工件表面氧化皮。

4. 检查

经喷砂后进行检查,硬度为48~53 HRC,平面度≤0.6 mm。

9.5 知识链接

一、钢的淬透性

在规定条件下,决定钢材淬硬深度和硬度分布的特性为淬透性。通常是以能不能达到50%的马氏体加50%的非马氏体组织所应具有的硬度为标准。一般认为,如果工件的中心在淬火后获得了50%以上的马氏体,则可认为已淬透。

钢的淬透性主要取决于淬火临界冷却速度。临界冷却速度越小,过冷奥氏体越稳定,钢的淬透性也就越好。

1. 影响淬透性的主要因素

(1) 碳和合金元素 添加一些元素将会降低淬火临界冷却速度,从而提高淬透性。

(2) 奥氏体化温度 提高奥氏体化温度将使奥氏体晶粒长大、成分均匀,从而降低了珠光体的形核率,降低了钢的临界冷却速度,使淬透性增加。

(3) 钢中未溶的第二相粒子 钢中未溶入奥氏体的碳化物、氮化物及其他非金属夹杂物可以成为奥氏体分解的非自发核心,使临界冷却速度增大,降低了淬透性。

2. 淬透性的实际意义

淬透性不同的钢材在淬火后沿截面的组织和力学性能差别很大。经高温回火后,完全淬透的钢的整个截面为回火球状索氏体,其力学性能较均匀。未淬透的钢虽然在整个截面上的硬度接近一致,但由于内部为片状珠光体,使强度较低,冲击韧性更低。因此淬透性越低,钢的综合力学性能越低。

截面较大或形状较复杂或受力情况特殊的重要零件以及要求截面的力学性能均匀的零件,应选用淬透性好的钢。而承受扭转或弯曲载荷的轴类零件,外层受力较大,心部受力较小,可选用淬透性较低的钢材,此时只要求淬透层深度为轴半径的1/3~1/2即可,这样既满足了性能要求又降低了成本。

二、钢的淬硬性

钢在理想条件下进行淬火硬化所能达到的最高硬度的能力称为钢的淬硬性。应当强调,淬硬性和淬透性是两个不同概念的术语。淬硬性的高低主要取决于马氏体中的含碳量。淬硬性好的钢其淬透性不一定也好,反之,淬透性好的钢其淬硬性也未必高。例如,3Cr2W8为含碳0.3%的高合金模具钢,其淬透性极好,但在1 000~1 050 ℃油淬后的硬度仅为50 HRC左右。

三、淬火变形

1. 热应力与组织应力

淬火工件发生的变形包括工件体积变化和几何形状变化，其根本原因是淬火内应力造成的。淬火过程中所引起的应力有热应力和组织应力两种，它们的成因和作用是不同的。

(1) 热应力 工件在加热和冷却过程中必然伴有热胀冷缩的现象。当工件表面与心部温度变化不同时，会造成热胀冷缩不均，产生内应力，这种由热胀冷缩不一致而产生的应力称为热应力。

(2) 组织应力 钢在发生相变时，由于不同组织的比容不同，因而必然发生比容变化。如果工件表面和心部同时进行转变，那么工件内外就会发生同样程度的胀缩，不会造成内应力。但是，由于内外存在温度差，表面先转变而心部后转变，这样，内外比容变化就不同，于是产生了内应力。这种由组织转变的不同时进行而产生的内应力称为组织应力。

2. 淬火变形规律

(1) 热应力引起的变形。热应力引起的淬火变形发生在冷却初期，因为这时工件温度较高，尚处于较好的塑性状态。当初期热应力超过钢的屈服强度时，就使之发生塑性变形。热应力造成的变形有下列规律：

① 沿最大尺寸方向收缩，沿最小尺寸方向伸长；

② 平面凸起，直角变钝，趋于球形；

③ 外径胀大，内径缩小。

(2) 组织应力引起的变形与热应力相反，其变形有如下规律：

① 沿最大尺寸方向伸长，沿最小尺寸方向收缩；

② 平面凹下，直角变锐；

③ 外径缩小，内径胀大。

应该指出，具体到一定形状和尺寸的工件时，热应力和组织应力共同作用下造成的变形是异常复杂多变的，要具体情况具体分析。碳素钢水冷淬火时，热应力的作用突出。合金钢油冷淬火时，组织应力的作用较突出。分级淬火或等温淬火时，热应力起主要作用，组织应力则较小。

3. 减小淬火变形的方法

工件在淬火的加热、保温和冷却的各个阶段中都可以引起变形。减小淬火变形的方法可归纳为以下几个方面：

(1) 装料方式应当合理。对于细长工件应垂直放立或吊放，不可平放，尤其不可悬空支撑平放或斜放，否则，随着温度的升高，强度会降低，在自重的作用下会引起弯曲变形。

(2) 在淬火加热时，对于性能要求严格的工件（尤其是高合金钢）以及形状复杂的工件，如果加热过快，温度很不均匀，引起的热应力就会使其发生变形。因此，应根据不同的钢材和工件选择不同的加热速度或预热方式等措施，以减小由热应力引起的变形。淬火加热温度过高、时间过长会增加变形倾向。在满足要求的前提下，应尽量采用较低的淬火加热温度和保温时间，减小奥氏体中碳的固溶度，以便减小由马氏体转变时比容变化所造成的组织应力，达到其减小变形的目的。

(3) 淬火冷却时，也要根据不同情况选择不同的冷却速度及冷却方法，变形要求严格的，要缓慢冷却。在淬火方法上可采用双介质淬火、分级淬火、等温淬火等,也可通过适当调节残余奥氏体量来控制工件的变形,做到微变形淬火。此外,选择合适的淬火介质也是很重要的,只要能够满足工艺要求,淬火介质的冷却能力越小越好,可用油淬的,就不要用水淬。

(4) 正确的淬火操作是减小淬火变形的有效方法。淬火操作方式的一般规则是:长轴类工件要垂直淬入,上下移动;对于厚薄不均的工件,要使厚的部分首先淬入;薄壁的环状工件要轴向垂直淬入;薄片件要侧向淬入;对于工件的薄刃或尖角处,淬入之前要预冷。总的原则就是力求使工件各处的冷却速度均匀一致。

四、淬火裂纹

工件开裂主要发生在淬火冷却的后期,即马氏体转变基本结束或完全冷却以后,此时工件中存在大的拉应力超过钢的抗拉强度而引起脆性破坏。不同的淬火应力分布可使工件产生不同形式的开裂。分析淬火开裂的原因并采取相应的措施是非常重要的。

1. 淬火开裂的形式

(1) 纵向开裂　纵向开裂又称轴向开裂,如图 9-15 所示。开裂产生于工件表面最大拉应力处并向心部较大深度发展,开裂的走向一般平行于轴向。纵向开裂是由工件表面较大的切向拉应力引起的,常发生于完全淬透的工件中并与钢的含碳量、工件尺寸及原材料缺陷等因素有关。

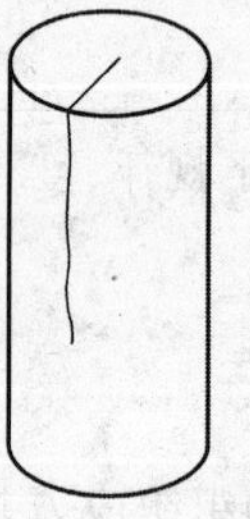

图 9-15　纵向开裂

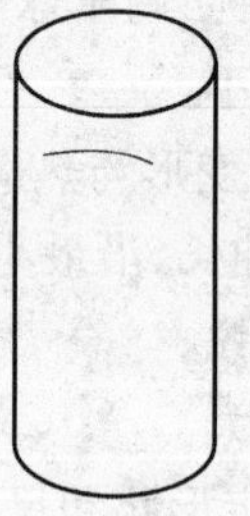

图 9-16　横向开裂

(2) 横向开裂　这类开裂常发生在未淬透的工件中,因为淬透与未淬透的过渡区有一个大的应力峰值,而且轴向应力大于切向应力。横向开裂的特点是垂直于轴的方向发冷生开裂,如图 9-16 所示。对于截面较大的高、中碳钢柱形零件,由于中心部产生残余拉应力,因此容易发生这种开裂。

除了以上两种裂纹,还有网状裂纹、应力集中裂纹以及淬火过热裂纹。

2. 防止淬火开裂的方法

(1) 马氏体转变区应尽量缓慢冷却,使工件表面和中心各部分的温差减小,组织转变开始的时间比较接近,从而减小由于组织转变而产生的残余拉应力。一般生产上常采用双介质淬火、分级淬火及等温淬火等方法。此外,也可采用不使工件完全冷透便停止冷却并立即进行回火的方法,例如,冷却到 60～100 ℃时,停止冷却,立即进行回火。但对于高合金工具钢,要尽量冷却到稍低温度以后再进行回火,以防止在回火后的冷却过程中残余奥氏体向马氏体转变而引起开裂。

(2) 利用热应力使工件表面产生残余压应力来达到防止开裂的目的。生产上采用加大从奥

氏体化温度到 M_s 点的冷却速度的方法，以增大残余压应力。此法对形状简单的工件是有效的。

（3）在降低淬火残余拉应力的同时，提高马氏体的强度，对防止淬火开裂也是非常重要的。如果马氏体的强度高于淬火残余拉应力，则开裂就不会发生。因此，淬火加热时应严格地控制温度，不得过高，以免因过热使马氏体的强度和塑性降低。此外，淬火后不要在室温下放置，应立即进行回火，可显著提高马氏体的强度和塑性。

（4）消除工件表面冷却不均匀是防止淬火开裂问题的关键。对于尺寸急变、尖角、凸角或薄刃的工件，在淬火时应采用延迟冷却或者局部延迟冷却淬火工艺，以免冷却速度严重不均而导致开裂，此外，淬火时工件的入液方式也十分重要。对于带孔的工件，在孔不需要淬火时可用黏土、石棉等将孔填塞。当孔需要进行淬火时，可以在孔内壁喷流冷却液，使之加快冷却。除此之外，工件表面状态（如粗糙程度、氧化物含量等）以及淬火介质的冷却效果等，也会造成淬火冷却不均匀，产生开裂倾向，因此，淬火前必须给予足够的重视。

五、钢淬火后的质量检验

钢淬火后必须进行质量检验，以满足性能要求。

1）外观

热处理前后都需检验外观。

（1）热处理前　不许有裂纹、尖角、缺口、粗痕、划伤等表面缺陷，也不许有氧化和脱碳。

（2）热处理后　不许有裂纹、磕碰、腐蚀、烧伤等外观缺陷。

2）变形

（1）平板类零件　翘曲量应不大于留量的 1/2～2/3（单面）。

（2）轴类　应不大于直径留量的 1/2。

若变形超出容许范围时，应采取校直的方法，减少变形，校直后的零件应经时效处理以消除应力，使其稳定变形。

3）硬度

根据产品类型及要求进行硬度检验。

4）金相组织

对于不同的产品，其性能要求也不同，金相组织的要求也不同。

思考与练习

1. 什么是热处理？常用的热处理工艺有哪些？简述热处理在机械制造中的作用。
2. 什么是钢的临界温度？常用的临界温度有哪些？
3. 影响奥氏体晶粒大小的因素有哪些？
4. 奥氏体是怎样转变成珠光体的？
5. 常讲的热处理四把火是指什么？其主要目的是什么？
6. 正火与退火的主要区别是什么？生产中如何选择正火与退火？
7. 简述退火的分类和应用场合。
8. 淬火钢回火的目的是什么？如何确定回火温度和回火时间？

9. 用热处理基本工艺曲线形式表示均匀化退火、完全退火、球化退火、淬火、回火等工艺。

10. 钢在冷却时的马氏体转变是如何实现的?

11. 淬火的加热温度和加热时间如何确定?

12. 什么是调质处理? 其目的和用途是什么?

13. 一般常采用的减少热处理变形的工艺方法有哪些?

14. 什么是钢的淬透性? 其影响因素有什么?

15. 简述淬火变形的成因及减少淬火变形的方法。

16. 编制如图 9-17 所示的某车床手轮轴的热处理工艺。材料为 45 钢,要求三个 120°槽部的硬度为 48 HRC。

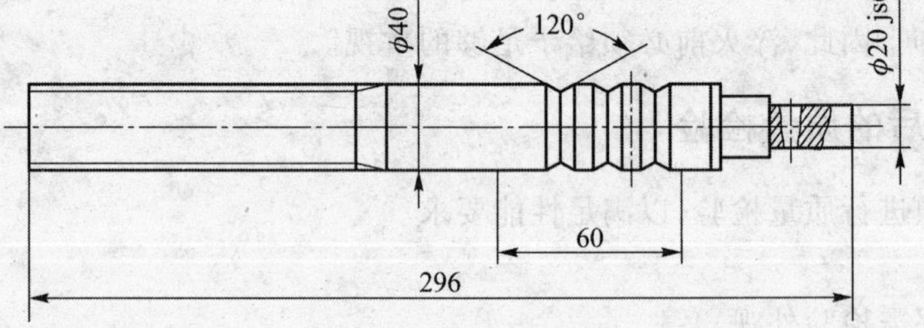

图 9-17 车床手轮轴

17. 编制如图 9-18 所示的某车床尾座顶尖的热处理工艺。材料为 T8,要求顶尖处硬度为 58 ~63 HRC,其他部位(螺纹处除外)为 54 HRC。需注意:

(1) 此尾座顶尖最终热处理前需要进行正火预备热处理;

(2) 最终热处理前螺纹处已加工至图样要求尺寸,其余部位留有磨削余量。

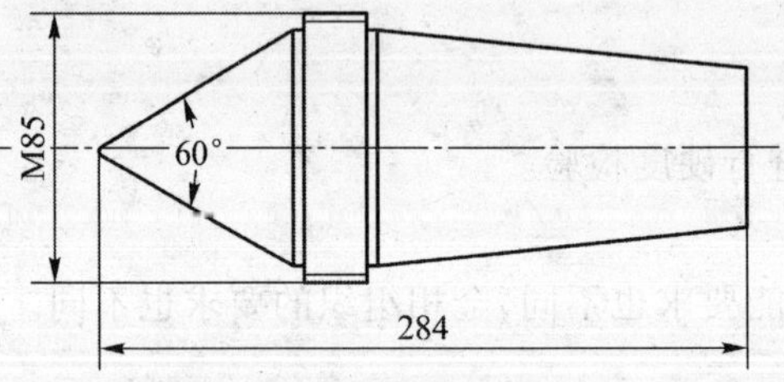

图 9-18 某车床尾座顶尖

学习情境十

减速器高速齿轮轴综合性能的优化

10.1 任务描述

图 10-1 为某减速器高速齿轮轴,使用中要承受比较大的力,工作时转速也比较高,齿部需要传递扭矩,因此要求具有高硬度及高耐磨性,以保证其稳定性,延长使用寿命,同时该轴其余部分不要求有过高的硬度,但应有较好的综合机械性能。设计时,齿轮轴的材料为 30CrMnTi,齿部硬度要求为 58~62 HRC。采用何种热处理方式是本情境中需要解决的问题。

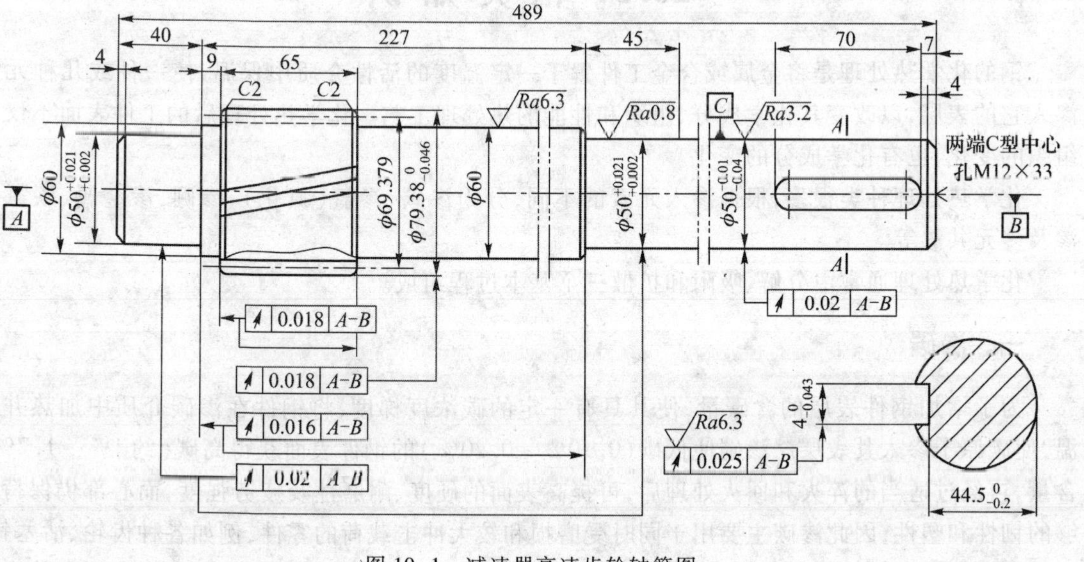

图 10-1　减速器高速齿轮轴简图

【知识点】

◎ 化学热处理的目的、分类和基本组成过程。

◎ 渗碳件的渗碳方法,渗碳淬火后的组织、性能。

◎ 渗碳件常见缺陷及防止和补救措施。

◎ 渗氮、氮碳共渗等其他化学热处理的方法。

【技能点】

◎ 编写热处理工艺路线及热处理工艺规程。
◎ 热处理工艺方案的确定。
◎ 为提高该高速齿轮轴综合机械性能选择合理的化学热处理手段,制定有关技术文件。

10.2 任务分析

在情境九中介绍了机械零件可通过整体淬火、回火工艺来提高其硬度,保证其耐磨性。但本零件仅齿部需要传递扭矩,因而要求具有高硬度及高耐磨性,而其余部分不要求也不需要有过高的硬度,但应有较好的综合机械性能。因此使整个轴达到同一硬度的工艺方法并不可取,必须采取新的热处理手段来满足设计意图和使用要求。设计采用的材料为30CrMnTi,由于含碳量的原因,齿部淬火、回火后硬度难以保证使用要求。是否可以提高齿部的含碳量,然后通过淬火、回火工艺达到设计要求呢?

10.3 相关知识

钢的化学热处理是将金属或合金工件置于一定温度的活性介质中保温,使一种或几种元素渗入它的表层,以改变其化学成分、组织和性能的热处理工艺。化学热处理后的工件表面不仅有组织的变化,也有化学成分的变化。

化学热处理种类很多,根据渗入元素的不同,分为渗碳、渗氮(氮化)、渗硼、渗金属、碳氮共渗及多元共渗等。

化学热处理通常由分解、吸附和扩散三个基本过程组成。

一、渗碳

为了增加钢件表层的含碳量,使其具有一定的碳浓度梯度,将钢件在渗碳介质中加热并保温,使碳原子渗入其表层。渗碳使低碳(0.10% ~0.20%)的钢件表面获得高碳(约1% ~1.2%)含量,再经过适当的淬火和回火处理后,可提高表面的硬度、耐磨性及疲劳强度,而心部仍保持足够的韧性和塑性,因此渗碳主要用于同时受磨损和较大冲击载荷的零件,例如各种齿轮、活塞销、套筒以及要求很高的喷油泵偶件等。渗碳方法主要有气体渗碳、固体渗碳和液体渗碳。其中气体渗碳应用最为广泛。

1. 渗碳方法

气体渗碳是工件在气体渗碳剂中进行渗碳的工艺。常将工件装在密封的井式气体渗碳炉中加热到900 ~950 ℃,并向炉内滴入煤油或甲醇、丙酮等有机液体,或直接通入煤气、石油液化气,通过下列反应产生活性炭而渗入钢件表面,并依靠表面和工件内部的碳的浓度梯度,使碳原子在高温下从表面向内部扩散而形成渗碳层:

$$2CO \rightarrow CO_2 + [C], \quad CH_4 \rightarrow 2H_2 + [C]$$

气体渗碳的温度一般为 920～940 ℃,渗碳时间取决于对渗碳层的厚度要求,在此温度下每保温 1 h,渗入厚度约增加 0.2～0.3 mm。低碳钢渗碳缓冷后的显微组织表层为珠光体和二次渗碳体,心部为原始的亚共析钢组织,中间为过渡组织。一般规定,从表面到过渡层的 1/2 处称为渗碳层厚度。

2. 钢的渗碳层的质量要求

对钢的渗碳层的质量要求主要包括表面含碳量、渗碳层深度及渗碳层碳浓度梯度等几个方面。

(1) 通常认为表面含碳量在 0.7%～1.05% 的范围内为宜,过低会使耐磨性下降,过高则脆性较大,强度不能满足要求。对于承受冲击疲劳载荷的零件,表面碳含量应为 0.7%～0.9%;对承受弯曲疲劳载荷的零件,表面碳含量应为 0.8%～1.05%;对于承受高接触疲劳载荷及抗磨性要求很高的零件,表面碳含量可提高到 1.15%。

(2) 渗碳层深度取决于零件的工作条件及心部强度。经渗碳热处理后,零件表面强度要高于心部强度,而当工件受扭转或弯曲等载荷作用时,其表面应力也最大,并向心部逐渐减弱。渗碳层深度应以保证零件各点的强度都大于相应各点的应力为宜。目前,渗碳层深度往往用经验公式来计算。对于齿轮渗碳层的深度可采用如下公式:

$$t=(0.15\sim0.20)m$$

式中,t——渗碳层深度,mm;

m——齿轮模数。

(3) 渗碳层碳浓度梯度是反映碳浓度沿渗层下降的指标,间接反映了渗层的硬度梯度。碳浓度下降得越平稳越好,以保证渗层与基体的牢固结合,避免在使用过程中产生剥落的现象。

测定渗碳层质量的方法有金相法,无损检测法、断口检测法、宏观检测法以及剥层化学分析法五种。

3. 影响渗碳的主要因素

影响渗碳层质量的主要因素有渗碳温度、时间、渗碳剂的供应量及合金元素。

(1) 渗碳温度　常用的渗碳温度是 900～940 ℃,在渗碳时间、气氛相同的情况下,提高渗碳温度,可使渗碳速度大大加快;降低渗碳温度,则效果相反。但是,温度的提高将缩短设备、夹具及工装的使用寿命,促使零件变形增大及奥氏体晶粒粗化,因此 950 ℃以上的渗碳方法目前尚未广泛应用。

(2) 渗碳保温时间　渗碳保温时间主要影响渗碳层的深度。相同渗碳温度下,保温时间越长渗层越深。但深度达到一定程度后,渗碳速度会减慢。例如在 920～940 ℃液体渗碳时,渗碳层深度与时间的关系如表 10-1 所示。

表 10-1　液体渗碳渗碳层深度与时间的关系

渗碳温度/℃	渗碳时间/h	渗碳层深度/mm		
		20 钢	20Cr	20CrMnTi
920～940	1	0.3～0.4	0.55～0.65	0.55～0.65
	2	0.7～0.75	0.90～1.00	1.0～1.10
	3	1.0～1.10	1.40～1.50	1.42～1.52
	4	1.28～1.34	1.56～1.62	1.56～1.64
	5	1.40～1.50	1.80～1.90	1.80～1.90

（3）渗碳剂的供应量 为了保证渗碳过程的持续进行，必须不断地补充适量的渗碳剂，使炉内的热分解气体不断地更新，从而不断地提供新的活性原子。渗碳深度和表面碳浓度直接受渗碳剂的影响，但当渗碳剂用量超过一定的限度就会产生大量的炭黑，这反而阻碍渗碳的正常进行。

（4）合金元素的影响 一般认为，凡是提高表面起始碳浓度和促进碳在 γ-Fe 中扩散的元素都能增加渗层的深度。反之，只能减少渗层的深度。例如 Cr、Mo 能增加渗层的深度，而 Ni、Si 会减小渗层的深度。

4. 渗碳用钢

为保证渗碳后表面具有高的硬度和耐磨性，心部具有良好的韧性，渗碳时一般都选用含碳量为 0.1% ~0.25% 的低碳钢和低碳合金钢，例如 20、20Cr、20CrMnTi 等。对于冲击载荷不大而需承受重载荷的零件，其损坏原因往往不是心部韧性不足，而是心部强度不够，为了提高心部的强度，钢材的含碳量可提高到 0.3%，例如 30CrMnTi。

5. 渗碳后的热处理

渗碳件必须经过淬火，回火处理后才能达到表面高硬度和心部高韧性的要求。常见的热处理方法有：

（1）直接淬火 即渗碳后的工件从渗碳温度降至淬火冷却起始温度（稍高于 Ar_1 或 Ar_3）而直接进行淬火，然后在 150 ~200 ℃回火 2 ~3 h。由于高温下长时间处于渗碳温度，奥氏体晶粒可能长大，淬火马氏体较粗，残余奥氏体量也较多，同时变形也较大，因此这种方法只适合用于本质细晶粒钢或性能要求不高的零件。

（2）一次淬火法 工件先在空气中冷却（正火），然后重新加热进行淬火。对于心部组织要求高的合金渗碳钢，加热温度要略高于心部的 A_{c3}，以使其晶粒细化得到低碳马氏体组织。对于表面性能要求高的零件，淬火温度略高于 A_{c1} 即可。

（3）二次淬火法 第一次淬火温度为 880 ~900 ℃，目的是细化心部晶粒，消除表层网状碳化物，可油冷也可空冷。第二次淬火温度一般在 770 ~820 ℃，目的是使表层获得细小粒状碳化物和稳晶马氏体，从而获得高硬度和高耐磨性。

渗碳件淬火后，都应进行 150 ~200 ℃低温回火，以消除淬火应力和提高韧性。一般渗碳件的表面硬度为 58 ~64 HRC，而心部仍保持良好的塑性和韧性。

6. 渗碳件的组织和性能

工件经渗碳淬火后，表面组织依次为马氏体+少量碳化物+残余奥氏体→马氏体+残余奥氏体→马氏体。

碳钢和低合金钢的渗碳件经淬火后表面硬度可达 60 ~64 HRC；高、中合金钢的渗碳件经淬火后表面硬度为 56 HRC。心部硬度视钢中含碳量及合金元素而定，一般为 30 ~48 HRC。这样，渗碳件表层通常具有高硬度、高强度，而心部具有一定的韧性，从而可同时承受磨损、疲劳及冲击载荷。

一般情况下，渗碳件经淬火后表面呈压应力，可以部分抵消在疲劳载荷作用下的表面拉应力，从而提高渗碳件的疲劳强度。

7. 渗碳层常见缺陷及防止和补救措施

1）渗碳层常见缺陷

（1）渗碳表面出现粗大块状碳化物及网状碳化物 主要是由于渗碳剂活性太高或渗碳保温时间太长。

(2) 渗碳层表面有大量的残余奥氏体　这是由于渗碳或淬火温度太高、奥氏体中的含碳量过高以及晶粒粗大所致。

(3) 表面硬度不够　主要原因是表面脱碳或零件表面存在大量的残余奥氏体。

(4) 渗碳后变形　由于装炉方法不当,工件在渗碳加热过程中由于自重的作用而变形,或工件厚薄不均,在加热或冷却过程中不同部位加热或冷却速度不同而产生变形。

(5) 渗碳件开裂　主要发生在渗碳空冷零件的冷却过程中,是渗碳层空冷时组织转变不均匀所致。

(6) 渗碳深度不够或渗碳不均匀　主要由渗碳时间不足,或渗碳零件装箱数量过多,渗碳剂层太薄或炉气气氛循环不均匀等原因所造成。

2) 防止渗碳层缺陷的方法

(1) 根据零件要求制定合理的工艺规程,生产时应该严格执行,特别注意控制渗碳温度、保温时间、炉内碳势及冷却几个环节。

(2) 合理吊挂工件,对易变形的零件采用压床淬火或热校工艺。

对缺陷的补救措施主要有以下几种:

(1) 粗大组织及网状碳化物　可用增加一次正火,或提高淬火温度和加长保温时间重新淬火的办法来消除。

(2) 渗碳深度不够或渗碳不均匀　对此可重新进行渗碳。

(3) 硬度不够　零件硬度不够若是由残余奥氏体过多所致,应将零件进行冷处理;如果是脱碳所致,应将零件放在浓度合格的渗碳介质中进行补渗。

(4) 变形　对这种零件可设法进行校正。

(5) 开裂　当裂纹很浅又有加工余量时,可用磨削的办法去除裂纹,否则只能报废。

二、渗氮

1. 渗氮方法(氮化)

渗氮是在一定温度下(一般在 A_{c1} 温度下)使活性氮原子渗入工件表层的化学热处理工艺。目前常用气体氮化法,它是向井式炉中通入氨气,利用氨气受热分解来提供活性氮原子,化学反应如下:

$$2NH_3 \rightarrow 3H_2 + 2[N]$$

沾性氮原子被工件表面吸附后,首先形成氮在 α-Fe 中的固溶体,当含氮量超过 α-Fe 的溶解度时,便形成氮化物 Fe_4N 和 Fe_2N。氮和许多合金元素都能形成氮化物,例如 CrN、Mo_2N、AlN 等,这些弥散的合金氮化物具有高的硬度和耐磨性,同时具有高的耐腐蚀性。

由于 NH_3 的分解是在 200 ℃以上开始的,铁素体对氮有一定的溶解能力,所以渗氮温度不高,低于 A_{c1}。常用的渗氮温度为 550 ~ 560 ℃,因此氮化件的变形通常很小。渗氮保温时间一般为 30 ~ 50 h,渗氮层厚度约为 0.60 ~ 0.70 mm。工件渗氮前一般均经过调质处理,以改善心部的力学性能。

2. 渗氮特点及应用

和渗碳相比,钢件渗氮后具有更高的表面硬度和耐磨性,氮化后的硬度达 950 ~ 1 200 HV(相当于 65 ~ 72 HRC),并且氮化钢件具有很好的热稳定性,硬度和耐磨性可保持到 560 ~

600 ℃而不降低。此外,氮化后钢件不需要热处理,因此渗氮件的变形小。

由于上述特点,渗氮在机械工业中得到了广泛应用,特别适合于许多精密零件的最终热处理,例如磨床主轴、镗床镗杆、精密机床丝杠、内燃机曲轴以及各种精密齿轮和量具等。

3. 渗氮用钢

渗氮用钢是指专门用来渗氮的特殊合金钢。随着氮化工艺的发展和对氮化过程认识的深化,现在许多钢都可以进行氮化并取得了良好的效果。

以提高疲劳强度为主的零件,例如曲轴、齿轮等,常选用含有 Cr、Mo、V 等元素的合金钢,如 40Cr、42CrMo 等。氮化后硬度可达 600 ~ 750HV,疲劳强度可提高一倍左右,表面具有一定的耐磨性。

若要求表面具有高的硬度和疲劳强度,而心部具有足够的强度和韧性,宜采用含有 Cr、Mo、Al 的钢材,其中最常用的渗氮钢是 38CrMoAl。氮化后硬度可达 1 100 ~ 1 200HV。

4. 渗氮前的预备热处理

(1) 正火 目的是消除锻造应力,降低硬度,消除不良组织。

(2) 调质 调质处理可以改善钢的加工性能,得到均匀度的索氏体组织,为渗氮做好组织准备。因此调质是渗氮前的重要的预备热处理工序。

(3) 去应力处理 去应力温度应低于调质回火温度,而高于渗氮温度,保温 8 ~ 10 h,炉冷至 300 ℃后出炉空冷。对于精度要求很高的易变形零件,必须进行二次去应力处理。

三、氮碳共渗(软氮化)

工件表面在主要渗入氮的同时也渗入碳,碳渗入后形成的微细碳化物能促进氮的扩散,加快高氮化合物的形成。这些高氮化合物反过来又能提高碳的溶解度。碳氮原子相互促进,加快了渗入速度。此外,碳在氮化物中还能降低脆性。氮碳共渗后得到的化合物层韧性好,硬度高,耐磨,耐蚀,抗咬合。

常用的氮碳共渗方法有液体法和气体法。处理温度为 530 ~ 570 ℃,保温时间为 1 ~ 3 h。氮碳共渗不仅能提高工件的疲劳寿命、耐磨性、抗腐蚀性以及抗咬合能力,而且使用的设备简单,投资少,易操作,时间短,工件畸变小,有时还能给工件以美观的外表。氮碳共渗主要用于各种工、模具以及一些轴类零件。

一般来说,氮碳共渗及淬火后的表面硬度较渗碳淬火的高,可达 59 ~ 66 HRC。当渗层含碳量相同时,氮碳共渗层的耐磨性要比渗碳层的高 40% ~ 60%,疲劳强度高 50% ~ 80%。

四、碳氮共渗

碳氮共渗是在奥氏体状态下同时将碳、氮渗入工件表层,并以渗碳为主的化学热处理工艺。碳氮共渗方法有液体和气态两种。液体碳氮共渗使用的介质氰盐是剧毒物,会污染环境,故逐渐为气体碳氮共渗所取代。

钢件碳氮共渗后可直接油淬,淬火后钢件还应进行低温回火。钢件碳氮共渗后会同时具有渗碳和渗氮的优点,而且碳氮共渗速度明显高于单独的渗碳和渗氮速度。在渗碳层浓度相同的情况下,碳氮共渗件比渗碳件具有更高的表面硬度、耐磨性、耐腐蚀性、弯曲强度以及接触疲劳强度,但其耐磨性和疲劳强度低于渗氮件。碳氮共渗多用于结构零件,例如齿轮、轴等。

五、其他化学热处理

1. 渗硼

渗硼是将工件置于渗硼介质中,加热至 800 ~ 1 000 ℃,保温 1 ~ 6 h,则渗硼介质分解出活性硼原子渗入表层。渗硼层一般由 Fe_2B 和 FeB 组成,但也可获得只有 Fe_2B 的渗层。单相的 Fe_2B 渗层脆性较小而硬度高,是比较理想的渗硼层。

目前生产上常用的固体粉末渗硼剂其成分为 57% ~ 58% B_4C, 10% Al_2O_3 和 2% ~ 3% NH_4Cl,渗层为双相($FeB+Fe_2B$)。也有用 10% KBF_4, 50% ~ 80% SiC 和硼铁(余量)作为渗硼剂的,渗层为单相(Fe_2B)。渗硼层的硬度可达 1 200 ~ 1 800HV,厚度约为 0.1 ~ 0.3 mm,具有良好的耐热性。

渗硼零件具有高硬度、高耐磨性和好的热硬性(可达 800 ℃),并在盐酸、硫酸和碱内具有抗蚀性。

由于渗硼层有上述性能,目前已用渗硼结构钢代替工具钢制造刃和模具,还可用渗硼碳钢代替高合金耐热钢、不锈钢制造受热、受蚀零件。另外,用渗硼工艺处理滚压模、印刷机凸轮、收割机刀片等零件已取得成功。渗硼工艺还应用在泥浆泵衬套、排污阀等零件中,能显著提高其使用寿命。为了提高工件心部的性能,渗硼后应进行调质处理。

2. 渗硫

渗硫是向工件表层渗入硫的工艺过程。钢工件表层可形成 FeS 薄膜,达到降低摩擦系数、提高抗咬合性能的目的。

工业上应用较多的是在 150 ~ 250 ℃进行的低温渗硫。主要有低温电解渗流和中温硫氮或硫氰共渗。

3. 渗铝

渗铝是向工件表层渗入铝原子的工艺过程。渗铝件具有良好的高温抗氧化能力,主要适用于石油、化工、冶金等方面的管道和容器。

4. 渗铬

渗铬是向工件表层渗入铬原子的工艺过程。渗铬零件具有耐蚀、抗氧化、耐磨和较好的抗疲劳性能,兼有渗碳、渗氮和渗铝的优点。

10.4 任务实施

一、热处理工序安排

本情境中齿轮轴材料为 30CrMnTi,齿部应具有高硬度及高耐磨性,硬度要求为 58 ~ 62 HRC。根据前面所讲的工艺基础,低碳钢直接淬火是难以达到此硬度的,可通过化学热处理(渗碳)来提高零件表面的含碳量。根据齿轮轴的工作状况,齿部渗碳层深度为 0.8 ~ 1.3 mm,然后在通过表面热处理来提高齿部的硬度。对齿轮轴的其他部位可通过调质处理来保证其综合机械性能。

齿轮轴的加工工序为:(锻造)—正火—(机加工)—渗碳—(机加工)—淬火—回火—(机加

工)—(入库)。

二、热处理工序设计

正火在情境九中已有描述,此处不再重复。

1. 渗碳

(1) 设备 气体渗碳炉。

(2) 渗碳剂 煤油。

(3) 工件 零件不得有锈斑、油污和水迹,表面不得有损伤。

(4) 试样 与零件材质一致,并经相同的预先热处理。表面无脱碳,表面粗糙度 $Ra \leq$ 6.3 μm,放在炉内有代表性的地方,每处放两个。

(5) 装筐 零件在料筐中应保持一定的间隙,各层间用铁丝或隔板隔开,保证渗碳气氛的畅通,有利于获得均匀的渗碳层。本情境中的轴较长,不应平放,要悬挂起来,以防变形。

(6) 渗碳工艺曲线 如图 10-2 所示。本次渗碳采用气体渗碳,如前所述,气体渗碳的温度一般为 920 ~ 940 ℃,渗碳时间取决于对渗碳层的厚度要求,在此温度下每保温 1 h,渗入厚度约增加 0.2 ~ 0.3 mm,齿部要求的渗碳层深度为 0.8 ~ 1.3 mm 时,渗碳时间应为 5 h。渗碳时间包括强烈渗碳和扩散两个阶段,当渗碳深度达到技术要求的 2/3 时,便可转入扩散阶段(渗碳时间应根据要求的渗碳层深度确定,渗碳后如直接淬火还应均温)。

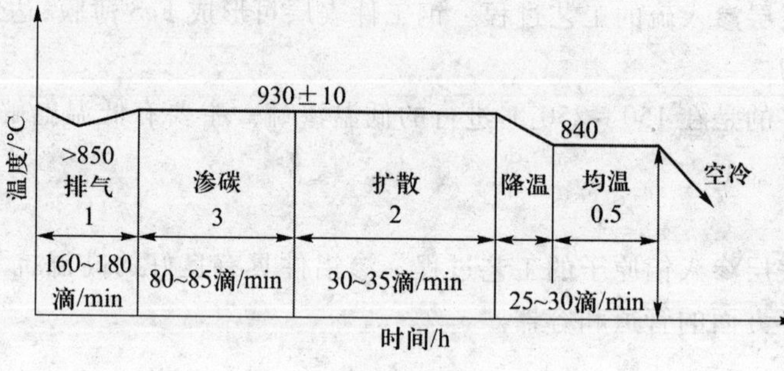

图 10-2 齿轮轴渗碳工艺曲线

2. 淬火

因该轴属于规格较小的齿轮轴,故淬火选用整体淬火。淬火工艺采用一次淬火法,即工件先在空气中冷却(正火),然后重新加热进行淬火。因该零件表面性能要求高,故淬火温度应略高于 A_{c1}。

10.5 知识链接

一、表面复层处理

1. 镀层处理

1) 电镀

利用外加直流电作用从电解液中析出金属,并在工件表面沉积而获得与工件牢固结合的金属覆盖层的方法称为电镀。

电镀层除了具有保护性、装饰性的作用外，还有许多特殊的性能，例如在内燃机的气缸套、活塞环上镀铬可以获得很高的耐磨性；镀铜则可提高材料的导电性；在航空、航海及无线电器材上镀锡，可提高材料的焊接性；镀银则主要用在仪器制造工业及无线电工业中，以提高导线的导电性能，避免接触点的氧化，减小接触电阻；镀镉则使材料在海洋性的空气中或与海水接触的条件下具有很好的耐蚀性等。

2）化学镀

在还原剂的作用下，含有镀层金属离子的溶液在工件表面形成镀层的方法称为化学镀。化学镀不用外电源，比较方便。

Ni、Co、Pd、Pt、Cu、Au 以及某些合金的镀层（如 Ni-P、Ni-Mo-P 等）都可用化学镀获得。化学镀工艺在电子工业中占有重要的地位，例如化学镀镍层在印刷电路板、接插件、高能微波器件以及电容器上都获得了应用。

3）真空镀

真空镀的主要方法有如下三种：

（1）蒸发镀　将金属在真空条件下加热、蒸发，蒸发出来的气体金属原子在工件上沉积成膜。

（2）溅射镀　在真空条件下导入氩气，使其发生放电（辉光放电）产生氩离子（Ar^{++}），带正电的 Ar^{++} 在强电场的作用下轰击阴极，使阴极表面原子溅射出来，并沉积在工件表面形成膜层。

（3）离子镀　离子镀是蒸发镀和溅射镀的综合。在真空条件下，被加热、蒸发出来的气体金属原子在经过氩气辉光放电区的时候，一小部分发生电离，并经加速后打到工件表面上，其余没有电离的金属原子直接在工件上沉积成膜。

2. 化学膜层保护

1）钢铁的氧化和磷化

钢铁的氧化是将钢材或钢件在空气-水蒸气或化学物（如含苛性钠、硝酸钠或亚硝酸钠）的溶液中加热到适当温度，使其表面形成一层蓝色或黑色氧化膜，以改善钢的耐蚀性和外观，这种工艺简称发蓝或发黑。它广泛用于弹簧，精密仪器、光学仪器及电子设备的零件，各种兵器的防护装饰等方面。钢铁的磷化是将钢铁零件放入磷酸盐溶液中，使金属表面获得一层不溶于水的磷酸盐薄膜的工艺，薄膜呈灰色或暗灰色，耐蚀能力比发蓝强得多。

2）铜及铜合金的氧化

它是利用化学氧化或电化学氧化方法，使铜或铜合金零件表面生成一层黑色或蓝黑色的氧化膜。例如，当把铜或铜合金零件放入过硫酸钾（$K_2S_2O_8$）溶液中时，这种强氧化剂在溶液中就分解为 H_2SO_4 和极活泼的氧原子，使零件表面氧化，生成黑色的氧化铜保护膜。这种方法广泛应用于电器、仪表、电子工业以及日用五金等零件的表面防护处理。

3）铝及铝合金的阳极氧化

在电解液中，以铝或铝合金工件为阳极，经电解在其表面形成与基体结合牢固的氧化膜层的过程称为阳极氧化。经阳极氧化处理获得的氧化膜硬度高、耐磨，有较高的耐蚀性。氧化膜还具有光洁、光亮、透明度较高的特点，经染色，可得到各种色彩鲜艳的表面，因此广泛应用于航空、电气、电子、机械制造和轻工业中。

3. 非金属复层

非金属复层又称涂装，是利用喷射、涂饰等方法，将有机涂料涂覆于工件表面并形成与基体牢固结合的涂覆层的过程。例如氨基树脂涂料作为装饰和保护涂层，广泛用于自行车、缝纫机、洗衣机和电冰箱外壳，聚酯树脂涂料用于轿车、货车的表面涂装。

常用的涂装方法有如下几种：

(1) 刷涂法　这是最简单的操作方法，几乎所有的涂料都可以使用，但生产效率低，劳动强度大，装饰性能差。

(2) 浸涂法　即将被涂物件全部浸入涂料槽中。该方法适用于小型的五金零件、钢管以及结构比较复杂的器材或电气绝缘材料等。

(3) 淋涂法　工件在输送带上移动，送入涂料的喷淋区，利用循环泵将涂料喷淋到工件表面上。这种方法的工效高，涂料损失少，便于流水生产。

(4) 压缩空气喷涂　在压缩空气作用下，涂料从喷枪喷出、雾化并涂覆在工件上。该法使用方便，各种形状和大小的工件均可使用，但涂料利用率较低。

(5) 静电喷涂　用静电喷枪使涂料雾化并带负电荷，与接地的工件之间形成高压静电场，静电引力使涂料均匀地沉积在工件表面。这种方法形成的涂层的附着力好，表面质量高，易于实现自动化。

(6) 电泳涂装　利用外加电场使水溶性涂料中的树脂和颜料等移向作为电极的工件并沉积在工件表面上。该法得到的涂层均匀，附着力强，涂料利用率高，便于涂装的自动化，且成本低。

(7) 流化床涂覆　粉末涂料在压缩空气作用下悬浮于容器中，并上下翻动呈流态状，将预热的工件浸入这些沸腾的粉末中，其表面便形成一定厚度的涂层。这种方法得到的涂层的厚度大，且涂覆速度快，但由于“床”的大小有限，所以只能涂装小工件。

二、热处理工艺设计

热处理工艺设计包括确定热处理工艺路线及制定热处理工艺规程等内容。

1. 热处理工艺路线及热处理工艺规程

1) 热处理工艺路线

零件在热处理过程中，往往由几个热处理工序组成加工过程，它们按照一定的顺序合理地排列，使零件获得所要求的各项性能，这种热处理工序的排列叫做热处理工艺路线，也称热处理方案。

确定热处理工艺路线是热处理工艺设计的重要内容之一，也是热处理设备选择、工艺流程布置、生产活动组织及热处理车间设计的重要依据。

根据各工序对零件性能的作用，可分为三类：

(1) 主要工序　是指对零件性能起着决定性作用的工序，例如淬火、回火、氮化等。

(2) 辅助工序　是指配合主要工序，且在整个热处理工艺路线中必不可少的工序。其目的是进一步提高零件的使用性能，防止或消除某些缺陷，例如清洗、校直、喷砂等。

(3) 检验工序　是指用来检验零件质量的工序，例如硬度、强度、变形检验等。它往往单独成为一个工序，有时也穿插在其他工序中，例如渗碳时的试样渗碳层深度检测等。

零件的整个加工过程是由各个环节按一定顺序排列所组成的，其中有铸造、锻造、焊接、热处理、机加工、检验等，各个环节之间必须相互配合，取长补短，才能使零件获得最佳的各项性能。

2) 热处理工艺规程

热处理工艺规程是指进行各种热处理工序的具体工艺方法、工艺参数及措施等。它包括各工序应达到的技术要求、各项工艺参数、设备和工夹具的选择以及检验内容和方法。正确的热处理工艺规程必须建立在正确的热处理工艺路线的基础上，它直接反映了热处理工艺路线的可靠性，是保证产品质量的法规，也是热处理工人进行生产的准则。

2. 确定热处理技术要求的依据

确定零件热处理技术要求的主要依据是产品设计图的设计要求和工艺要求。设计要求是零件的最终要求（如硬度、强度、寿命指标、表面硬化层深度等），满足这些要求是为了保证零件能够正常工作。技术条件的侧重点因零件工作条件而异。工艺要求是指零件在整个加工过程中，为达到最终的技术要求，从工艺角度提出的补充性热处理技术要求（如锻、铸、焊后要求进行热处理以消除某些不良组织等）。

3. 热处理工艺设计步骤

零件的技术要求和材料确定后，可按下列步骤进行热处理工艺设计：

（1）选择最终热处理方案。从有关手册、参考文献、国家标准中查阅材料的性能及热处理工艺性能。参照本单位的生产经验和设备条件，根据零件的技术要求提出一种或几种工艺方案，作为该零件的最终热处理方法。

（2）选择预先热处理及补充热处理方案，为提高零件的使用性能和最终热处理做组织准备。

（3）根据零件的特点和各工序的关系，安排热处理工序，要特别注意冷热加工工序的衔接，使上工序为下工序创造条件。

（4）周密考虑热处理过程中可能出现的各种缺陷。为避免出现如开裂、变形等缺陷提出防止或改善的措施，选择一种既可靠又先进的热处理工艺路线。

（5）确定主要热处理工序中的热处理工艺参数，包括加热方式、保温温度和时间以及冷却方式等。

4. 热处理工艺设计的原则

（1）可靠性　所设计的工艺路线、工艺规则应具有科学性，能适合批量生产，并通过工艺验证是可靠的。

（2）先进性　尽可能采用先进的热处理工艺，使零件具有更好的使用性能。

（3）经济性　合理地设计工艺路线和工艺规程，使零件加工成本更低。

（4）安全无公害　应优先采用无公害的热处理方法，尽力减少体力劳动并改善劳动条件。

5. 热处理最佳工艺方案的确定

热处理最佳工艺方案应该是能够满足零件的最佳使用性能的热处理技术要求及热处理工艺。根据零件的技术要求，论证先前提出的几种热处理工艺方案，并按热处理技术要求进行综合分析，选择一种最佳方案。

6. 热处理工艺文件

热处理工艺文件一般有热处理工艺卡片及工艺守则两类。热处理工艺卡片的种类繁多，形式不一，现介绍如下几种常用的：

（1）表 10-2 所示是一般机械零件通用的工艺卡片形式，这种工艺卡片有比较广泛的适应性；

（2）表 10-3 所示为高、中频感应加热专用工艺卡片；

（3）表 10-4 所示为渗碳专用工艺卡片。

表 10-2 通用热处理工艺卡片

热处理工艺卡片	产品型号		零件图号			
	产品名称		零件名称		共 页	第 页
	材料牌号		零件重量			
	工艺路线					
	技术要求		检验方法			
	硬化层深度					
	硬度					
	全相组织					
	机械性能					
	允许变形量					

工序号	工序内容	设备	装炉方式及工装编号	装炉温度/℃	加热温度/℃	升温时间/min	保温时间/min	冷却			工时/min
								介质	温度/℃	时间/s	

										设计（日期）	审核（日期）	标准化（日期）	会签（日期）	
标记	处数	更改文件号	签字	日期	标记	处数	更改文件号	签字	日期					

描图
描校
底图号
装订号

表 10-3 高、中频感应加热专用工艺卡片

共 1 页 第 1 页

	热处理工艺卡片(高、中频)	产品型号及名称	零(部)件图号	零(部)件名称	文件编号

	材料	
	零件重量/kg	
	每台数量	
	技术要求	
	工装名称	
	工装图号	

序号	工序名称	设备名称	设备型号	电规范					加热冷却规范						回火规范			工序特性	备注
				阳压/kV		阳流/A	栅流/A	回压/V	加热方式	淬火速度/(mm/s)	加热时间/s	冷却方式	冷却		装炉量/件	时间/min	温度/℃		
				空载	有载								介质	压力					

										编制		会签		
										校对				
										标准化				
标记	处数	修改文件号	签字	日期	标记	处数	修改文件号	签字	日期	审核		批准		

保密等级___

管理级别___

表 10-4 渗碳专用工艺卡片

共 2 页第 1 页

	产品型号及名称	零(部)件图号	零(部)件名称	文件编号
热处理工艺卡片(渗碳)				

	材料	
	零件重量/kg	
	每台数量	
	技术要求	
	工装名称	
	工装图号	

序号	工序名称	设备名称	设备型号	装炉		升温(排气)			保温				扩散			流量/(L/h)	压力/Pa	冷却	工序特性	备注
				数量	温度/℃	时间/h	煤油/(滴/min)	甲醇/(滴/min)	温度/℃	时间/min	煤油/(滴/min)	甲醇/(滴/min)	时间/min	煤油/(滴/min)	甲醇/(滴/min)					

										编制		会签	
										校对			
										标准化			
标记	处数	修改文件号	签字	日期	标记	处数	修改文件号	签字	日期	审核		批准	

保密等级—

管理级别—

思考与练习

1. 什么是钢的渗碳？渗碳后为什么要淬火和低温回火？
2. 影响渗碳的主要因素有哪些？
3. 渗碳件常见的质量缺陷有哪些？如何防止和补救？
4. 防止渗碳层缺陷的方法有哪些？
5. 氮化的目的是什么？氮化后的零件是否需要再进行热处理淬火？
6. 名词解释：渗碳、渗氮、渗铝、渗硫。
7. 为什么要进行表面复层处理？机械工业上常用的表面复层处理有哪些？
8. 热处理工艺设计包括什么内容？
9. 简述热处理工艺规程及其作用。
10. 简述热处理工艺设计步骤和内容。

学习情境十一

车床主轴性能的优化

11.1 任务描述

主轴(图 11-1)安装在主轴箱内,带动卡盘卡紧工件或通过顶尖顶紧工件,并带动工件旋转,从而对工件进行加工。主轴的机械性能直接影响到加工工件的质量和生产效率,是机床上重要的零件之一。切削加工时,高速旋转的主轴承受挤压、扭转、冲击等多种载荷,要具有足够的刚度、强度、耐疲劳、耐磨损以及稳定精度等性能。带内锥孔或外圆锥度的主轴在工作时与配合件虽无相对的滑动,但因工件装卸频繁,容易发生磕损,而主轴常需调换卡盘或顶尖等,易使锥面磨损,故需硬化处理。

与滚动轴承相配合的轴颈虽无磨损,但为改善装配工艺性能和保证装配精度也需一定的硬度。设计材料采用 45 钢,技术要求包括锥度为 1∶20 的锥孔,两个锥度为 1∶12 的轴承配合面以及锥度为 1∶4 的轴径硬度为(48 ~53 HRC)。

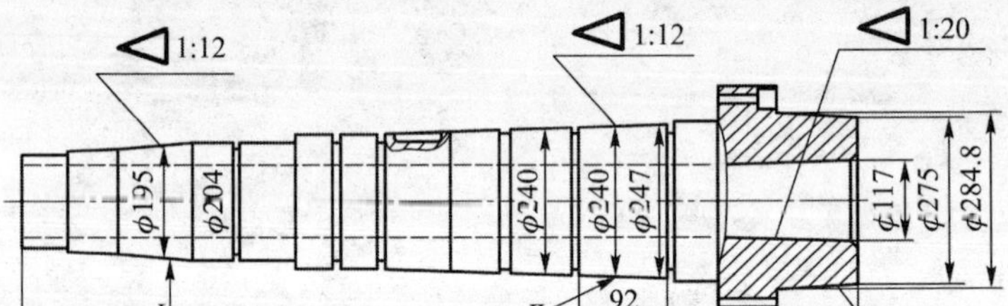

图 11-1　车床主轴简图

【知识点】

◎ 表面热处理的特点及分类。
◎ 感应淬火的原理、特点。
◎ 感应加热设备。
◎ 感应淬火的组织和性能。
◎ 热处理炉的分类。
◎ 火焰表面加热淬火、激光热处理特点及其应用范围。

【技能点】

◎ 常用感应淬火对象,感应淬火工艺和感应加热设备。

◎ 感应淬火常见缺陷及防止方法。

◎ 为提高该主轴性能,选择合理的表面热处理工艺,制定有关的技术文件。

11.2 任务分析

在情境九中介绍过机械零件可以通过整体淬火、回火工艺来提高其硬度,保证耐磨性。但本情境中的零件设计采用的是45钢,仅局部需要达到48~53 HRC,如果通过整体热处理来提高主轴的硬度,会导致主轴热处理变形过大。因此需要选用新的热处理工艺来保证产品质量。

11.3 相关知识

表面热处理是指仅对工件表面进行热处理以改变其组织和性能的工艺。表面热处理只对一定深度的表层进行强化,而心部基本上保持处理前的组织和性能,因而可获得高强度、高耐磨性和高韧性或三者比较满意的结合。同时,由于表面热处理是局部加热,所以能显著地减小淬火变形,降低能耗。

目前工业上常用的表面热处理方法有感应加热表面淬火、火焰加热表面淬火、激光加热表面淬火等。

一、感应加热表面淬火

1. 感应淬火的原理

感应淬火是利用感应电流通过工件时所产生的热量使工件表层、局部或整体加热并快速冷却的淬火工艺。图11-2为感应淬火原理示意图。

感应线圈中通过一定频率的交流电时,即在线圈内部和空间产生一个和电流相同频率的交变磁场。如果磁场中有钢件存在,则在钢件内部产生感应电流,并产生涡流而使其加热。交流电具有集肤效应,感应电流在工件截面上的分布是不均匀的,表面的电流密度最大,而中心几乎为零。感应加热就是利用电流的这种热效应把工件表面迅速加热到淬火温度,当表面达到相变温度时,立即喷水或浸水冷却,从而实现淬火的目的。

电流送入工件表层的深度主要与电流的频率有关。频率越高,电流的透入深度越小,也即淬硬层的深度越小。

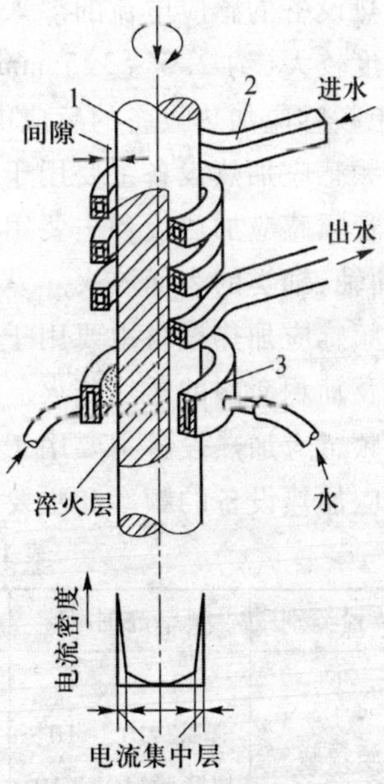

图11-2 感应加热表面淬火示意图

1—工件;2—感应器;3—喷水套

2. 感应淬火的特点

(1) 感应淬火的加热速度极快，一般只需几秒或几十秒，而且淬火加热温度高（A_{c3}以上 80～150 ℃），因此奥氏体形核多且不易长大，淬火后能获得细小的马氏体。

(2) 表面硬度比一般淬火的高 2～3HRC，且处于压应力状态，脆性较低，疲劳强度较高，一般可提高 20%～30%。工件表面不易氧化脱碳。

(3) 感应淬火时，工件内部未被加热，工件变形小。

(4) 易于控制淬硬层深度和加热区域。

(5) 易于实现机械化操作和自动化生产。

(6) 感应加热设备价格较贵，安装、调试、维修比较困难，对于形状复杂的零件，感应圈不易制造，因此该工艺不适合于单件生产。

3. 常用感应淬火对象

感应加热表面淬火一般用于中碳钢或中碳低合金钢，例如 45、40Cr、40MnB 等；也可用于高碳工具钢或铸铁。一般，零件淬硬层深度为半径的 1/10 左右时，即可获得强度、耐疲劳性和韧性的良好配合。

4. 感应加热设备

1) 感应热处理设备的分类及特点

根据输出交变电流的频率，感应加热设备可分为高频、超音频、中频和工频四种。

常用的感应加热淬火有高频、中频和工频三种。频率在 70～1 000 kHz 的称为高频，常用频率为 250 kHz；频率在 0.5～10 kHz 的称为中频；频率在 50 kHz 的工业常用频率称为工频。此外还有频率介于高频和中频之间（20～70kHz）的感应加热淬火，称为超音频感应加热处理。高频感应加热设备的感应电流的渗入深度很小（约 0.5～1 mm）；超音频感应加热设备的感应电流的渗入深度较大（约 2.5～3.5 mm）；中频感应加热设备的感应电流的渗入深度更大（约 6～8 mm）；工频感应加热设备的感应电流的渗入深度最大（约 80～100 mm）。

高频感应加热设备主要用于：① 小模数齿轮的表面淬火；② 小轴类零件的表面淬火。

超音频感应加热设备主要用于：① 中小模数（$m=3\sim6$）齿轮、花键轴的表面轮廓淬火；② 凸轮轴、曲轴，轴类的表面淬火。

中频感应加热设备主要用于：① 较大模数的齿轮、凸轮轴、曲轴、轴类的表面淬火。② 中、小轴类及轴承套圈的透热淬火。

工频感应加热设备主要用于大型轧辊和柱塞的表面淬火。

感应加热设备的频率和主要特征如表 11-1 所示。

表 11-1　感应加热设备的频率及主要特征

加热装置类别	频率范围/Hz	功率范围/kW	设备效率/%	应用范围	特点
电子管变频装置	高频：$10^5\sim10^6$ 超音频：$10^4\sim10^5$	5～500	50～75	齿轮轴等中小零件表面淬火，深度为 0.1～0.3 mm	电流透入工件浅，发热量集中，加热速度快，淬硬层深

续表

加热装置类别	频率范围/Hz	功率范围/kW	设备效率/%	应用范围	特点
中频发电机组可控硅变频装置	中频:500 ~ 50 000	15 ~ 1 000 100 ~ 1 000	70 ~ 85 90 ~ 95	中型毛坯锻前加热,曲轴凸轮等零件表面淬火,深度在3 mm以上	淬硬层小于工频,大于高频
工频加热装置	工频:50	50 ~ 4 000	70 ~ 90	大型毛坯锻前加热,冷轧辊及车轮表面淬火,深度在10 mm以上	频率低,淬硬层深;加热速度低;温度均匀,变形小;电网供电,不需要特殊设备,投资少

2）感应加热设备频率的选择

根据生产经验,电流频率与淬硬层深度的关系如表11–2所示。

表11–2 淬硬层深度与推荐设备的频率

淬硬层深度/mm	1.0	1.5	2.0	3.0	4.0	6.0	10.0
最高频率/Hz	250 000	100 000	60 000	30 000	15 000	8 000	2 500
最低频率/Hz	1 500	7 000	4 000	1 500	1 000	500	150
最佳频率/Hz	6 000	25 000	15 000	7 000	4 000	1 500	500
推荐使用设备	真空管式	真空管式或机式(8 000 Hz)	真空管式或机式(8 000 Hz)	机式(8 000 Hz)	机式(2 500 Hz)	机式(2 500 Hz)	机式(500Hz、1 000 Hz)

5. 感应加热淬火工艺

1）感应加热淬火方法

感应加热淬火方法有如下几种：

（1）同时加热淬火法　这种方法是让工件需要淬硬的区域被感应圈包围,并通电加热到淬火温度,然后迅速冷却淬硬。该法使用的感应圈的内壁较厚,有喷水孔,加热完毕后可立即通水喷射工件以进行淬火。感应圈可做成内外两层,加热时可通水对感应圈进行冷却。加热淬火法适用于曲轴、凸轮轴、齿轮、局部淬硬的轴类零件或异形零件等的表面硬化。

（2）连续加热淬火方法　这种淬火方法是使工件相对于感应圈移动,使加热和冷却连续不断地进行。连续加热淬火方法适用于淬硬区较长且设备功率达到要求的情况,常用于轴类、齿条、机床导轨以及大型齿轮等的表面淬火。

（3）浸液加热淬火法　这种淬火方法是将感应圈和工件浸在水中或油中,加热到淬火温度后,将电源切断,工件即被水或油冷却而实现淬火。浸液加热淬火法适用于小轴类、小内孔以及硬化区形状复杂的零件,特别适合于需要用油冷却的合金钢零件的表面淬火。

感应加热淬火冷却介质一般采用水、油和聚乙烯醇水溶液等。对于截面较大、加热时间短或淬透性好的工件,也可由工件自冷或压缩空气吹冷。

2）淬火加热温度

感应加热无保温时间，加热温度不仅与加热速度有关，而且与钢的化学成分、原始组织状态等因素有关。

在单件或小批量生产中，一般用目测来控制感应加热温度；在批量生产中，往往采用控制感应加热时间的办法来控制加热温度，因为当比功率一定时，加热温度主要取决于加热时间。连续加热时，在比功率和感应器固定的情况下，加热温度由工件的移动速度控制，在实质上这也是控制工件的加热时间。工件的移动速度同工件某处的加热时间的关系如下：

$$t = \frac{h}{v}$$

式中，t——工件某处的加热时间，s；

h——感应器的高度，mm；

v——工件移动速度，mm/s。

3）感应加热淬火后的回火

感应加热淬火后回火的目的是降低过渡区的残余拉应力、避免开裂、稳定组织以及达到所需要的表面硬度。一般只进行低温回火。回火方法包括炉中回火、自回火、感应加热回火等。

（1）炉中回火　炉中回火是使工件尽量保留淬火表面的高硬度，通常在 150～170 ℃低温回火。

（2）自回火　控制加热表面的冷却液喷射时间或浸液冷却时间，利用心部余热传导至淬火区而达到回火的目的，称为自回火。自回火没有保温时间，为达到同样的硬度，应采用比炉中回火高一些的温度。

（3）感应加热回火　常用工频或中频进行感应加热回火，一般使用较小的比功率和扩大感应器于工件的间隙，使加热速度降低，回火充分。加热速度常控制在 15～30 ℃/s。

6. 感应淬火的组织和性能

1）感应淬火的组织

亚共析钢感应加热淬火后表层组织可分为三个区：第一区加热到 A_{c3} 以上，得到马氏体组织；第二区加热到 A_{c3}～A_{c1} 之间，得到马氏体加铁素体的混合组织，并常常在铁素体周围伴随有托氏体（屈氏体）组织；第三区加热到 A_{c1} 以下，没有发生相变，仍保持原有的组织。

2）感应淬火后的机械性能

（1）硬度　感应加热淬火后，工件表面硬度一般比普通淬火的高 2～3HRC。

（2）强度　感应加热淬火能有效地提高零件的弯曲强度和扭转强度，特别是疲劳强度。

（3）耐磨性　感应加热淬火后的零件的耐磨性比普通加热淬火的更高。

7. 感应淬火的常见缺陷及防止措施

感应淬火的常见缺陷有淬硬区分布不当、淬裂、变形以及硬度不足等。

1）淬裂

一般淬火出现裂纹的原因及其防止措施有：

（1）温度偏高或局部过热　防止措施是调整淬火温度。例如，对有尖角的工件可降低比功率，减缓加热速度；对有小孔的工件可用铜塞或钢塞填堵孔后再加热，使孔边缘能均匀地加热和冷却。

(2) 冷却不当　防止措施有降低喷水压力、改用冷却能力较弱的介质、缩短冷却时间。

(3) 原材料选择不当。

2) 变形

(1) 轴类零件或长条形零件　主要变形是弯曲，防止措施是工件在加热时要使其转动，从而获得均匀的淬火层。

(2) 齿轮　圆柱齿轮的变形主要是内孔胀缩和齿形变化，防止措施是在满足淬硬层要求的前提下采用较大的比功率以及缩短加热时间；也可选择适当的冷却方式和介质。

3) 硬度不足

高频感应淬火常出现硬度偏低、表面软点以及软带等缺陷。

(1) 加热温度不够　对于连续加热法可采用增加感应圈高度或降低工件移动速度等方法来提高加热温度。

(2) 冷却不足　合理地调整工件移动速度和转速可有效地避免螺旋软带的形成。

二、火焰加热表面淬火

火焰表面淬火是应用氧-乙炔（或其他可燃气）火焰对零件表面进行加热并随之淬火冷却的工艺，如图 11-3 所示。这种方法的淬硬层深度为 2 ~ 6 mm，其优点是设备简单、成本低，使用灵活方便，但生产率低，质量较难控制，因此只适用于单件、小批量生产或大型零件的表面淬火和局部淬火。

火焰加热表面淬火在冶金、矿山、机车制造等重型机械中应用较多，例如滚轮、偏心轮、齿轮、钢轨接头、轴类零件等。常用于含碳量为 0.35% ~ 0.7% 的碳钢和各种铸铁的热处理，一些合金钢和铸钢件也采用这种工艺。

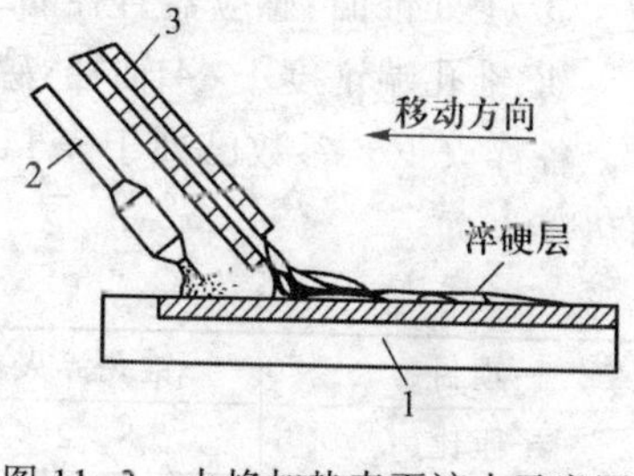

图 11-3　火焰加热表面淬火示意图
1—工件；2—烧嘴；3—喷水管

火焰加热属于快速加热，淬火温度比普通淬火温度高，一般为 A_{c1} 或 A_{c3} 以上 80 ~ 100 ℃。但影响加热温度的因素较多，且温度难以测量，主要靠经验观察。

火焰表面淬火一般采用喷水冷却，但要注意调整好喷水管与火焰喷嘴的距离。距离太近，水喷到加热区，会造成温度不均匀；距离太远，热量传导过深。通常间距应控制在 10 ~ 20 mm 为宜。同时还应注意水温不应过低，一般为 15 ~ 20 ℃，这样有助于减少变形和开裂。

三、激光加热表面淬火

激光加热表面淬火是一种新型的、高能量密度的强化方法。它利用激光束扫描工件表面，使其迅速加热到钢的临界点以上，当激光束离开工件表面时，由于基体金属的大量吸热而使表面迅速冷却，因此无需冷却介质。

激光硬化区组织基本上为细马氏体。铸铁的激光硬化区组织为细马氏体加未溶石墨。淬硬层深度一般为 0.3 ~ 0.5 mm，硬度比常规淬火的相同含碳量的钢材的硬度高 10% 左右。表面具有残余压应力，耐磨性、耐疲劳性一般均优于常规热处理。

激光加热表面淬火可对拐角、沟槽、盲孔底部、深孔内壁等一般热处理工艺难以解决的区域进行处理。

11.4 任务实施

一、热处理工序安排

该主轴材料为45钢,内锥孔和外圆锥以及与滚动轴承相配合的轴颈都需硬化处理,其余部位则不需要,因此可采用中频淬火工艺来满足设计要求。

车床主轴的加工工序为:(下料)—(锻造)—正火—(机加工)—调质—(机加工)—中频淬火—回火—(机加工)—(检查)—(入库待装配)。

二、热处理工序设计

正火、调质在前面情境中已有描述,此处不再重复。

1. 表面淬火

(1) 调整好设备,使其随时都能投入使用。

(2) 感应器的选择。

① 锥孔感应器:直径 ϕ115mm,单匝,连续淬火用,镶满扇形导磁体。

② Ⅱ处锥度1∶12锥面:感应器直径 ϕ250 mm,单匝。

③ Ⅰ处锥面:感应器直径 ϕ208 mm,单匝。

④ 锥孔端锥度1∶4轴径:感应器直径 ϕ295 mm,连续淬火用。

各淬火工艺参数已列于表11-3中。锥孔淬火前先经280 ℃整体加热,预热2 h,再进行感应加热淬火。

表11-3 淬火工艺参数

项目	锥孔淬火	◁1∶4轴径	◁1∶12锥面(锥孔端)	◁1∶12锥面
匝比	8∶2	8∶2	8∶2	8∶2
启动时间启	4∶00	5∶40	6∶10	6∶10
动频率/kHz	7.2	7.6	8.2	8.2
工作频率/kHz	5.5	5.8	6.5	6.2
启动电流/A	120	120	120	120
关断时间	5∶30	5∶30	5∶30	5∶30
进线电压/V	380	380	380	380
直流电流/A	220	500	520	360
直流电压/V	400	380	400	400
中频电压/V	540	480	500	480
输出功率/kW	120	200	190	130
加热时间/s	190	125	140	96
速度指示	24	45	50	45
备注	0.5 mm/s	0.6 mm/s	0.7 mm/s	0.6 mm/s

2. 回火

回火温度为 220 ℃,保温时间为 6 h。

3. 检查

(1) 锥孔硬度为 49 ~51HRC,淬火长度≥100 mm。

(2) 锥度 1∶12 与轴承配合处轴径及锥孔硬度为 51 ~53HRC。

11.5 知识链接

本节主要介绍热处理的常用设备。

热处理设备是指用于实施热处理工艺的装备。在热处理车间还有维持生产所需的燃料、电力、水、气等动力供应设备,起重运输设备以及生产安全和环保设备。

通常把完成热处理工艺操作的设备称为主要设备,把与主要设备配套以及维持生产所需的设备称为辅助设备。热处理车间的设备分类如表 11-4 所示。

表 11-4 热处理车间的设备分类

主要设备	热处理设备	辅助设备	清洗、清理设备
	加热装置		炉气氛、加热介质、渗剂制备设备
	表面改性装置		淬火介质循环冷却装置
	表面氧化装置		起重运输机械
	表面机械强化装置		质量检测设备
	淬火冷却设备		动力输送管路及辅助设备
	冷处理设备		防火、除尘等安全设备
	工艺参数检测、控制仪表		工夹具

1. 热处理主要设备

(1) 热处理炉　热处理炉是指具有炉膛的热处理加热设备。因在加热过程中炉膛首先被加热,然后再参与对工件的热交换,因此热处理炉属间接加热方式。

(2) 加热装置　加热装置是指热源直接加热工件的装置,属直接加热方式。加热装置可用如下方法对工件进行加热:火焰直接喷烧工件,电流直接输入工件,感应电流加热工件,离子体、激光、电子束等冲击工件。

(3) 表面改性装置　这类装置主要包括气相沉积装置和离子注入装置等。气相沉积装置是指通过在气相中的物理、化学过程,在工件表面沉积金属或化合物涂层的装置。离子注入装置是把氮、金属等的离子注入材料表面的装置。这些装置所采用的工艺方法不同于传统的热处理方法,而是现代新兴的表面改性技术。

(4) 表面氧化装置　表面氧化装置是指通过化学反应在工件表面生成致密的氧化膜的装置。它由一系列槽子组成,通常称为发蓝槽或发黑槽。

(5) 表面机械强化装置　表面机械强化装置是利用金属丸抛击或辊压压力或施加的预压

力，使工件形成表面预压力或预应力状态的装置，主要有抛丸机和辊压机。

(6) 淬火冷却设备　淬火冷却设备是进行热处理淬火冷却的装置，主要包括带有各种冷却介质的淬火槽、喷射式淬火装置以及压力淬火机等。

(7) 冷处理设备　冷处理设备是将热处理件冷却到 0 ℃以下的设备。常用的装置有冷冻机、干冰冷却装置以及液氮冷却装置。

(8) 工艺参数检测、控制仪表　工艺参数检测、控制仪表通常是指对温度、流量、压力等参数进行检测、指示和控制的仪表。随着计算机控制技术的应用，热处理工艺参数控制的概念发生了根本性的变化，除了常规的工艺参数控制外，还有工艺过程控制、计算机模拟仿真等。计算机成为工艺过程控制和设备运行的指挥中心。

2. 热处理炉的分类

为满足各种热处理件、各类热处理工艺以及不同生产批量的需要，热处理炉有很多类型和规格。不同工业部门所使用的炉型不同。冶金部门常用的炉型有台车式炉、罩式炉、辊底式炉等；机械制造部门常用的炉型有箱式炉、井式炉、盐浴炉、气体渗碳炉等。为便于分析比较，可按如下特征进行分类：

① 按热能来源：电炉、燃料炉。

② 按工作温度：低温炉、中温炉、高温炉。

③ 按炉膛介质：自然介质炉、浴炉、可控气氛炉、真空炉。

④ 按作业规程：周期作业炉、连续作业炉。

⑤ 按生产用途：退火炉、淬火炉、回火炉、正火炉、渗碳炉、氮化炉。

⑥ 按电源频率：工频炉、中频炉、高频炉。

下面仅介绍按热能来源和炉膛介质的分类情况。

1) 按热能来源分类

(1) 燃料炉　通过固体、液体和气体燃烧产生热量，例如煤炉、油炉和煤气炉。它们靠燃料燃烧直接发出的热能量大多属一次能源。燃料炉的特点是使用经济，消耗低，但容易使工件表面脱碳和氧化，因此常用于一般要求的工件和材料热处理中，例如回火、正火、退火和淬火。各种燃料炉的特点如表 11-5 所示。

表 11-5　各种燃料炉的特点

分类	燃料	优点	缺点	适用范围
固体燃料炉	煤、焦炭、煤粉	投资少，易建造	燃烧不完全，炉内温度均匀性差，劳动条件差	铸件退火、固体渗碳等技术要求不严的热处理
液体燃料炉	重油、煤油	设计操作得当，炉温基本均匀	不如气体燃烧易控制，燃料需雾化	能满足常规热处理要求
气体燃料炉	天然气、工业煤气	燃烧完全，容易控制燃烧过程，温度均匀，可适当调节炉内气氛，抑制工件氧化脱碳，操作方便，劳动条件好	与电炉相比结构复杂	能满足技术要求较严格的热处理

(2) 电炉

以电为热能之源,即二次能源。电炉是通过炉内电热元件将电能转化为热能而加热工件的炉子。按其加热方法不同,又分为电阻炉和感应炉。根据加热工件和材料的不同,应按工艺要求配备不同形式的电加热炉。

① 电阻炉

主要由电阻体作为发热元件的电炉。电阻炉结构简单,操作方便,工作温度范围宽,容易准确控制温度,炉膛温度分布均匀,便于使用可控气氛,容易实现机械化和自动化。根据热处理工艺的要求,可进行退火、正火、回火、淬火、渗碳氧化和氮化,也可解决无氧化问题。

电阻炉应用较广泛,普通电阻炉通常指的是箱式电阻炉、井式电阻炉、台车式电阻炉、井式气体渗碳炉和井式气体渗氮炉。这类电阻炉的结构类型繁多,其中大部分炉型已有系列化标准产品。

箱式电阻炉是普通电阻炉中应用最为广泛的一类电阻炉。按工作温度的不同,这类电阻炉可分为高温箱式电阻炉(>1 000 ℃)、中温箱式电阻炉(650~1 000 ℃)和低温箱式电阻炉(<650 ℃)三种。其中,又以图 11-4 所示的中温箱式电阻炉应用最广泛。高温和中温箱式电阻炉已有系列化标准产品,而低温箱式电阻炉则只有非标准产品。

中温箱式炉特别适用于小零件单件和小批量生产。可用于退火、正火、淬火、回火或固体渗碳等。其型号的命名方式为

其中,R 表示电阻加热,X 表示表示箱式炉。例如,RX2-45-9 表示设计序号为 2、额定功率为 45kW、最高温度为 950 ℃的箱式电阻炉。此外,井式炉用 J 表示,台式炉用 T 表示。

中温箱式电阻炉可用于退火、正火、淬火、回火或固体渗碳等。

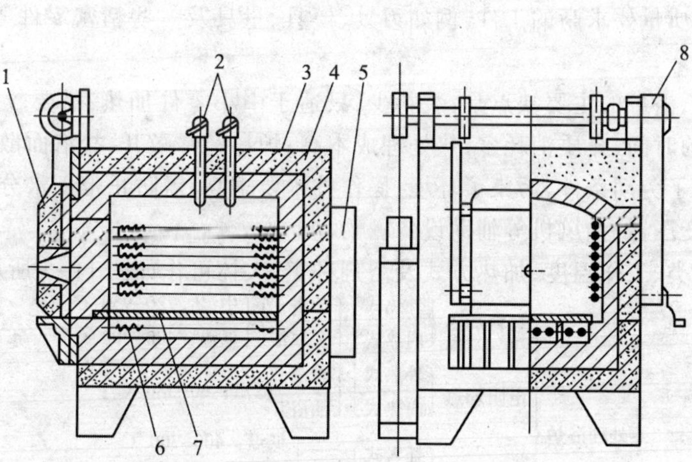

图 11-4 RX3 系列 950 ℃箱式电阻炉结构图

1—炉门;2—热电偶;3—炉壳;4—炉衬;5—罩壳;
6—加热元件;7—炉底板;8—炉门升降机构

箱式电阻炉的结构如图 11-4 所示，主要由炉壳、炉衬、加热元件以及配套电气控制系统组成。

炉壳由角钢及钢板焊接而成。

炉衬一般采用密度不大于1.0 g/cm^{3}的轻质耐火黏土砖。近年来推广采用密度为0.6 g/cm^{3}的轻质耐火黏土砖做耐火层。保温层用珍珠岩保温砖并填以蛭石粉、膨胀珍珠岩等，也有的在耐火层和保温层之间夹一层硅酸铝耐火纤维，还有的内墙用一层耐火砖，炉顶和保温层全用耐火纤维预制块砌筑。如果采用全纤维炉衬，并由矿渣棉纤维、岩棉纤维、普通硅酸铝纤维做保温层，高纯硅酸铝纤维做耐火层，则可节能 20% 以上。新型结构炉衬较薄、保温性能好、重量较轻，并有效地减少了炉衬的散热和蓄热损失，降低了空载功率，缩短了空炉升温时间。

加热元件是由高电阻率铁铬铝或镍铬合金丝绕成的螺旋体，放于炉膛两侧和炉底搁砖上，炉底覆盖耐热钢底板。大型箱式炉也将电热元件布置在炉顶、后壁或门的内侧。

② 感应炉

感应炉通过电磁感应作用使工件内产生感应电流，从而将工件迅速加热。感应炉加热是热处理工艺中的一种先进手段，主要用于表面热处理淬火，并逐步用于正火、淬火、回火以及化学热处理等，特别是对于一些特殊钢材和有特殊工切要求的工件应用较多。

2）按炉膛介质分类

若按炉膛介质进行分类则热处理炉可分为自然介质炉、浴炉、可控气氛炉、真空炉。

（1）浴炉

浴炉是利用液体介质加热或冷却工件的一种热处理炉。介质可为熔盐、熔融金属或合金、熔碱、油等。其中盐介质包括 $BaCl_2$、KCl、NaCl、$NaNO_3$、KNO_3等。

浴炉有许多优点：工作温度范围较宽（60～1 350 ℃），可完成多种工艺，例如淬火、正火、回火、局部加热、化学热处理、等温淬火、分级淬火等，只有退火不能进行；加热速度快，温度均匀，不易氧化和脱碳；炉体结构简单，高温下使用寿命较长；能满足特殊工艺要求，特别适用于尺寸不大、形状复杂、表面质量要求高的工件，例如刃具、模具、量具及一些精密零件等；炉口敞开，便于吊挂，工件变形小。

与电阻炉相比，浴炉的主要缺点是：装料少，只适于中小零件加热；需要较多辅助时间，例如启动、脱氧等消耗的时间；介质消耗多，热处理成本高；炉口经常敞开，盐浴面散热多，降低了热效率；介质蒸发，恶化了劳动条件，污染了环境；操作技术要求高，需防止带入水分，否则会引起飞溅或爆炸等；需配置变压器、抽风机等辅助设备。

浴炉按热源种类、工作温度、加热方式及浴剂种类，大体可作如图 11-5 所示的分类。

热处理浴炉
- 燃料加热
  - 外热式
  - 内热式
  - 盐浴、金属浴
    - 中温：720~950 ℃
    - 低温：400~700 ℃
- 电阻加热
  - 外热式
  - 内热式
  - 碱浴、油浴
    - 低温：60~380 ℃
- 电极加热
  - 插入式
  - 埋入式
  - 盐浴
    - 低温：400~700 ℃
    - 中温：720~950 ℃
    - 高温：1 000~1 350 ℃
- 感应加热

图 11-5 浴炉的分类

图 11-6 所示为外热式坩埚浴炉的结构示意图，主要由炉体和坩埚组成，可将液体介质放入坩埚中，热源放在坩埚外部，热量通过坩埚壁传入介质中进行加热。坩埚材料由耐热钢、低碳钢、不锈钢焊接而成或由耐热钢、铸铁铸造而成。坩埚炉的热源为电或油、煤、焦炭等，适用于淬火、正火、回火，特别是液体化学热处理。

外热式坩埚浴炉的缺点是：必须使用坩埚加热，热惰性大；坩埚内外温差大（100～150 ℃）；使用温度不能太高，一般在 900 ℃以下，限制了使用范围。

外热式坩埚浴炉的优点是：不需昂贵的变压器；启动操作较为方便。

内热式浴炉是将热源放在介质内部，直接将介质熔化，并加热到工作温度。按工作原理可分为电极式和辐射管式，其中电极式又分为插入式和埋入式两种。

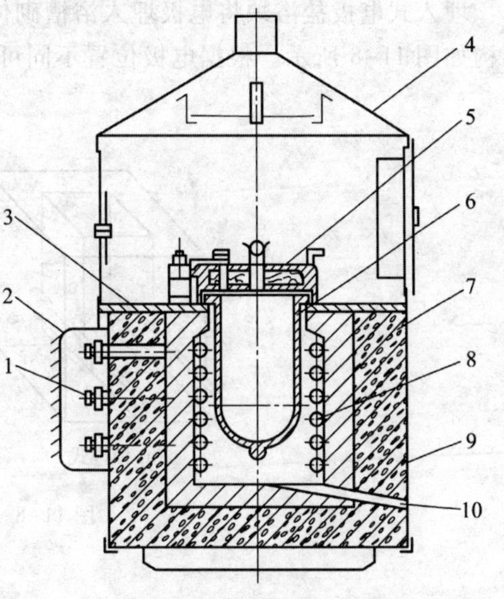

图 11-6　外热式坩埚浴炉

1—接线柱；2—保护罩；3—炉面板；4—排气罩；5—炉盖；6—坩埚；7—炉衬；8—电热元件；9—炉壳；10—流出孔

插入式电极盐浴炉的电极从坩埚上方垂直插入熔盐，并通入低电压（6～17.5 V）大电流（几千安培）的交流电，利用熔盐的电阻热效应将熔盐加热到工作温度。插入式电极盐浴炉的结构如图 11-7 所示。

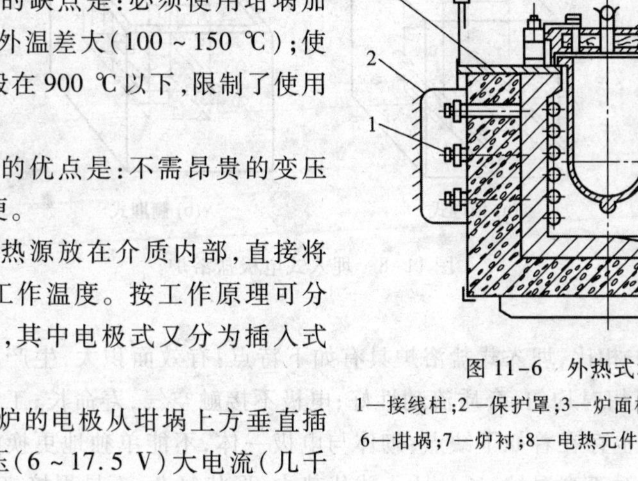

图 11-7　插入式电极盐浴炉结构示意图

1—坩埚；2—炉膛；3—炉胆；4—电极；5—电极柄；6—汇流板；7—冷却水管；8—炉盖

插入式电极盐浴炉存在许多缺点：炉口只有 2/3 的面积能使用，其他部分被电极占据，效率低，耗电量大；由于电极自上方插入，因此与盐面交界处易氧化，寿命短，电极损耗大；电极在一侧，远离电极侧的温度低；工件易接触电极，从而产生过热或过烧。于是，人们研究制造了埋入式电极盐浴炉。

埋入式电极盐浴炉将电极埋入浴槽砌体，只让电极工作面接触熔盐，在浴面之上无电极，其结构如图 11-8 所示。根据电极位置不同可分为顶埋式和侧埋式两种。

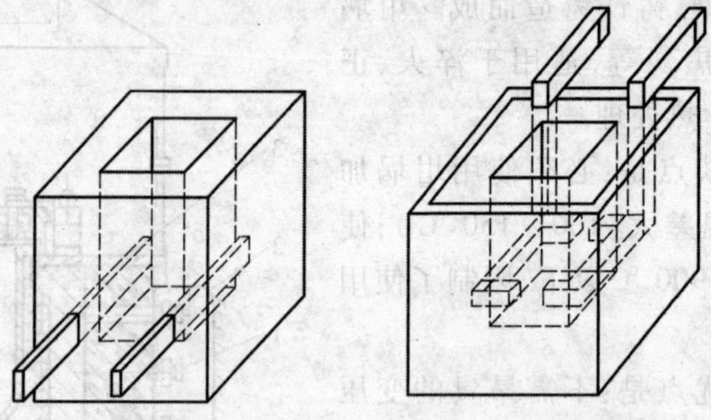

(a) 顶埋式　　(b) 侧埋式

图 11-8　埋入式电极盐浴炉

与插入式盐浴炉相比，埋入式盐浴炉具有如下特点：有效面积大，生产率高，热效率高，可节能 25%～30%；炉温相对均匀，介质流动性好；电极不接触空气，寿命长；工件接触电极的可能性减小，废品率低。但也存在着如下缺点：砌体与电极一体，不能单独地更换电极，电极损坏时，浴槽也要相应地更换，对于高温炉，还是插入式优势大；形状复杂，不易焊接，砌炉麻烦；电极间尺寸不能调节，电极形状、尺寸、布置要求较高，功率不可调。

(2) 真空炉

真空热处理是随着精密机械制造业、国防等装备发展起来的新型热处理方法。近些年来，对零件性能、精度要求的提高使真空炉越来越受到重视。

我国自第一台真空炉问世以来，真空热处理技术得到了蓬勃的发展，除用于难熔金属和活泼金属的热处理以外，还逐渐应用到钢铁材料的淬火、回火、退火、渗碳、渗氮、渗金属等方面。

真空热处理能使工件不氧化、不脱碳，处理后可保持表面的光亮及原有的光泽，表面通常可不必加工，且工件不变形，提高了耐磨性和使用寿命。此外真空热处理对工件还有脱脂、脱气的作用。

由于产品不同，技术要求及热处理规范也各不相同，因此真空热处理炉的结构也多种多样，可分为内热式和外热式两大类。

外热式真空热处理炉是指有真空罐的炉子，即加热元件，耐火材料等在罐外，被处理工件放在罐内，同时将罐抽成真空。外热式真空热处理炉大多采用电阻加热。

外热式真空炉结构简单，制造和密封容易，抽气量小，容易达到所要求的真空度，工件加热质量高，生产安全可靠。但由于热源在炉罐外，热惰性大，热效率低，加热速度慢，生产周期长。由于炉罐材料的高温强度所限，炉子尺寸小，使用温度低于 1 100 ℃，而合金钢或耐热钢炉罐价格昂贵，不易加工，仅适用于合金的退火、真空除气、真空渗金属等方面。

内热式真空热处理炉是将加热装置（加热元件、耐火材料）及欲处理的工件均放在真空容器内而不用炉罐的炉子。这类炉子的优点是：可以制造大型高温炉而不受炉罐的限制；加热和冷却速度快，生产效率高。其缺点是：炉内结构复杂，电气绝缘性要求高；与外热式真空炉相比，内热式真空炉的炉内容积大，各种构件表面均吸附大量气体，需配备大功率抽气系统；要考虑真空放电和电气绝缘性，需要低电压大电流供电和配套系统。

现代真空电阻热处理炉都是内热式的，没有炉罐，整个炉壳就是一个真空容器，外壳是密封的，某些部位用水冷却。

思考与练习

1. 感应淬火的原理是什么？
2. 简述感应加热设备的分类及应用场合。
3. 感应加热淬火获得的组织有何特点？
4. 何谓火焰加热表面淬火？有什么特点？
5. 简述激光加热表面淬火的原理和特点以及应用场合。
6. 简述热处理车间设备的分类。
7. 试述浴炉的分类及其优缺点。
8. 简述电阻炉的结构特点和分类。
9. 请选择适宜材料（见下表）并说明常用的热处理方法。

名称	候选材料	选用材料	热处理方法	最终组织
机床床身	T10A、KTZ450-06、HT200			
汽车后桥齿轮	40Cr、20CrMnTi、60Si2Mn			
滚动轴承	GCr15、Cr12、QT600-2			
锉刀	9SiCr、T12、W18Cr4V			
汽车板簧	45、60Si2Mn、T10			
钻头	W18Cr4V、65Mn、20			
桥梁	1Cr13、16Mn、Q195			

10. 车床平衡油缸组件中的活塞杆（图 11-9）需要有良好的综合力学性能，不但要求有较高的拉、压、弯曲强度和疲劳极限，而且要有足够的刚性和韧性以及表面耐磨性。技术要求如下：ϕ55f7 外表面硬度为 42～47HRC，淬火长度为 2 265 mm，圆跳动≤0.7 mm。

其加工工艺为：（下料）—正火—校直—时效—（机加工）—中频淬火—校直—回火—（机械精加工）—（入库）。

请指出：

（1）活塞杆应用的材料。

（2）正火和时效的目的及大致的热处理工艺。

（3）表面淬火的目的。

（4）回火目的及工艺。

（5）ϕ55f7 外表面组织为＿＿＿＿＿＿＿＿，其余地方的组织为＿＿＿＿＿＿＿＿。

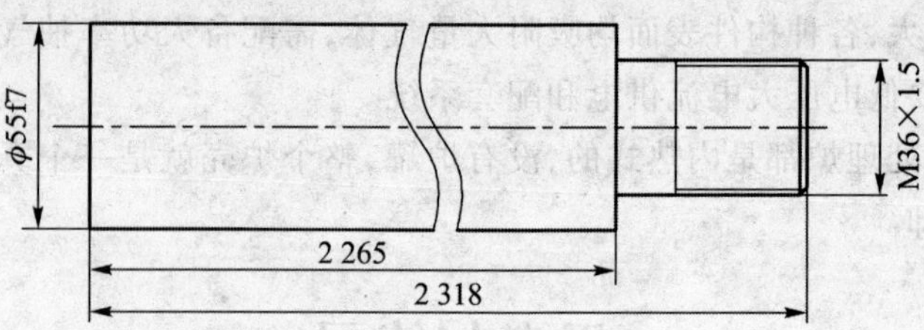

图 11-9　活塞杆

附录

焊缝符号表示法

1. 符号

1.1 基本符号

基本符号表示焊缝横截面的基本形式或特征，具体参见表 A-1。

表 A-1 焊缝基本符号

序号	名称	示意图	符号
1	卷边焊缝（卷边完全熔化）		
2	I 形焊缝		
3	V 形焊缝		
4	单边 V 形焊缝		
5	带钝边 V 形焊缝	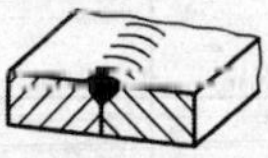	
6	带钝边单边 V 形焊缝		
7	带钝边 U 形焊缝		
8	带钝边 J 形焊缝		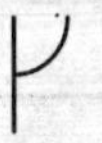

续表

序号	名称	示意图	符号
9	封底焊缝		
10	角焊缝		
11	塞焊缝或槽焊缝		
12	点焊缝		
13	缝焊缝	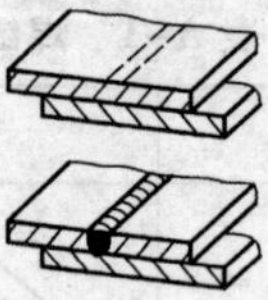	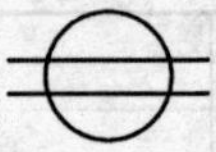

1.2 基本符号的组合

标注双面焊焊缝或接头时，基本符号可以组合使用，如表 A-2 所示。

表 A-2 焊缝基本符号的组合

序号	名称	示意图	符号
1	双面 V 形焊缝（X 焊缝）		
2	双面单 V 形焊缝（K 焊缝）	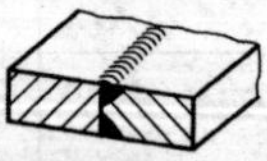	
3	带钝边的双面 V 形焊缝		
4	带钝边的单面 V 形焊缝	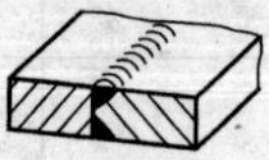	
5	双面 V 形焊缝		

1.3　补充符号

补充符号用来补充说明有关焊缝或接头的某些特征(如表面形状、衬垫、焊缝分布、施焊地点等),参见表 A-3。

表 A-3　焊缝补充符号

序号	名称	符号	说明
1	平面		焊缝表面通常加工后平整
2	凹面		焊缝表面凹陷
3	凸面		焊缝表面凸起
4	圆滑过渡		焊趾处过渡圆滑
5	永久衬垫	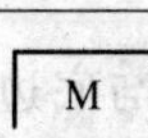	衬垫永久保留
6	临时衬垫	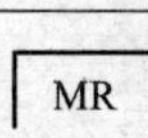	衬垫在焊接完成后拆除
7	三面焊缝	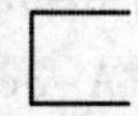	三面带有焊缝
8	周围焊缝		沿着工件周边施焊的焊缝; 标注位置为基准线与箭头线的交点处
9	现场焊缝		在现场焊接的焊缝
10	尾部		可以表示所需的信息

2. 基本符号和指引线的位置规定

2.1　基本要求

在焊缝符号中,基本符号和指引线为基本要素。焊缝的准确位置通常由基本符号和指引线之间的相对位置决定,具体包括:箭头线的位置、基准线的位置、基本符号的位置。

2.2　指引线

指引线由箭头线和基准线(实线和虚线)组成,见图 A-1。

2.2.1　箭头线

箭头直接指向的接头侧为“接头的箭头侧”,与之相对的则为“接头的非箭头侧”,参见图 A-2。

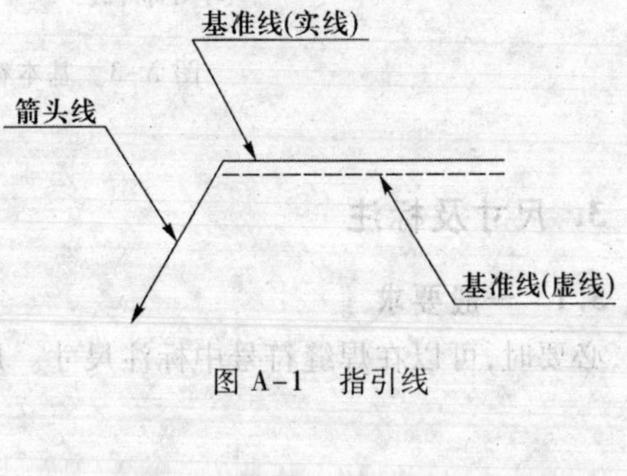

图 A-1　指引线

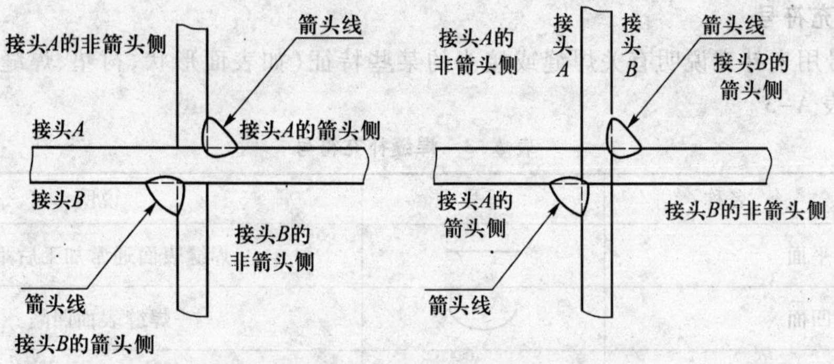

图 A-2 接头的“箭头侧”及“非箭头侧”示例

2.2.2 基准线

基准线一般应与图样的底边平行，必要时也可与底边垂直。实线和虚线的位置可根据需要互换。

2.3 基本符号与基准线的相对位置

基本符号在实线侧时，表示焊缝在箭头侧，如图 A-3a 所示；在虚线侧时，表示焊缝在非箭头侧，如图 A-3b 所示。对称焊缝允许省略虚线，如图 A-3c 所示；在明确分布位置的情况下，有些双面焊缝也可省略虚线，如图 A-3d 所示。

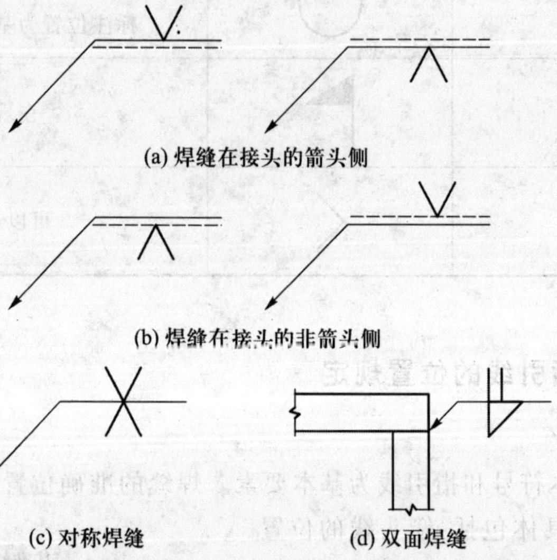

图 A-3 基本符号与基准线的相对位置

3. 尺寸及标注

3.1 一般要求

必要时，可以在焊缝符号中标注尺寸。尺寸符号参见表 A-4。

表 A-4　尺寸符号

符号	名称	示意图	符号	名称	示意图
δ	工件厚度	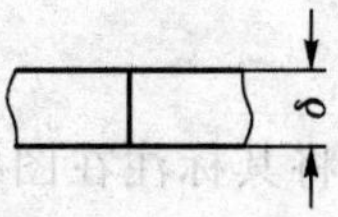	c	焊缝宽度	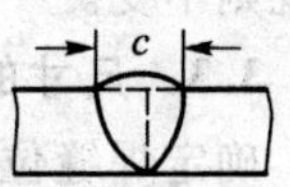
α	坡口角度	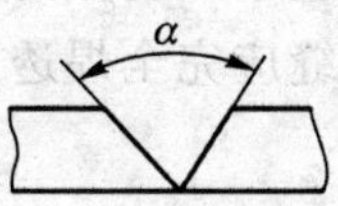	K	焊脚尺寸	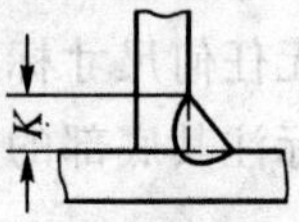
β	坡口面角度	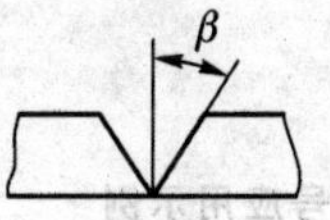	d	点焊:熔核直径 塞焊:孔径	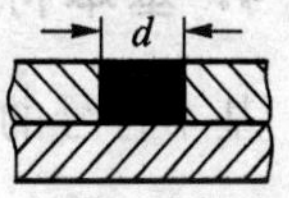
b	根部间隙	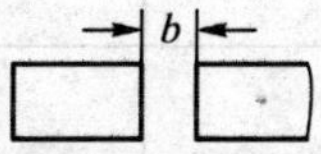	n	焊缝段数	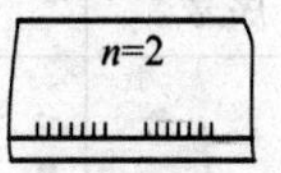
p	钝边	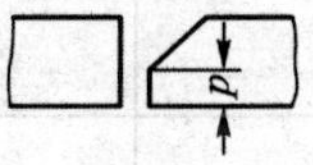	l	焊缝长度	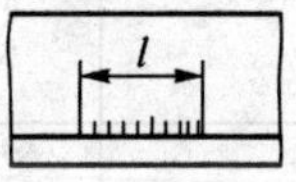
R	根部半径	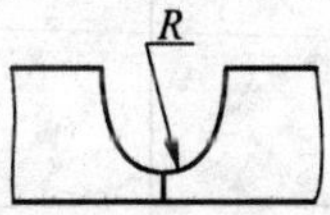	e	焊缝间距	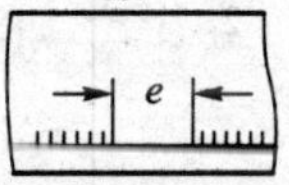
H	坡口深度	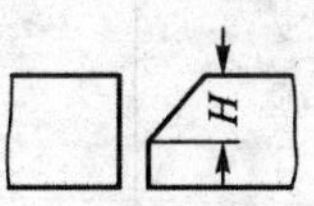	N	相同焊缝数量	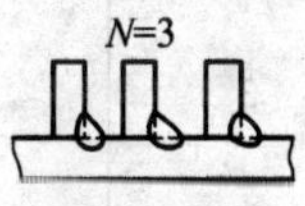
S	焊缝有效厚度	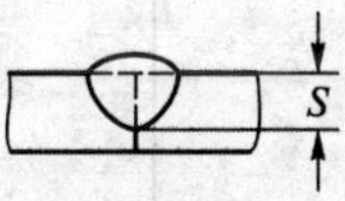	h	余高	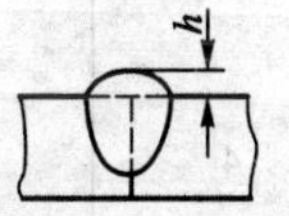

3.2　标注规则

尺寸的标注方法如图 A-4 所示。横向尺寸标注在基本符号的左侧;纵向尺寸标注在基本符

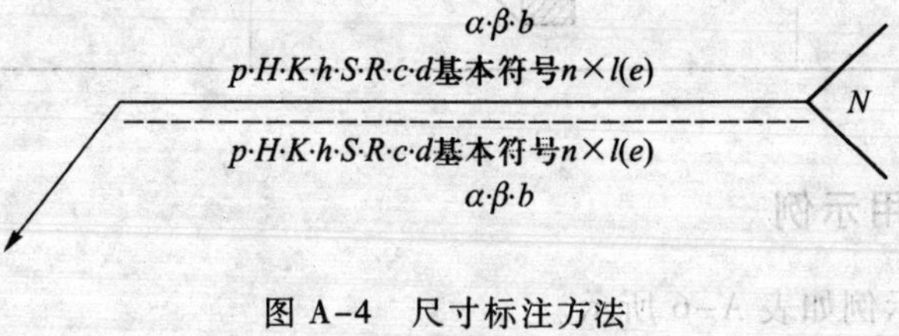

图 A-4　尺寸标注方法

号的右侧；坡口角度、坡口面角度、根部间隙标注在基本符号的上侧或下侧；相同焊缝数量标注在尾部；当尺寸较多不易分辨时，可在尺寸数据前标注相应的尺寸符号。当箭头线方向改变时，上述规则不变。

3.3 尺寸的其他规定

确定焊缝位置的尺寸不在焊缝符号中标注，应将其标注在图样上。在基本符号的右侧无任何尺寸标注又无其他说明时，意味着焊缝在工件的整个长度方向上是连续的。在基本符号的左侧无任何尺寸标注又无其他说明时，意味着对接焊缝应完全焊透。塞焊缝、槽焊缝带有斜边时，应标注其底部的尺寸。

4. 基本符号应用示例

基本符号的应用示例如表 A-5 所示。

表 A-5 基本符号应用示例

序号	符号	示意图	标注示例
1			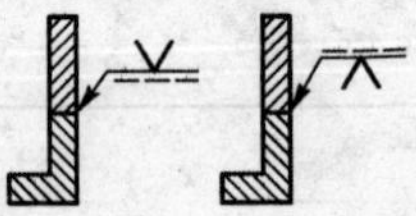
2			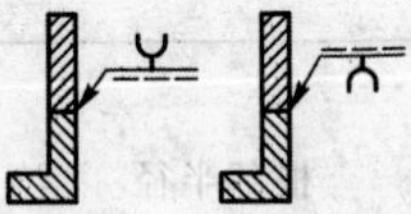
3			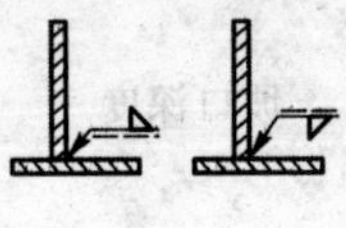
4			
5			

5. 补充符号应用示例

补充符号的应用示例如表 A-6 所示。

表 A-6　补充符号应用示例

序号	名称	示意图	符号
1	平齐的 V 形焊缝		
2	凸起的双面 V 形焊缝		
3	凹陷的角焊缝	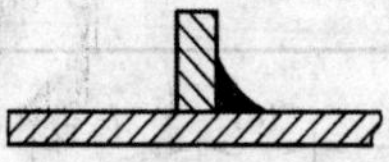	
4	平齐的 V 形焊缝和封底焊缝		
5	表面过渡平滑的角焊缝		

6. 补充符号标注示例

补充符号的标注示例如表 A-7 所示。

表 A-7　补充符号标注示例

序号	符号	示意图	标注示例
1			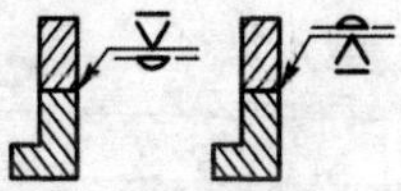
2			
3			

7. 尺寸符号标注示例

尺寸符号的标注示例如表 A-8 所示。

表 A-8 尺寸符号标注示例

序号	名称	示意图	尺寸符号	标注方法
1	连续角焊缝	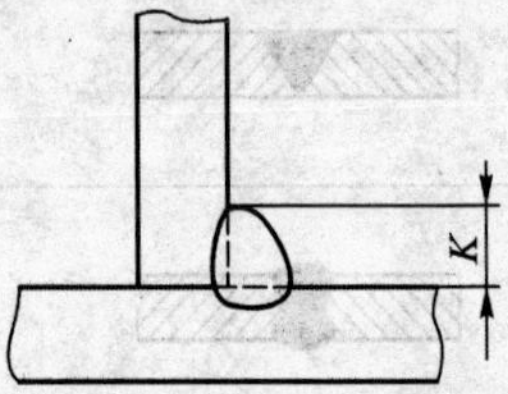	K:焊脚尺寸	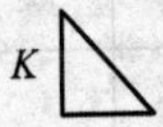
2	断续角焊缝	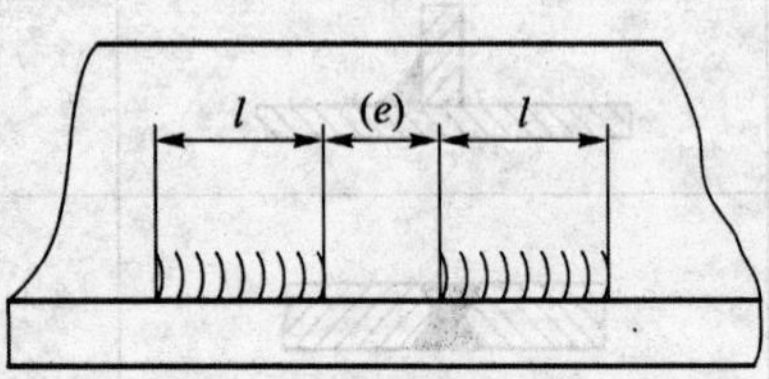	l:焊缝长度 e:间距 n:焊缝段数 K:焊脚尺寸	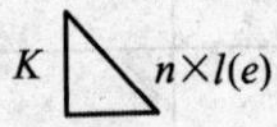
3	交错断续角焊缝	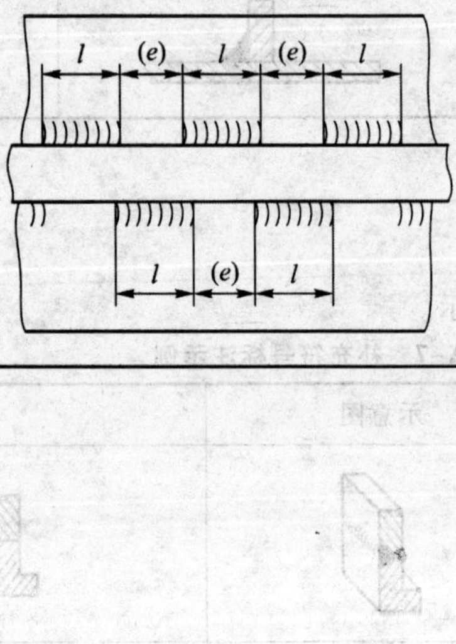	l:焊缝长度 e:间距 n:焊缝段数 K:焊脚尺寸	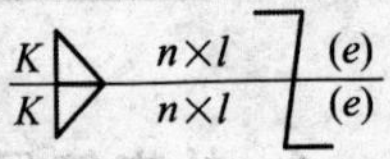

参考文献

[1] 李瑞彬.典型机械零件热处理.北京:兵器工业出版社,2005.
[2] 姜敏凤.工程材料与热成型工艺.北京:高等教育出版社,2003.
[3] 王英杰.金属工艺学.北京:高等教育出版社,2001.
[4] 王运炎.机械工程材料.北京:机械工业出版社,1999.
[5] 邓文英.金属工艺学.北京:高等教育出版社,2000.
[6] 柴建国.机械制造基础.苏州:苏州大学出版社,2004.
[7] 张文明,焦万才.焊工实用技术.沈阳:辽宁科学技术出版社,2004.
[8] 刘云龙.CO_2 气体保护焊技术.北京:机械工业出版社,2009.
[9] 徐国义.金属工艺学.哈尔滨:哈尔滨工程大学出版社,1997.
[10] 张应龙.锻造加工技术.北京:化学工业出版社,2008.
[11] 机械工业职业技能鉴定指导中心.高级锻造工技术.北京:机械工业出版社,2004.
[12] 华东升.机械制造基础.北京:中国劳动社会保障出版社,2007.
[13] 林柏年.特种铸造.杭州:浙江大学出版社,2011.